高等学校理工科化学化工类规划教材

EXPERIMENT OF POLYMER CHEMISTRY AND PHYSICS

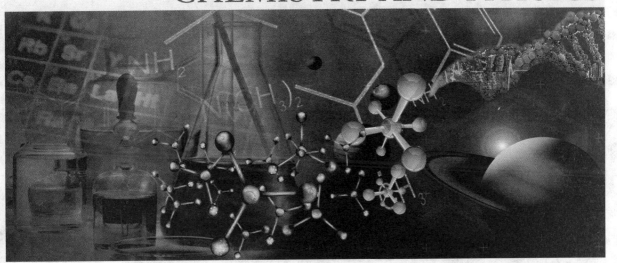

高分子化学与物理实验

（第二版）

张春庆 李战胜 唐萍 编

大连理工大学出版社
Dalian University of Technology Press

图书在版编目(CIP)数据

高分子化学与物理实验 / 张春庆,李战胜,唐萍编
. --2 版 . --大连 : 大连理工大学出版社,2019.11
ISBN 978-7-5685-2243-4

Ⅰ. ①高… Ⅱ. ①张… ②李… ③唐… Ⅲ. ①高分子
化学-化学实验②高聚物物理学-实验 Ⅳ. ①O63-33

中国版本图书馆 CIP 数据核字(2019)第 233689 号

高分子化学与物理实验
GAOFENZI HUAXUE YU WULI SHIYAN

大连理工大学出版社出版
地址:大连市软件园路 80 号 邮政编码:116023
发行:0411-84708842 邮购:0411-84708943 传真:0411-84701466
E-mail:dutp@dutp.cn URL:http://dutp.dlut.edu.cn
丹东新东方彩色包装印刷有限公司印刷 大连理工大学出版社发行

幅面尺寸:185mm×260mm 印张:13.75 字数:316 千字
2014 年 11 月第 1 版 2019 年 11 月第 2 版
2019 年 11 月第 1 次印刷

责任编辑:于建辉 责任校对:闫诗洋
封面设计:冀贵收

ISBN 978-7-5685-2243-4 定价:35.00 元

前　言

　　高分子科学包括高分子化学、高分子物理、高分子材料及其成型加工等方面内容,既有基础研究,又有应用研究。据统计,截至 2018 年,全国有近 190 所院校开设了高分子材料与工程专业,同时,高分子相关专业技术人才的社会需求也日趋增加。高分子材料与工程专业的学生及相关技术人员不仅要有扎实的理论知识,而且要具备系统的实验技能及必要的科研能力。因此,需要了解并掌握高分子材料的合成与制备、组成与结构分析、性能检测表征方法、加工与应用等内容。

　　本教材是编者基于大连理工大学高分子材料系数十年的实验教学经验,结合本校科研方向,并参考其他院校同类教材编写而成的。教材设计了一批教学科研融合型的实验,如苯乙烯-异戊二烯-丁二烯三元共聚物、聚砜等耐高温工程塑料的制备等。这些特色内容不仅强化了科研成果向实验、教学的转化,而且有利于培养学生的创新思维,提升学生的实践能力。

　　本教材共五章。第一章为实验安全知识与操作技术。第二章包括三十五个高分子化学合成实验,主要包括采用自由基聚合、负离子聚合、配位聚合、逐步聚合等聚合方法合成常规均聚物、共聚物及部分特种合成橡胶和耐热工程塑料。第三章包括三十五个高分子物理实验,主要包括对聚合物的化学结构及组成、分子量及其分布、聚集态结构、热性能、溶液性质、力学性能及分离性能等进行分析表征。第四章包括十二个聚合物加工及应用实验,主要对塑料、橡胶、纤维的加工制造方法进行介绍,并涉及高分子材料应用于乳胶漆及超滤膜等产品的制备。第五章为常用高聚物某些官能基团的检测方法。

　　本教材可以作为高等学校高分子材料与工程专业本科生及高分子学科各专业研究生的实验教材,还可以作为从事高分子科学研究及高分子材料生产与应用的研究人员、工程技术人员的参考资料。

　　参加本教材编写工作的有张春庆(第一、二章),李战胜(第三章),唐萍(第四、五章和附录),李健丰(实验四、三十六、三十七、四十一、四十二、五十八、六十一及六十二),张守海(实验二十、二十六、三十二至三十五及四十七),曹玉明(实验五十七、七十三至七十五),王玉荣(实验十、十一),王益龙(实验七十九),本教材由张春庆、唐萍统稿并最后定稿。

　　本教材获得中央高校教育教学改革专项和大连理工大学教材建设出版基金的支持,在编写过程中得到大连理工大学化工与环境生命学部很多教师的支持与帮助,在此表示衷心感谢!

　　由于编者水平有限,书中难免有错漏不妥之处,敬请广大读者批评指正,我们将不胜感激。大家有任何意见及建议请通过以下方式与我们联系:

　　邮箱　jcjf@dutp.cn

　　电话　0411-84708947

编　者

2019 年 6 月

目　录

第一章 实验安全知识与操作技术

一、实验室安全总则

(1)为保证教学、科研工作的顺利进行,对新职工、新学生、临时工,以及实习、进修、协作人员和其他人员等实行三级安全教育制度。

(2)三级安全教育由学校、学部(院)、系的三级专、兼职安全管理人员或其指定的部门或人员负责实施。认真组织学习"安全第一,预防为主"的安全工作方针、安全工作的基本知识和操作规程及安全管理方面的规章制度,不断提高实验人员安全意识,增强自我保护和自我防范能力。

(3)建立领导与群众相结合、重点与一般相结合、节假日与日常检查相结合的安全检查制度。

(4)教学、科研中发生的各类事故,必须及时抢救,采取有效措施,防止事故蔓延扩大,使事故损失减小到最低限度。

(5)发生轻伤和一般事故,必须在两小时内向相关安全部门报告;因急性中毒、火灾、爆炸、重大仪器破损事故而引起的重伤、死亡,必须立即报告;事后要填写和送交事故报告单。

(6)发生重伤、死亡和其他重大事故,在抢救和处理事故的同时,必须保护好事故现场,未经安全部门同意,任何人不准破坏现场。

(7)事故发生部门的安全责任人应主动配合安全部门做好事故调查工作,做好职工安全教育和整改工作。

(8)危险化学品购买时必须严格履行审批手续,其使用、保管、运输等必须严格执行国家颁布的《危险化学品安全管理条例》。

(9)对危险化学品,要指定双人保管、双人领取、双人使用、双人把锁、双账本的管理制度,要随用随领,严防超量,严禁将危险化学品转借、赠送、卖给其他单位或个人。

(10)使用危险化学品的场所,必须配备专用的防护用品和解毒药物,严禁用手接触危险化学品。使用后剩余的危险化学品必须用专柜存放。其废弃物要妥善处理,不得随意乱扔乱放。

(11)使用危险化学品的人员应了解所用物品的特性和安全防护知识,保证使用安全。

(12)产生废物的单位或个人要把各种废旧危险化学品按固体、液体,酸、碱、腐蚀性,可燃、有毒等性质分类收集,采用桶、罐、箱等大容器集中盛装,标出物品和浓度,方可送往废旧化学品废弃物库,在指定的位置和容器内存放。

(13)消防工作贯彻"预防为主,防消结合"的方针,坚持专门管理部门与群众相结合的原则,实行防火安全责任制。

(14)贯彻执行消防法律、法规,制定消防安全制度和消防安全操作规程,明确消防管理机构和人员,建立、健全义务消防组织,定期组织训练。

(15)明确消防重点部位,落实消防安全措施和责任,定期进行防火检查,及时整改火灾隐患。

二、高分子实验室安全规则

(1)进入实验室时,必须按规定穿戴必要的工作服。进行危害物质、挥发性有机溶剂、特定化学物质或其他毒性化学物质等化学药品的实验或研究,必须穿戴防护具(防护口罩、防护手套、防护眼镜等)。

(2)每个实验室工作人员必须熟悉实验室安全技术,并在实验过程中严格遵守。

(3)实验前必须了解所用药品和产物的物理、化学性质,以及使用仪器的性能,了解可能发生的危险,并采取有效的预防措施。

(4)实验室工作人员应当虚心向安全人员和有经验的同志请教,以掌握预防和制止各种事故的知识,安全人员应经常给予他们有益的帮助。

(5)实验室严禁烟火,根据需要配备足够的消防器材并放在明显易取处,不得乱动,并根据其性能定期更换。

(6)实验室的仪器设备和实验用品要摆放有序,以确保道路畅通。

(7)消防设备必须放在明显易取的地方,不准任意取走。实验室工作人员必须了解灭火器材的性能及使用方法。

(8)在工作场所必须经常保持整洁,不应堆满试剂、容器及其他杂物。仪器使用后应及时清洗干净。

(9)实验用到的易燃、易爆、剧毒物品必须按规定领取、保管、使用,所有贮存化学药品的瓶子均应贴上标签,并注明名称、浓度、纯度。

(10)有易燃、易爆物品的实验室内严禁使用明火。

(11)酸碱性残物倒入下水道之前必须加以中和。废洗液应中和后在适当地方处理掉,严禁倒入室内外下水道。废有机溶剂应放于指定地点,严禁倒入下水道,以防在下水道中燃烧、爆炸。

(12)蒸馏或加热低沸点易燃物品时,必须在水浴或油浴上加热,或者使用密闭式电炉,禁止直接使用明火加热。

(13)为了防止中毒事故,禁止在化学实验室就餐,也不准把食品放在工作台上或实验容器里,工作结束后应及时仔细洗手。

(14)结束工作离开实验室前应及时整理、打扫实验室,做好水、电、燃气、门窗等检查工作,做好记录。

(15)各实验室设立兼职安全管理员,负责督促检查安全工作,对违章者有权制止实验或批评教育,同时向有关领导汇报并及时处理。

三、实验人员应遵守的规定

(1)凡在实验室工作的教师、技术人员、学生和其他工作人员,必须学习安全条例和有关的安全技术。参加实验的学生须经指导教师考查合格后,才允许开始实验。

(2)实验进行时,实验人员应专心认真,不得离开自己的工作岗位。必须离开时,一定要委托他人看管。

（3）学生做毕业论文期间，如需下班后进行实验，必须提前请指导教师检查、批准。

（4）在进行危险性实验或晚间进行实验时，必须有两人以上才可以。节假日或夜间严禁做危险性实验。

（5）在进行危险性实验前，学生须在指导教师帮助下制订安全措施。首次进行危险性实验时，指导教师须在现场。

（6）学生进行实验的方案必须与指导教师研究并经指导教师许可后方可进行实验。不得私自进行规定外的实验。

（7）最后离开实验室的人员必须检查实验室的水、电、燃气和门、窗是否关好。

（8）实验室严禁吸烟。在有易燃、易爆药品的房间动火时，必须采取严格的安全措施。

（9）使用精密仪器前，必须认真了解仪器的性能和操作方法，并严格遵守操作规程和管理制度。

（10）对严重违反安全条例和安全技术的实验人员，可停止其实验，事后按情节和态度处理。

四、测试仪器和加工设备使用规定

（1）使用前必须阅读该仪器或设备的操作规程，了解仪器或设备的基本性能。

（2）学生必须在指导教师或仪器设备管理人员指导下，掌握使用方法后方可独立操作（挤出机、注塑机等大型设备须在指导教师或管理人员监督下使用）。

（3）每次使用前，都要检查仪器设备各部分工作是否正常，有问题要及时与管理人员取得联系，使用结束后要清理干净并与仪器设备管理人员做好交接，方可离开。

（4）实验室的特种设备操作要由受过专业培训的特种作业人员操作，无特种作业操作证的人员不得操作。

（5）对产生放射性、激光等对人体危害较严重的仪器设备，应制定严格的安全措施，做好安全防护。

（6）使用过程中如仪器设备出现故障，要及时报告指导教师或管理人员。如果属违反操作规程造成的损坏，将视情节由使用者负责一定的赔偿。

（7）发生仪器设备电路保险丝熔断时应仔细检查，找出原因，不得随意加大保险丝容量。

（8）要使用电器设备时应注意功率是否匹配，不得在过载下工作。三相电机线路的连接应牢靠，发现运转声音不正常时应立即切断电路进行检查。

第二章　高分子化学合成实验

实验一　苯乙烯溶液聚合

【实验目的】

(1)了解苯乙烯自由基聚合机理。

(2)掌握自由基溶液聚合方法。

【实验原理】

自由基聚合反应属连锁聚合反应,活性中心是自由基,一般分为链引发、链增长、链终止或链转移等几个基元反应。

(1)链引发

链引发反应是初级自由基与单体反应生成单体自由基的过程。能产生初级自由基的物质称为引发剂,主要有过氧化物和偶氮化合物两大类,这些化合物的分子结构中有弱键,在较低温度(40～100 ℃)下就能均裂成两个自由基,如过氧化苯甲酰的分解。

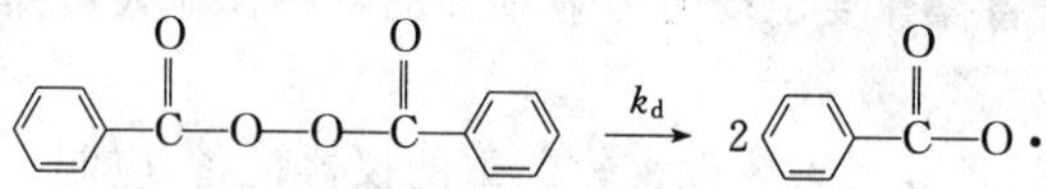

初级自由基与一分子单体(如苯乙烯)反应生成单体自由基:

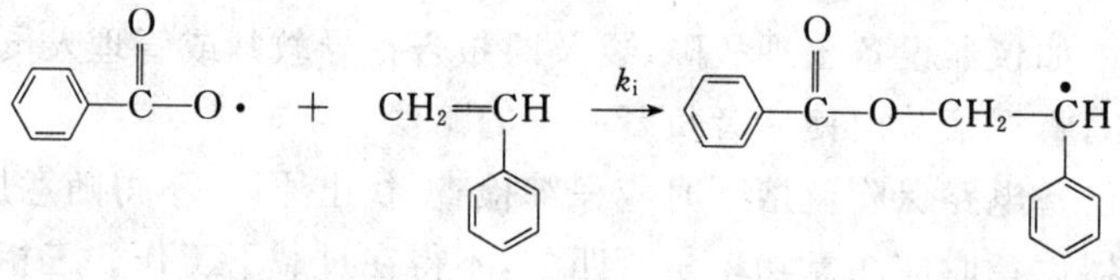

(2)链增长

单体自由基与单体继续反应,增长速率极快,在 0.01～10 s,就可使聚合度达 $10^3 \sim 10^4$。

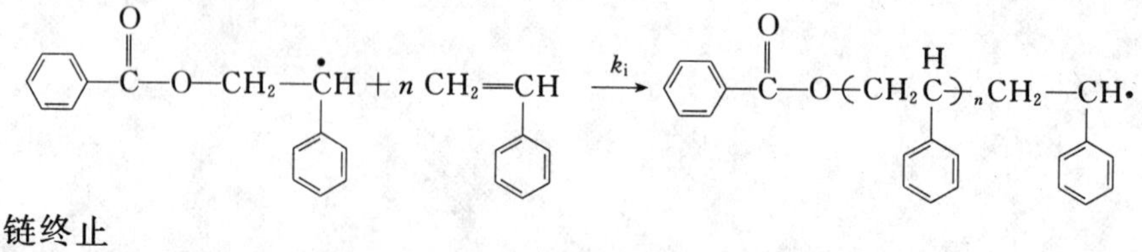

(3)链终止

自由基终止反应通常为双基终止,可分为偶合终止与歧化终止。

偶合终止:

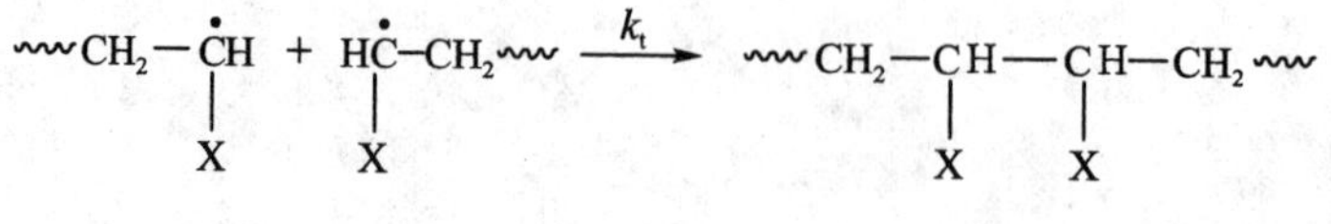

歧化终止：

$$\text{\textasciitilde\textasciitilde\textasciitilde} CH_2-\overset{\bullet}{C}H + H\overset{\bullet}{C}-CH_2\text{\textasciitilde\textasciitilde\textasciitilde} \xrightarrow{k_1} \text{\textasciitilde\textasciitilde\textasciitilde} CH=CH + CH_2-CH_2\text{\textasciitilde\textasciitilde\textasciitilde}$$

苯乙烯自由基聚合中，链终止反应在一般温度（40～100 ℃）下，通常为偶合终止。

$$\text{\textasciitilde\textasciitilde\textasciitilde} CH_2-\overset{\bullet}{C}H + H\overset{\bullet}{C}-CH_2\text{\textasciitilde\textasciitilde\textasciitilde} \xrightarrow{k_1} \text{\textasciitilde\textasciitilde\textasciitilde} CH_2-CH-CH-CH_2\text{\textasciitilde\textasciitilde\textasciitilde}$$

（4）链转移

自由基聚合中还可有链转移反应，这是因为大分子自由基有可能从单体、溶剂、引发剂分子上夺取一个原子或原子团而转移。

$$\text{\textasciitilde\textasciitilde\textasciitilde} CH_2-\overset{\bullet}{C}H + YZ \longrightarrow \text{\textasciitilde\textasciitilde\textasciitilde} CH_2-CHY + Z\bullet$$

若链转移所产生的自由基的活性与原自由基活性相近，则继续引发，增长，结果使聚合速率保持不变，聚合物分子量降低。若转移所产生的自由基活性减弱或失去活性，则会出现缓聚或阻聚现象。某些化合物（如硝基苯、硝基酚类等）对自由基聚合反应有缓聚或阻聚作用。由于苯乙烯受热时易聚合，在保存时常加入二酚类化合物作为阻聚剂，所以在苯乙烯聚合体系中，必须除掉上述阻聚剂。

【原料及实验装置】

原料：苯乙烯 9 g，甲苯 21 g，过氧化苯甲酰（BPO）0.054 g，乙醇 50 mL。

实验装置示意图如图 1-1 所示。

【实验步骤】

在 100 mL 三口烧瓶中加入 21 g 甲苯及 9 g 新蒸馏的苯乙烯，然后加入约 0.054 g 过氧化苯甲酰，搅拌，使引发剂溶解，然后在 90 ℃水浴中加热聚合 3 h。然后将聚合物溶液在搅拌下慢慢倒入装有约 40 mL 乙醇的 250 mL 烧杯中，聚合物沉析出来。静置后将滤液倾斜倒掉，再加入 10 mL 乙醇洗涤聚合物软团，最后将聚合物放在表面皿中于 60～70 ℃烘箱中干燥至恒重。

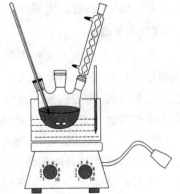

图 1-1 实验装置示意图

【实验结果】

计算聚合物的收率。

实验二 苯乙烯本体聚合

【实验目的】

（1）了解本体聚合的原理。

(2)掌握苯乙烯本体聚合的方法。

【实验原理】

本体聚合是在没有任何介质存在,单体本身在微量引发剂的引发下聚合,或者直接用热、辐射引发的聚合。

本体聚合显著特点是当反映到某一转化率后,产生了自动加速效应,因而要控制聚合速度及有效地排除聚合反应热。一般为减缓反应速度可降低聚合反应温度或用较缓和的引发剂或减少引发剂用量。为便于反应热的排除,通常将聚合反应器做成管状或板状,直接聚合成管、棒、板等制品。也有在聚合反应器中,使聚合达到允许搅拌的转化率下就停止反应,然后分离出聚合物。本体聚合方法生产简单、产品干净,易做成透明材料。

苯乙烯的本体聚合既可在自由基引发剂存在下进行自由基聚合,又可进行热聚合。通常苯乙烯本体聚合为热聚合,首先在 $75\sim90$ ℃下进行预聚合,当转化率达到 $20\%\sim30\%$ 时,再在 $110\sim160$ ℃下进行塔式聚合,直到聚合完全,得到纯净、透明的产物。聚合过程无引发剂残基存在,三废少。

本实验是苯乙烯以不同量的过氧化苯甲酰为引发剂在羊角型安瓶里进行的本体聚合,其聚合机理同苯乙烯溶液聚合机理相似。

$$n CH_2 = CH \longrightarrow \{CH_2 - \overset{\overset{\displaystyle H}{|}}{\underset{|}{C}}\}_n$$

【主要仪器和试剂】

羊角型安瓶($D=20$ mm,$h=100$ mm)4 支,恒温水浴。

苯乙烯,5 g;过氧化苯甲酰:0.02 g、0.04 g、0.06 g、0.08 g。

【实验步骤】

取清洁、干燥的羊角型安瓶 4 支,将 0.02 g、0.04 g、0.06 g、0.08 g 的过氧化苯甲酰分别按编号加入安瓶,再各称入 5 g 苯乙烯,然后堵上两个支管的开口,待过氧化苯甲酰溶解在苯乙烯中后,将安瓶放入冰盐水中冷却,并在安瓶的一支管上连有氮气球,用煤气灯封闭两个支管后放入 85 ℃恒温水浴中进行聚合。(聚合过程中每隔 15 min 观察、比较聚合情况)聚合 4 h 后取出安瓶,冷却后开启安瓶,加入 10 mL 甲苯经搅拌呈黏稠状液体,然后再将该聚合物溶液在搅拌下慢慢倒入盛有 70 mL 乙醇的烧杯中,使聚合物沉析出来,得到的聚合物放在玻璃皿上于 60 ℃真空烘箱中干燥至恒重。

【数据记录和处理】

将相关数据和实验结果填入表 2-1。

表 2-1　　　　　　　　　　　　　实验数据表

编号	单体质量 g	引发剂质量 g	聚合温度 ℃	聚合时间 min	产品状态 (黏度比较)	聚合物产率 %
1						
2						
3						
4						

实验三 苯乙烯乳液聚合

【实验目的】

(1)了解乳液聚合的基本原理。

(2)掌握苯乙烯自由基乳液聚合的方法。

【实验原理】

乳液聚合是由单体和水在乳化剂作用下配制成的乳状液中进行的聚合,体系主要由单体、水、乳化剂及溶于水的引发剂四种基本组分组成。在自由基聚合反应的四种实施方法中,乳液聚合和本体聚合、溶液聚合及悬浮聚合相比有其独特的优点。

烯类单体聚合反应放热量很大,其聚合热为 $60 \sim 100$ kJ/mol。在聚合物生产过程中,反应热的排除是一个关键问题。它不仅关系到操作控制的稳定性和生产的安全性,而且严重影响产品的质量。对乳液聚合过程来说,聚合反应发生在分散水相内的乳胶粒中,尽管在乳胶粒内部黏度很高,但由于连续相是水,使得整个体系黏度并不高,易于由内向外传热。不会出现局部过热,更不会暴聚,同时容易搅拌,便于管道输送,容易实现连续化操作。

在烯类单体的自由基本体、溶液及悬浮聚合中,提高反应速率的同时使得聚合物分子量降低,二者是相矛盾的。但是乳液聚合可以将二者统一起来,这是因为乳液聚合是按照与其他聚合方法不同的机理进行的。在乳液聚合体系中,聚合反应发生在一个个彼此孤立的乳胶粒中,自由基链被封闭于其中,不能同其他乳胶粒中的长链自由基相碰而终止,只能和由水相扩散进来的初始自由基发生链终止反应,故自由基有充分的时间增长到很高的分子量。另外,在乳液聚合体系中有着巨大数量的乳胶粒,其中封闭着巨大数量的自由基进行链增长反应,自由基的总浓度比其他聚合过程要大,故反应速率要快。聚合速率大,同时分子量高,这是乳液聚合的一个重要特点。

目前乳液聚合是生产高聚物的重要方法之一。许多高分子材料,如合成橡胶、合成树脂、涂料、黏合剂、絮凝剂、光亮剂、添加剂、医用高分子材料、抗冲击聚合物,以及特殊用途的合成材料等,都可以大量地采用乳液法生产。

苯乙烯乳液聚合的机理与一般乳液聚合相同,采用过硫酸钾为引发剂,十二烷基硫酸钠为乳化剂,十二硫醇为分子量调节剂。

【原料及实验装置】

(1)原料配方(表 3-1)

表 3-1 原料配方

药品名称	质量/g	理论质量/g	纯度/%	实际质量/g
苯乙烯	100	60	100	60
过硫酸钾	0.3	0.18	100	0.18
十二烷基硫酸钠	3	1.8	85	2.12
十二硫醇*	0.28	0.168	85	0.198(相当于 0.235 mL)
去离子水	300	180	100	180

* 十二硫醇的密度为 0.842 g/mL,因为十二硫醇用移液管加料比较方便,故将配方中十二硫醇质量换算成体积。

(2)实验装置

200 mL量筒,100 mL烧杯,500 mL三口烧瓶,200 mL烧杯。实验装置示意图如图1-1所示。

【实验步骤】

(1)制备

先按配方将所需药品称好,其中引发剂过硫酸钾用分析天平称量,十二硫醇用移液管量取,去离子水用量筒量取,其余用天平称量。

先将乳化剂及配方中的一部分水投入反应器内,启动搅拌,再加入新蒸馏的单体苯乙烯(十二硫醇已先溶于其中),通氮气10 min,排除装置中的空气,升温至50 ℃,加入引发剂过硫酸钾水溶液(将过硫酸钾放入小烧杯中,用配方中一部分去离子水搅拌溶解),开始计算反应时间,诱导期过后反应体系自动升温,移去加热水浴,用冷却水冷却反应器使温度保持在60 ℃左右,反应2 h后再升温至90 ℃反应1 h,即得聚苯乙烯乳液。

(2)转化率的测定

称取10 g上面制得的乳液投入到200 mL烧杯中,在搅拌下加入70 mL 0.4%硫酸铝钾溶液破乳。用预先称重的30 mL 3#熔结玻璃过滤坩埚过滤(水循环真空泵抽滤),滤饼用去离子水洗三次,再用少量乙醇捣洗两次以除去低聚物及未反应的单体(水洗或乙醇洗时可暂停抽滤),洗后将滤饼连同过滤坩埚一起,放入70 ℃烘箱中干燥4 h,再放入70 ℃的真空烘箱中,每隔2 h称重一次,直到恒重为止。

(3)转化率的计算

$$转化率 = \frac{生成的高聚物质量}{胶乳样品质量 \times 胶乳中单体质量分数} \times 100\%$$

其中

$$生成的高聚物质量 = 恒重的坩埚和样品的质量 - 空坩埚质量$$

$$胶乳中单体质量分数 = \frac{单体质量}{实际总投料质量}$$

【实验结果】

计算转化率。

【思考题】

(1)反应前及反应过程中为什么要通氮气?

(2)乳化剂在乳液聚合中的作用是什么?

(3)反应过程中为什么有自动升温现象?为什么要控制反应温度?

实验四　苯乙烯悬浮聚合

【实验目的】

(1)了解悬浮聚合的机理及配方中各组分的作用。

(2)掌握苯乙烯自由基悬浮聚合的方法。

【实验原理】

悬浮聚合实质上是单体和引发剂在分散剂的帮助下以液滴形式悬浮于水中,形成非均相体系的本体聚合。在每个小液滴内,单体的聚合过程和机理与本体聚合相似。悬浮聚合解决了本体聚合中不易散热的问题,产物容易分离;清洗可以得到纯度较高的颗粒状聚合物。

悬浮聚合的关键问题是悬浮粒子的形成和控制,分散剂和搅拌是两个重要的因素。另外,水与单体的重量比、反应温度和速率、单体和引发剂种类及用量等对液滴的分散都有影响。悬浮聚合主要组分有四种:单体,分散介质(水),悬浮剂,引发剂。

(1)单体

对单体的要求是非水溶性,且比重小于水,可以浮于水的上层(如苯乙烯、醋酸乙烯酯、甲基丙烯酸甲酯、氯乙烯等)。

(2)分散介质

分散介质大多为水,作为热传导介质。

(3)悬浮剂

调节聚合体系的表面张力、黏度,避免单体液滴在水相中黏结。

①水溶性高分子,天然物如明胶、淀粉等;合成物如聚乙烯醇等。

②难溶性无机物,如 $BaSO_4$、$BaCO_3$、$CaCO_3$、滑石粉和黏土等。

③可溶性电介质,如 NaCl、KCl、Na_2SO_4 等。

(4)引发剂

主要为油溶性引发剂,如过氧化苯甲酰,偶氮二异丁腈等。

【原料及实验装置】

(1)实验原料

苯乙烯单体,过氧化苯甲酰(BPO),聚乙烯醇(PVA),去离子水。

(2)实验装置

250 mL 三口瓶,球形冷凝管,集热水浴锅,搅拌马达与搅棒,量程为 100 ℃的温度计,50 mL量筒,100 mL烧杯,布氏漏斗和抽滤瓶。实验装置示意图如图 4-1 所示。

【实验步骤】

(1)架好带有球形冷凝管、温度计、三口烧瓶的搅拌装置。

(2)用量筒取 50 mL 去离子水,再将 0.06 g 聚乙烯醇(PVA)和 50 mL 去离子水加入250 mL三口烧瓶中,开始搅拌和加热;在 0.5 h 内,将温度慢慢加热至 100 ℃并保持 0.5 h。然后将水浴温度调至 90 ℃。

(3)分别将 0.5 g 过氧化苯甲酰(BPO)和 10 g 苯乙烯加入 100 mL 烧杯中,轻轻摇动至溶解后加入 250 mL 三口烧瓶中,开始记录反应时间。

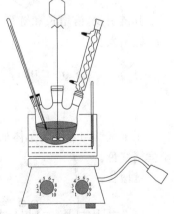

图 4-1　实验装置示意图

(4)保持 90 ℃ 反应 3 h 后,观测烧瓶内情况,或用吸管吸少量反应液于含冷水的表面皿中观察,若聚合物变硬可结束反应。

(5)将反应液冷却至室温后,过滤分离,反复水洗后,在 50 ℃下温风干燥后称重。

【注意事项】

(1)除苯乙烯外,其他可进行悬浮聚合的单体,还有氯乙烯、甲基丙烯酸甲酯、醋酸乙烯酯等。

(2)搅拌太激烈,易生成砂粒状聚合体;搅拌太慢,易结块而附着在反应器内壁或搅拌棒上。

(3)聚乙烯醇难溶于水,必须待聚乙烯醇完全溶解后,才可以加入单体苯乙烯。

(4)采用塑料匙或牛角匙称量 BPO,避免使用金属匙。

(5)是否能获得均匀的珍珠状聚合物与搅拌速度有密切关系。聚合过程中,不宜随意改变搅拌速度。

【实验结果】

计算转化率,观察样品形状。

实验五　苯乙烯的负离子聚合

【实验目的】

(1)了解苯乙烯负离子聚合的反应机理。

(2)掌握苯乙烯的负离子聚合方法。

【实验原理】

本实验为苯乙烯于环己烷中在负离子引发剂正丁基锂作用下进行的负离子聚合反应:

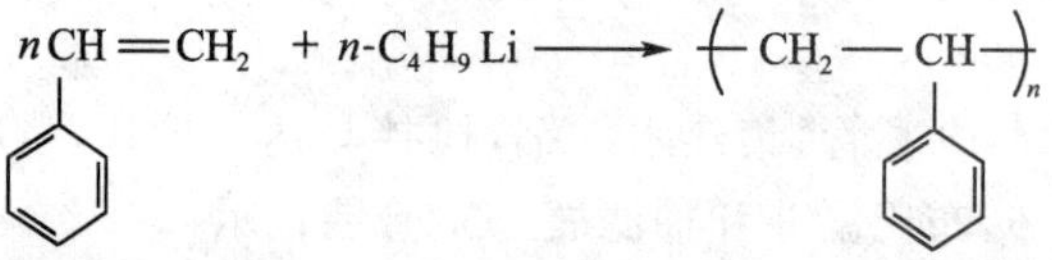

$$n\,CH{=}CH_2 + n{-}C_4H_9Li \longrightarrow {+}CH_2{-}CH{+}_n$$

其链引发、链增长和链终止反应如下:

链引发:

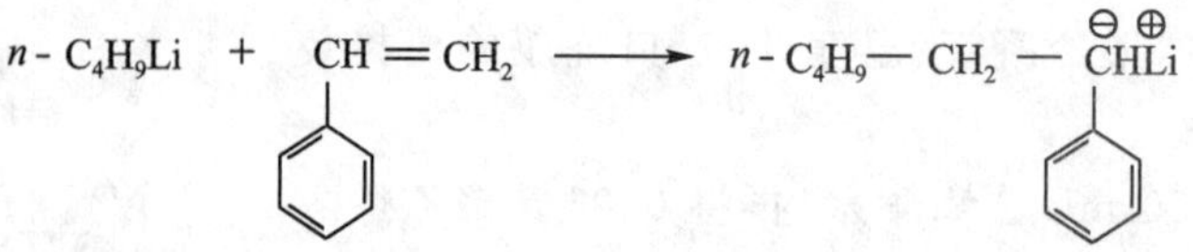

$$n{-}C_4H_9Li + CH{=}CH_2 \longrightarrow n{-}C_4H_9{-}CH_2{-}\overset{\ominus}{C}H\overset{\oplus}{Li}$$

正丁基锂与苯乙烯单体加成,形成碳负离子活性中心,引发速度快,生成的苯乙烯负离子呈橘红色。

链增长:

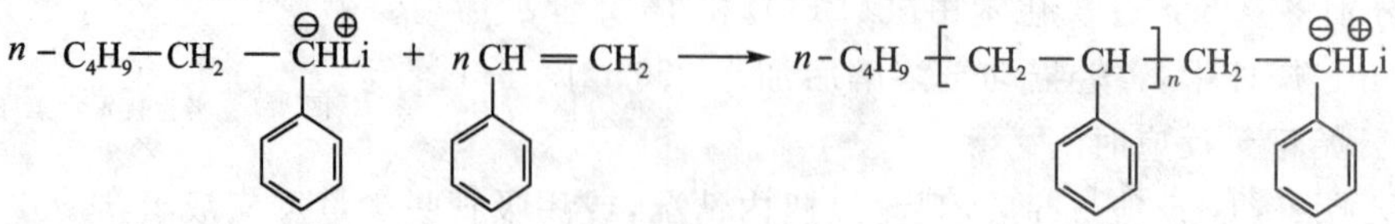

$$n{-}C_4H_9{-}CH_2{-}\overset{\ominus}{C}H\overset{\oplus}{Li} + n\,CH{=}CH_2 \longrightarrow n{-}C_4H_9{+}CH_2{-}CH{+}_n CH_2{-}\overset{\ominus}{C}H\overset{\oplus}{Li}$$

生成的负离子活性种继续与苯乙烯单体进行加成反应,生成长链活性种,颜色保持橘红色。

链终止:因为负离子聚合中活性种在没有杂质和链转移剂存在情况下是不会自发终止的,即所谓的"活性聚合",所以在聚合反应完成后须加入终止剂(如水、醇等)终止反应。

$$n\text{-}C_4H_9 \left[CH_2 - CH \right]_n CH_2 - \overset{\ominus \ \oplus}{CHLi} + H_2O/ROH \longrightarrow$$

$$n\text{-}C_4H_9 \left[CH_2 - CH \right]_n CH_2 - CH_2 + LiOH/ROLi$$

也可加入 CO_2、环氧乙烷等合成末端带有官能团的聚合物:

$$\sim\sim\sim\overset{\ominus\oplus}{SLi} + CO_2 \longrightarrow \sim\sim\sim\overset{\ominus\oplus}{SCOOLi} \xrightarrow{H^+} \sim\sim\sim SCOOH$$

$$\sim\sim\sim\overset{\ominus \ \oplus}{S-Li} + CH_2-CH_2 \longrightarrow \sim\sim\sim SCH_2-CH_2O^{\ominus} \ ^{\oplus}Li \xrightarrow{H^+} \sim\sim\sim SCH_2CH_2OH$$

负离子连锁聚合反应具有"快引发,慢增长,无终止"的特点,其聚合反应速率 R_p 及数均聚合度 X_n 可用下式表达:

$$R_p = K_p[M^-][M]$$

式中,[M]为单体浓度;[M⁻]为活性种浓度。在一般情况下,负离子聚合时[M⁻]为 $10^{-3} \sim 10^{-2}$ mol/L,而自由基聚合反应时[M⁻]为 $10^{-9} \sim 10^{-7}$ mol/L,因此一般负离子聚合速度比自由基聚合速度大 $10^4 \sim 10^7$ 倍。

$$X_n = n[M]/[C]$$

式中,[C]为引发剂浓度。对于单负离子引发剂,$n=1$;对于双负离子引发剂,$n=2$。聚合物分子量分布服从 Flory 分布,当重均聚合度 X_w 很大时,X_w/X_n 接近于 1,所以负离子聚合所制备的聚苯乙烯分子量分布很窄,常用于分子量及分子量分布测定的标准样品。

【主要仪器和试剂】

氮气干燥净化器,真空油泵,25 mL 聚合瓶,注射器。

苯乙烯,环己烷,正丁基锂溶液,高纯氮(99.99%),异丙醇,95%乙醇。

【实验步骤】

取聚合瓶一只,接好氮气净化系统和真空油泵,抽空—烘烤—充氮三次。注射器经氮气及少量环己烷洗涤后,分别向聚合瓶中注入 10 mL 环己烷、4 mL 苯乙烯,摇匀,用注射器边摇边注入正丁基锂溶液,待溶液出现淡黄色后,证明体系中残余杂质除尽,接着加入定量的正丁基锂溶液(用量由产物设计分子量所定),此时溶液立即变成苯乙烯负离子的橘红色。50 ℃水浴中反应 3 h,用注射器注入 0.2 mL 异丙醇终止反应,橘红色消失。把聚合物溶液在搅拌下加到 30 mL 95%乙醇中使聚合物沉淀,过滤得到聚苯乙烯,经真空干燥后,称重,测定转化率。

【实验结果】

合成设计分子量为 6 万、8 万、10 万、12 万的聚苯乙烯,测定转化率,所得产品用凝胶渗透色谱仪(GPC)测定其分子量及其分布,并与自由基聚合所得聚苯乙烯进行比较。

【思考题】

为什么聚合前要加入少量正丁基锂溶液?

实验六　苯乙烯的原子转移自由基聚合

【实验目的】

(1)了解苯乙烯原子转移自由基聚合反应机理。
(2)掌握采用原子转移自由基聚合方法制备聚苯乙烯。

【实验原理】

1995 年,旅美学者王锦山、Matyjaszewski 和日本京都大学的 Sawamoto 首次提出了原子转移自由基聚合(ATRP)。以简单的有机卤化物为引发剂、过渡金属配合物为卤原子载体,通过过渡金属之间的氧化还原反应,在活性种和休眠种之间建立可逆的动态平衡,实现对聚合反应的控制。聚合机理如图 6-1 所示。

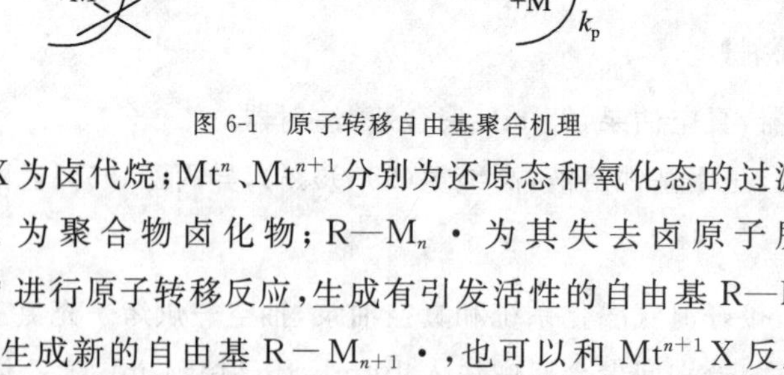

图 6-1　原子转移自由基聚合机理

图 6-1 中,R—X 为卤代烷;Mt^n、Mt^{n+1} 分别为还原态和氧化态的过渡金属化合物;L 为配位剂;$R—M_n—X$ 为聚合物卤化物;$R—M_n$ · 为其失去卤原子所对应的自由基。$R—M_n—X$ 可与 Mt^n 进行原子转移反应,生成有引发活性的自由基 $R—M_n$ ·。$R—M_n$ · 可以进行链增长反应,生成新的自由基 $R—M_{n+1}$ ·,也可以和 Mt^{n+1} X 反应生成相应的卤化物,而卤化物则不能和单体发生反应。

原子转移自由基聚合引发剂的分子结构有一个共同特点,即在连接卤素原子的碳原子上都连接一定数目的稳定基团。这些基团通过共轭效应或超共轭效应使对应的 C—X 键易于断裂,生成相应的自由基。如果有多个官能团,那么卤代烃的引发活性就会增加。例如,四氯化碳、二苯溴甲烷以及 α-氯代丙二酸酯分别比氯仿、溴化苄、α-氯代丙酸酯的引发活性高。ATRP 的催化体系主要有 Pa、Cu、Ni、Fe、Ru 等。其中较为常见的是 Cu 体系、卤化铜和卤化亚铜。催化剂种类的选择,可以使 ATRP 的聚合速率有很大的改变。ATRP 催化剂的活性极大地依赖于配体的性质,与过渡金属化合物配位可以提高其溶解性,由于其电子效应也会影响过渡金属催化剂的氧化还原性,进而影响聚合反应的选择性。目前,氮配位剂的应用范围最广,特别是常与铜体系和铁体系催化剂配位,效果很好。如以 2,2′-联吡啶(bpy)作为配位体时,体系为非均相体系,在溶剂的选择上最好选用非极性溶剂。

本实验以 α-氯代乙苯为引发剂,以氯化亚铜/bpy 配合物为催化体系,引发苯乙烯进行 ATRP 聚合。

【主要仪器和试剂】

氮气干燥净化器,真空油泵,25 mL 聚合瓶。

苯乙烯,α-氯代乙苯,氯化亚铜,2,2′-联吡啶(bpy),高纯氮(99.99%),四氢呋喃,95% 乙醇。

【实验步骤】

将聚合瓶经抽空—烘烤—充氮三次,将 35 mg α-氯代乙苯、50 mg 2,2′-联吡啶、164 mg 氯化亚铜及 4 mL 苯乙烯加入聚合瓶中,采用液氮冷冻—抽空—解冻(反复三次)以除去反应瓶中的氧气后密封。将聚合瓶放入恒温油浴中,温度控制在(120±0.5)℃,聚合 3 h 后,打开密封的聚合瓶。将反应液用 15 mL 四氢呋喃稀释后,倒入至少十倍量以上的无水乙醇中沉淀,得到白色固体。干燥后再用四氢呋喃溶解所得聚合物,并将其通过装有中性 Al₂O₃ 的过滤柱,以除去反应体系中微量残留的催化剂,将其用乙醇沉淀后再在 50 ℃下真空干燥 24 h。

【实验结果】

计算聚苯乙烯产率,所得产品用凝胶渗透色谱仪(GPC)测定其分子量及其分布,并与自由基聚合及负离子聚合所得聚苯乙烯比较。

【思考题】

为什么聚合前要除掉氧气?

实验七　苯乙烯本体聚合速度的测定

【实验目的】

(1)了解膨胀计法测定聚合反应速率的原理。

(2)掌握苯乙烯本体聚合速度的测定方法。

【实验原理】

根据自由基聚合反应机理可以推导出聚合初期的动力学微分方程:

$$R_p = -\frac{d[M]}{dt} = k[I]^{\frac{1}{2}}[M]$$

即聚合反应速率 R_p 与引发剂浓度 $[I]^{\frac{1}{2}}$、单体浓度 $[M]$ 成正比。在转化率低的情况下,可假定引发剂浓度保持恒定:

$$R_p = -\frac{d[M]}{dt} = K[M]$$

将微分式积分可得

$$\ln \frac{[M]_0}{[M]} = Kt$$

式中,$[M]_0$ 为起始时刻单体浓度;$[M]$ 为 t 时刻单体浓度;K 为常数。

如果从实验中测定不同时刻的单体浓度 $[M]$,求出不同时刻的 $\ln\dfrac{[M]_0}{[M]}$ 数值,并对时间 t 作图应得一条直线,由此可验证聚合反应速率与单体浓度的动力学关系式。

聚合反应速率的测定对工业生产和理论研究具有重要意义。实验室多采用膨胀计法测定聚合反应速率:由于单体密度小于聚合物密度,因此在聚合过程中聚合体系体积不断缩小,体积降低的程度依赖于单体和聚合物的密度差,即体积的变化和单体的转化率成正比。如果使用一根直径很小的毛细管来观察体积的变化(图 7-1),测试灵敏度将大大提高,这种方法就叫膨胀计法。

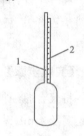

图 7-1　膨胀计
1—毛细管;2—标尺

若以 ΔV 表示聚合反应 t 时刻的体积收缩率,K 为单体完全转化为聚合物时的体积收缩率,则单体转化率 C 可以表示为

$$C = \frac{\Delta V}{V_0 K} = \frac{\pi \cdot r^2 h}{V_0 K}$$

$$K = \frac{d_p - d_m}{d_p} \times 100\%$$

式中,V_0 为聚合体系起始时刻的体积;r 为毛细管半径;h 为某时刻聚合体系液面下降高度;d_p 为聚合物密度;d_m 为单体密度。

因此,聚合反应速率为

$$R_p = \frac{d[M]}{dt} = \frac{[M]_2 - [M]_1}{t_2 - t_1} = \frac{C_2[M]_0 - C_1[M]_0}{t_2 - t_1} = \frac{C_2 - C_1}{t_2 - t_1}[M]_0$$

因此,通过测定某一时刻聚合体系液面下降高度,即可计算出此时体积收缩值和转化率,进而做出转化率与时间关系曲线,根据直线部分斜率,即可求出平均聚合反应速率。

应用膨胀计法测定聚合反应速率既简单又准确,需要注意的是此法只适用于测量反应的转化率在 10% 范围内的聚合反应速率。因为只有在引发剂浓度视为不变的阶段(10% 以内的转化率)体积收缩值与单体浓度呈线性关系,才能用上式求取平均聚合反应速率;特别是在较高转化率下,体系黏度增大,导致聚合反应自动加速,用上式计算的平均聚合反应速率已不是体系的真实聚合速率。

【主要仪器和试剂】

膨胀计(内径已标定,$r = 0.2 \sim 0.4$ mm),自制标尺,恒温水浴装置,50 mL 烧杯,20 mL

和 2 mL 注射器各一支,分析天平(最小精度 0.1 mg)。

苯乙烯(去除阻聚剂)20 mL;过氧化苯甲酰(精制):0.2 g,0.4 g,0.6 g,0.8 g。

【实验步骤】

(1)用移液管将 20 mL 苯乙烯移入洗净烘干的 50 mL 烧杯中,记录当时温度。在天平上称 0.2 g(各组引发剂称取量不同)已精制的过氧化苯甲酰放入烧杯中,在冰水中摇匀溶解。

(2)将膨胀计抽真空,用注射器吸取已加入引发剂的单体溶液缓慢加入膨胀计中。让液面刚好在毛细管底部,记录加入溶液的准确体积。

(3)将膨胀计垂直固定在夹具上,让膨胀计下部容器浸于已恒温的(60±0.1)℃水浴中,水面在毛细管上沿以下。此时膨胀计毛细管中的液面由于受热而迅速上升,仔细观察毛细管中液面高度的变化,当反应物与水浴温度达到平衡时,毛细管液面不再上升。记录此刻液面高度,即为反应的起始点。

(4)当聚合反应开始时,液面开始下降,记下起始点和此时的刻度,以后每隔 5 min 记录一次,随着反应进行,液面高度与时间呈线性关系,根据读出的高度变化计算聚合反应转化率。依上述操作步骤,分别测定 0.4 g、0.6 g、0.8 g 过氧化苯甲酰引发下的聚合速度,观察引发剂用量对聚合速度的影响。

【数据记录和处理】

(1)实验数据(表 7-1)

表 7-1　　　　　　　　　　　　　　　　　实验数据表

引发剂质量/g	时刻	反应时间/h	液面高度/cm	总体高度差/cm	转化率/%	备注

(2)转化率计算

用公式进行计算;V_0 可根据室温及反应温度下苯乙烯单体密度算出,D 为毛细管直径,d_m、d_p 可查出。

(3)计算聚合反应初速度

分别做出不同引发剂用量下的聚合转化率随时间变化的曲线。聚合反应初始速度可由转化率时间曲线在反应开始处的切线斜率求得,单位以 mol/(L·min)表示。

(4)验证聚合反应速率动力学关系式

以聚合反应初速率-引发剂浓度的平方根作图或以 ln(聚合反应初速度)-ln(引发剂浓度)作图。

【思考题】

(1)为什么存在诱导期?

(2)讨论本实验的影响因素。

实验八　甲基丙烯酸甲酯的本体聚合及有机玻璃板的制备

【实验目的】

(1)掌握自由基本体聚合的特点和聚合方法。

(2)熟悉有机玻璃板的制备方法,了解其工艺过程。

【实验原理】

本体聚合是指单体仅在少量的引发剂存在下进行的聚合反应,或者直接在热、光、辐照作用下进行的聚合反应。本体聚合具有产品纯度高和无须后处理等优点,可直接聚合成各种规格的型材。但是由于体系黏度大,聚合热难以散去,反应控制困难,导致产品发黄,出现气泡,从而影响产品的质量。

本体聚合进行到一定程度,体系黏度大大增加,大分子链的移动困难,而单体分子的扩散受到的影响不大。链引发和链增长反应照常进行,而增长链自由基的终止受到限制,结果使得聚合反应速度增加,聚合物分子量变大,出现所谓的自动加速效应。更高的聚合速率导致更多的热量生成,如果聚合热不能及时散去,会使局部反应"雪崩"式地加速进行而失去控制。因此,自由基本体聚合中,控制聚合速率使聚合反应平稳进行是获取无瑕疵型材的关键。

聚甲基丙烯酸甲酯由于有庞大的侧基存在,为无定形聚合物,具有高度的透明性,可见光透光率为90%~93%,因此又称为有机玻璃。它的密度小,耐低温性能好,在-183~60 ℃冲击强度几乎没有变化,且其电性能优良,是航空工业与光学仪器制造业的重要材料。有机玻璃表面光滑,在一定的曲率内光线可在其内部传导而不逸出,因此在光导纤维领域得到应用。但是,聚甲基丙烯酸甲酯耐候性差、表面易磨损,可以使甲基丙烯酸甲酯与苯乙烯等单体共聚来改善耐磨性。

有机玻璃是通过甲基丙烯酸甲酯的本体聚合制备的。甲基丙烯酸甲酯的密度(0.94 g/cm³)小于聚合物的密度,在聚合过程中出现较为明显的体积收缩。为了避免体积收缩和有利于散热,工业上往往采用两步法制备有机玻璃。在过氧化苯甲酰(BPO)引发下,甲基丙烯酸甲酯聚合初期平稳反应,当转化率超过 20%之后,聚合体系黏度增加,聚合速率显著增加。此时应该停止第一阶段反应,将聚合浆液转移到模具中,低温反应较长时间。当转化率达到90%以上后,聚合物已经成型,可以升温使单体完全聚合。

【主要仪器和试剂】

三口烧瓶,冷凝管,温度计,水浴锅,电动搅拌器,玻璃板。

过氧化苯甲酰(BPO),甲基丙烯酸甲酯,硅油。

【实验步骤】

(1)预聚物的制备:准确称取 50 mg 的过氧化苯甲酰、50 g 甲基丙烯酸甲酯,混合均匀,加入到配有冷凝管的三口烧瓶中,开动电动搅拌器。然后水浴升温至 80～90 ℃,反应30～60 min。体系达到一定黏度(相当于甘油黏度的两倍,转化率为 7%～15%),停止加热,冷却至室温,使聚合反应缓慢进行。

(2)制模:取两块玻璃板洗净、烘干,在玻璃板的一面涂上一层硅油作为脱模剂。玻璃板外沿垫上适当厚度的垫片(涂硅油面朝内),在四周糊上厚牛皮纸,并预留一注料口。

(3)成型:将上述预聚物浆液通过注料口缓缓注入模腔内,注意排净气泡。待模腔灌满后,用牛皮纸密封。将模子的注料口朝上垂直放入烘箱内,于 40 ℃继续聚合 20 h,体系固化失去流动性。再升温至 80 ℃,保温 1 h,而后再升温至 100 ℃,保温 1 h,打开烘箱,自然冷却至室温。除去牛皮纸,小心撬开玻璃板,可得到透明有机玻璃一块。

【实验结果】

观察样品形状,产品如有缺陷分析其原因。

【思考题】

(1)自动加速效应是怎样产生的,对聚合反应有哪些影响?

(2)制备有机玻璃,为什么要先进行预聚合?

(3)工业上采用本体聚合的方法制备有机玻璃有什么优点?

实验九　正丁基锂的制备和分析

【实验目的】

(1)掌握正丁基锂的制备方法。

(2)熟悉正丁基锂的分析方法。

【实验原理】

负离子聚合的引发体系主要分两类,一类为单电子转移反应的引发体系,以萘钠及钠为代表;另一类为亲核加成反应的引发体系,以烷基锂为代表。烷基锂能溶于烃类溶剂中,作为引发剂,其活性高,反应速度快,转化率几乎可达 100%,在制得的聚丁二烯链节中,乙烯基含量小于 10%,且可以通过添加极性调节剂,如四氢呋喃、二乙二醇二甲醚等,任意调节聚丁二烯、聚异戊二烯的微观结构,所以烷基锂引发剂常用于聚丁二烯、聚异戊二烯和溶聚丁苯橡胶的聚合反应中。

烷基锂可以通过烷基卤化物与金属锂反应来制备,例如

$$n\text{-}C_4H_9Cl+2Li \longrightarrow n\text{-}C_4H_9Li+LiCl$$

烷基锂在纯态或在烃类中以缔合状态存在,缔合体和单量体之间存在平衡,多数情况下

形成六聚体或四聚体,也可能以二聚体存在。正丁基锂在苯和环己烷中以六聚体存在,仲丁基锂和叔丁基锂则为四聚体,只有未缔合的单量体烷基锂有活性,能引发聚合反应。

烷基锂很容易和空气中的氧气和水蒸气反应,在较高温度下易分解,所以应在惰性气体保护下低温存放。

【主要仪器和试剂】

氮气干燥净化器,真空油泵,电磁搅拌器,500 mL 三口烧瓶,恒压滴液漏斗,注射器。

金属锂,氯代正丁烷,环己烷,高纯氮,0.1 mol/L 标准盐酸,1,2-二溴乙烷。

【实验步骤】

三口烧瓶抽空—火烤—充氮三次后,氮气保护下冷却。将 320 mL 精制环己烷从中间口加入,另取 40 mL 精制环己烷加入到恒压滴液漏斗中,再加入 67 mL 处理后的氯代正丁烷与其混合。将块状金属锂用环己烷洗净,压成薄片,在环己烷中将其剪成细丝,在氮气保护下迅速加入到三口烧瓶中,共加 12 g。开始滴加氯代正丁烷混合溶液,使温度不超过 60 ℃,滴加完毕后,50~60 ℃下继续反应 2 h,沉降 12 h 后,在氮气保护下用球形烧结玻璃漏斗滤出正丁基锂溶液,封装于安瓿中,冷冻存放。反应瓶内未反应完的锂用无水乙醇缓慢处理(注意安全)。

正丁基锂的分析采用双滴定法,即取两份同量的正丁基锂溶液,一份用水水解,用标准盐酸滴定,测得总碱量。另一份先和 1,2-二溴乙烷反应,然后用水水解,再用标准盐酸滴定,测得残碱量。从总碱量与残碱量之差值可求得正丁基锂浓度。

取两个 150 mL 分析瓶,瓶口用橡胶翻皮盖封住,抽空—火烤—充氮三次后,在氮气保护下冷却,依次加入 1 mL 1,2-二溴乙烷,5 mL 环己烷,2 mL 正丁基锂溶液,50 ℃下反应 1 h,加入 20 mL 蒸馏水水解,加入 2~3 滴酚酞指示剂,用标准盐酸滴定得 V_1,在接近等当点时用力摇动,避免过等当点。

取两个 150 mL 锥形瓶,各加入 20 mL 蒸馏水,用注射器抽取 2 mL 正丁基锂溶液迅速注射到锥形瓶内,摇动,加入 2~3 滴酚酞指示剂,用标准盐酸滴定得 V_2。

由两次滴定的平均值计算正丁基锂浓度为

$$N = \frac{(V_2 - V_1)N_{HCl}}{V}$$

式中,V_1,V_2 分别为第一次、第二次滴定消耗的标准盐酸体积,mL;N_{HCl} 为标准 HCl 的体积摩尔浓度;N 为正丁基锂的体积摩尔浓度;V 为正丁基锂取样的体积,mL。

【实验结果】

计算所合成正丁基锂溶液的浓度。

【思考题】

用双滴定法分析正丁基锂浓度的原理及反应方程式。

实验十　负离子聚合制备中乙烯基聚丁二烯

【实验目的】

(1)了解丁二烯负离子聚合反应的机理及特点。

(2)掌握通过负离子聚合的方法合成中乙烯基聚丁二烯的方法。

【实验原理】

丁二烯在正丁基锂引发下,用环己烷做溶剂,进行负离子聚合。在纯净的体系和一定的反应温度下,其反应机理如下。

首先是引发剂的缔合体成为有活性的单量体:

$$(n\text{-}C_4H_9Li)_n \longrightarrow n\ n\text{-}C_4H_9Li$$

链引发:

$$n\text{-}C_4H_9Li + CH_2=CH-CH=CH_2 \longrightarrow n\text{-}C_4H_9-CH_2-CH=CH-CH_2Li$$

链增长:

$$n\text{-}C_4H_9-CH_2-CH=CH-CH_2Li + nC_4H_6 \longrightarrow$$
$$n\text{-}C_4H_9 \overset{}{\underset{}{\left(CH_2CH=CH-CH_2\right)}_n} CH_2-CH=CH-CH_2Li$$

如果体系加入 THF、二乙二醇二甲醚(2G)、二哌啶乙烷(DPE)等极性添加剂,能够促进和加速缔合体解缔并形成络合体活性中心。据许多研究者报道,在无极性添加剂存在下丁二烯聚合中主要生成 1,4-结构,而极性添加剂的加入有利于生成乙烯基结构,因此在聚合中通过控制 THF 的加入量则可设计制备不同乙烯基含量的聚丁二烯,增加聚丁二烯橡胶的品种和牌号,扩展聚丁二烯橡胶的应用领域。

通常,在负离子聚合中,链的引发速率大于链的增长速率,每个引发剂分子瞬间成为链增长活性中心,与单体加成后成为聚合物活性链,直至单体耗尽为止,活性仍不变,故称"活性聚合物"。

聚丁二烯的平均聚合度 X_n 可用单体浓度[M]和引发剂浓度[C]来表示,如果聚合转化达到 100%,则

$$X_n = \frac{[M]}{[C]}$$

若已知投料单体的质量为 W,$n\text{-}C_4H_9Li$ 浓度为[C],设计制备各种数均分子量 $\overline{M}_n$ 的聚丁二烯,应加入 $n\text{-}C_4H_9Li$ 溶液的体积 V_{mL} 为

$$V_{mL} = \frac{W \times 1\,000}{\overline{M}_n \times [C]}$$

$n\text{-}C_4H_9Li$ 极易被氧、二氧化碳、水及卤代烷烃等杂质终止而失活,因此,必须对整个反应体系进行净化,对试剂的纯度要求也很高。

【主要仪器和试剂】

聚合瓶,恒温水浴,注射器,真空吸引器。

丁二烯,正丁基锂,环己烷,四氢呋喃(THF),异丙醇,乙醇,分子筛(5A),高纯氮。

【实验步骤】

(1)环己烷经5A分子筛浸泡一周以上,用高纯氮脱氧,使其水、氧含量均小于1×10^{-5}。

(2)将洗净、烘干的两个250 mL溶剂瓶配上翻皮塞密封,称量,记录其质量。从溶剂瓶中压入需要量的溶剂,通 N_2 吹扫 10~15 min,盖好瓶塞,称重待用。

(3)按溶剂质量、单体浓度计算需转入的丁二烯的量。

(4)取 200 mL 干净、烘烤过的盐水瓶抽空充 N_2 三次,转入丁二烯。

(5)按设计分子量,THF/n-C_4H_9Li(物质的量比)取 10 和 50 计算引发剂加入量和 THF 加入量。

(6)把丁二烯环己烷溶液聚合瓶放入恒温水浴中预热 20 min,即可加入计量的添加剂和引发剂,恒温聚合 3 h。

(7)聚合结束后,加 2 mL 异丙醇终止反应,用乙醇凝聚后干燥至恒重。

【注意事项】

转移丁二烯要在室外安全处进行,周围严禁明火。剩余的丁二烯要立即处理,不可在室内放置,以免引起爆炸。

【实验结果】

(1)计算聚合转化率。

(2)分析聚合物的微观结果,可采用 IR 或 NMR 表征。

(3)采用凝胶渗透色谱测定聚合物分子量。

实验十一　双锂引发剂合成立构三嵌段聚丁二烯

【实验目的】

(1)了解双锂引发剂的制备方法及应用。

(2)掌握一步加料法合成丁二烯立构三嵌段聚合物的方法。

【实验原理】

本实验采用的 α-甲基萘锂引发剂为自制。三嵌段聚丁二烯的链段结构为 1,2-1,4-1,2-三嵌段立构嵌段聚丁二烯,其合成原理如下:

链引发:

$$\left[\text{甲基萘}\right]^{\ominus}\text{Li}^{\oplus} + CH_2{=}CHCH{=}CH_2 \longrightarrow \cdot CH_2CH{=}CHCH_2{-}Li^{\oplus} + \text{甲基萘} \qquad (1)$$

$$2\cdot CH_2CH{=}CHCH_2^{\ominus}Li^{\oplus} \longrightarrow {}^{\oplus}LiCH_2CH{=}CHCH_2CH_2CH{=}CHCH_2^{\ominus}Li^{\oplus} \qquad (2)$$

链增长：

1,4-链段的形成

$$LiCH_2CH{=}CHCH_2CH_2CH{=}CHCH_2Li + mCH_2{=}CHCH{=}CH_2 \longrightarrow Li1,4\text{-}PBLi \qquad (3)$$

1,2-1,4-1,2-三嵌段链段形成,在有强极性添加剂存在下,例如二哌啶乙烷(DPE),其第二步反应为

$$Li1,4\text{-}PBLi + 2\beta DPE + nCH_2{=}CHCH{=}CH_2 \longrightarrow \beta DPE\cdot Li1,2\text{-}PB\text{-}1,4\text{-}PB\text{-}1,2\text{-}PBLi\cdot\beta DPE \qquad (4)$$

由于 α-甲基萘锂本身是电子转移型负离子聚合引发剂,它首先与一分子丁二烯形成端位带自由基的活性负离子,而后两个自由基负离子结合形成双锂引发剂。在增长反应中,第一步是在无 DPE 存在下形成 1,4-PB;第二步是在加入 DPE 后形成 1,2-1,4-1,2-三嵌段 PB。由反应可知,由式(3)与式(4)的反应时间 t 可以调节 1,4-PB 与 1,2-PB 的嵌段比。由式(4)中 DPE 加入量可以调节 1,2-PB 中 1,2-结构含量。由 α-甲基萘锂的加入量可控制三嵌段聚合物的分子量。

在双锂合成高分子过程中,每一个大分子两端都带有 Li,故按正常 Li 浓度分析,加入量应是单锂的 2 倍。如果设计的聚丁二烯的数均分子量为 $\overline{M}_n$,α-甲基萘锂的浓度为[C],则加入 α-甲基萘锂的体积为

$$V_{mL} = \frac{W \times 1000}{\overline{M}_n \times [C]/2}$$

式中,W 为丁二烯质量,g;$\overline{M}_n$ 为数均分子量。

【主要仪器和试剂】

聚合瓶,恒温水浴,注射器等。

丁二烯,α-甲基萘锂(自制),环己烷,二哌啶乙烷(DPE),异丙醇,防老剂 264,乙醇,分子筛(5A),高纯氮。

【实验步骤】

原材料精制,聚合瓶处理同实验十。

将丁二烯、环己烷配成需要浓度的溶液,注入充高纯氮的聚合瓶中,预热到 50 ℃,加入计量的 α-甲基萘锂进行聚合反应,得到 1,4-PB,待 1,4-PB 聚合转化率达到一定值时将聚合温度调到 5 ℃,向聚合瓶中加入计量的 DPE,当聚合达到 100% 转化后即合成 1,2-1,4-1,2-三嵌段 PB。然后用含 1% 防老剂的甲苯-异丙醇溶液终止反应。产物在 4 ℃真空烘箱中干燥至恒重。

【实验结果】

(1)由红外光谱或核磁共振波谱测试三嵌段聚丁二烯的微观结构,从而计算嵌段比。

(2)由凝胶渗透色谱表征聚合物的分子量。

(3)采用示差扫描显热法测试三嵌段聚丁二烯的玻璃化温度。

【思考题】

如何控制三嵌段聚丁二烯微观结构和嵌段比?

实验十二　丁二烯-苯乙烯无规共聚物的制备

【实验目的】

(1)了解离子型共聚合机理。

(2)掌握负离子聚合法合成丁二烯-苯乙烯无规共聚物的方法。

【实验原理】

通常丁二烯和苯乙烯在非极性溶剂(如环己烷)中,以正丁基锂为引发剂进行聚合时,两种单体很难共聚,如 25 ℃,环己烷为溶剂时,丁二烯和苯乙烯的竞聚率分别为 15.5 和 0.04。在共聚合时,首先是丁二烯自聚,当丁二烯快消耗完毕时,苯乙烯才开始聚合,这时得到的聚合物是一个丁二烯-苯乙烯的嵌段共聚物,两个嵌段之间有一个苯乙烯含量渐变的过渡段。为了得到丁二烯-苯乙烯无规共聚物通常有以下几种方法:

(1)高温法:温度升高,苯乙烯活性增加,有利于无规共聚合,但是温度高,反应快,放热剧烈,有可能引起凝胶化及聚合热不易散掉的问题。

(2)连续加料法:苯乙烯一次性加入,丁二烯连续加入,保持单体中高的苯乙烯/丁二烯比例,从而使进入高分子的结合苯乙烯含量增加,达到无规共聚组成,但丁二烯连续加料操作复杂,不易控制。

(3)添加极性添加剂法:一些极性添加剂如四氢呋喃(THF)、二乙二醇二甲醚(2G)等,可以改变苯乙烯、丁二烯的相对活性,达到无规共聚的目的,但这些极性添加剂往往使丁二烯中 1,2-结构含量大大增加,对共聚物性能有一定影响。在体系中加入烷氧基钾类化合物,如叔丁醇钾、叔戊醇钾等,在稍有提高聚丁二烯 1,2-结构含量的同时,可以实现丁二烯-苯乙烯无规共聚。

本实验采用极性添加剂 THF 来制备丁二烯-苯乙烯无规共聚物(丁苯无规共聚物),其合成原理如下:

$$n\text{-BuLi} + n\text{CH}_2\!\!=\!\!\underset{\bigcirc}{\text{CH}} + m\text{CH}_2\!\!=\!\!\text{CH}\!-\!\text{CH}\!\!=\!\!\text{CH}_2 \xrightarrow[\text{环己烷}]{\text{THF}} \text{丁苯无规共聚物}$$

丁苯无规共聚物中结合苯乙烯无规分布于其中,所以常温下呈高弹态,可做橡胶,通常称作溶聚丁苯橡胶以区别于乳液聚合法生产的乳聚丁苯橡胶。但由于分子量较低,本体黏度低,易于冷流,为了解决这一问题,发展了锡偶联丁苯橡胶。即在聚合后期,以 SnCl$_4$ 进行偶联,形成星型聚合物,提高了丁苯共聚物的分子量,防止丁苯橡胶冷流的同时,还改善了丁苯橡胶的加工性能和力学性能。

【主要仪器和试剂】

氮气干燥净化系统,真空油泵,250 mL 盐水瓶,注射器,不锈钢导料管。

环己烷,苯乙烯,丁二烯,四氢呋喃(THF),四氯化锡-环己烷溶液,高纯氮(99.99%),95%乙醇,防老剂 264,正丁基锂-环己烷溶液,异丙醇。

【实验步骤】

取 250 mL 盐水瓶一只,盖好橡皮塞,用带有针头的不锈钢导料管插入橡皮塞,另一端连接氮气干燥净化系统和真空油泵,抽空—火烤—充氮三次后冷却,用注射器注入 150 mL 净化后的环己烷,气化通入 12 g 丁二烯(纯度 99%),用注射器打入 5 mL 精制苯乙烯,精确打入 THF,使 THF 与所用正丁基锂物质的量比为 40:1。用注射器边摇边注入正丁基锂溶液,至出现淡黄色,证明体系内杂质除尽,加入所需量的正丁基锂溶液(依设计分子量而定),开始聚合,50 ℃水浴中反应 2 h。用注射器注入 $SnCl_4$-环己烷溶液,$SnCl_4$ 用量取决于正丁基锂用量及 $SnCl_4$ 与 n-BuLi 物质的量比值(通常为 0.1~0.2),摇匀,继续反应 30 min,打入 0.2 mL 异丙醇终止反应。称取 0.15 g 防老剂 264 溶于少量甲苯中,倒入聚合物溶液中,摇匀。边搅拌边将聚合物溶液倒入 200 mL 95%乙醇中,沉淀出聚合物,晾干后,在 50 ℃真空烘箱中干燥至恒重,称量,测定转化率。用凝胶渗透色谱(GPC)测定其分子量及分子量分布,红外光谱测定结合苯乙烯含量和聚丁二烯微观结构。

【实验结果】

比较本法合成溶聚丁苯橡胶与乳聚丁苯橡胶的分子量及其分布,以及微观结构的异同。

【思考题】

加入 $SnCl_4$ 的作用是什么?为什么能改善橡胶的加工性能和力学性能?

实验十三 苯乙烯-异戊二烯-丁二烯三元共聚物的制备

【实验目的】

(1)了解负离子共聚合原理。

(2)掌握负离子聚合法合成苯乙烯-异戊二烯-丁二烯三元共聚物的方法。

【实验原理】

随着汽车工业的发展,对轮胎性能的要求主要是:(1)牵引性——轮胎的抓着性;(2)滚动阻力——节约燃料,且对汽车有少排废气的环保优点;(3)胎面磨损——有好的耐磨性,高的里程。但这些性能要求又互相矛盾,通过各种具有不同特点的橡胶共混确实可以达到某些性能的平衡,如丁苯橡胶与天然橡胶的共混。但机械共混中各共混相是相分离的,橡胶的原有优势不能充分发挥,橡胶的整体性能也不甚理想。因此很自然地想到了化学合成,即苯乙烯、异戊二烯、丁二烯通过共聚的方法将不同的链段键合于一条高分子链上,从而限制了不同链段的自由运动,使混合更为均匀和彻底,使所得橡胶(SIBR)集 BR、NR、ESBR、SSBR 优点于一身,即集成橡胶(Integral rubber)。其显著特点是高分子链由多种结构单元构成,刚性链段可使橡胶具有优异的耐低温性能,同时可降低滚动阻力,提高轮胎的耐磨性能;柔性链段则可增大橡胶抓着力,提高轮胎在湿滑路行驶的安全性。集成橡胶因克服了通用橡胶难以克服的滚动阻力、牵引性与耐磨性三大行驶性能之间的矛盾,因此发展迅速。

丁二烯(Bd)、苯乙烯(St)、异戊二烯(I)这三种单体的共聚通常可用乳液聚合、配位聚合和负离子聚合来完成。配位聚合的引发剂选择性高,要使这三种结构、活性相差极大的单体同时聚合,目前还难以满足要求。乳液聚合虽然可以做到这一点,却难以对链段结构进行全面调节。而负离子聚合不仅可使结构、活性不同的多种单体进行多元共聚,而且可以通过改变单体配比、引发剂、调节剂、反应温度、加料方式、末端改性等来控制微观结构和宏观结构,制得性能各异的产品,因而现在多采用负离子聚合方法来实现上述三种单体的三元共聚合。

对苯乙烯-异戊二烯-丁二烯的三元负离子共聚合,当无添加剂时,三种单体的聚合速度为 St≪I＜Bd,这主要由于 St 的竞聚率远远小于共轭二烯的竞聚率。当总的转化率达55％、丁二烯的转化率达95％、异戊二烯的转化率达70％时,苯乙烯才开始迅速地进入到共聚物中,此时将形成 IBR-SIR 的嵌段型 SIBR。为了达到无规共聚需要提高反应温度,由于高温共聚合能耗大、难控且易导致凝胶的产生,从而使物性下降,故通常用极性调节剂,如 TMEDA、TPPO 的体系,实现三单体的无规共聚。

本实验采用一步加料法进行苯乙烯、异戊二烯、丁二烯三种单体的三元共聚合,即一次性加入三种单体,再通过加入极性添加剂 TMEDA 来调节共聚物组成和结构,其优点是操作简单,便于实施。

【主要仪器和试剂】

氮气干燥净化系统,真空油泵,250 mL 盐水瓶,注射器,不锈钢导料管。

环己烷,苯乙烯,丁二烯,异戊二烯,四甲基乙二胺(TMEDA),高纯氮(99.99％),95％乙醇,防老剂 264,正丁基锂-环己烷溶液,异丙醇。

【实验步骤】

取 250 mL 盐水瓶一只,盖好橡皮塞,用带有针头的不锈钢导料管插入橡皮塞,另一端连接氮气干燥净化系统和真空油泵,抽空—烘烤—充氮三次后冷却。用注射器注入 150 mL净化后的环己烷,气化通入 6 g 丁二烯(纯度 99％),用注射器分别打入精制后的 9 mL 异戊二烯及 5 mL 苯乙烯,精确打入 TMEDA,使 TMEDA 与所用正丁基锂的物质的量比为2∶1。用注射器边摇边注入正丁基锂-环己烷溶液,至淡黄色出现,证明体系内杂质除尽,加入所需量的正丁基锂溶液(依设计分子量而定),开始聚合,50 ℃水浴中反应 4 h。用注射器注入 0.2 mL 异丙醇终止反应。称取 0.15 g 防老剂 264 溶于少量甲苯中,倒入聚合物溶液中,摇匀。边搅拌边将聚合物溶液倒入 200 mL 95％乙醇中,沉淀出聚合物,晾干后,放入50 ℃真空烘箱中干燥至恒重,称量,测定转化率。

【实验结果】

用凝胶渗透色谱仪(GPC)测定其分子量及分子量分布,采用红外光谱仪及核磁共振波谱仪测定结合苯乙烯的含量和聚丁二烯及聚异戊二烯部分的微观结构。

实验十四　苯乙烯-丁二烯-苯乙烯三嵌段共聚物的制备

【实验目的】

(1)了解采用活性聚合方法合成嵌段共聚物的原理及不同加料方法。

(2)掌握用负离子聚合法合成 SBS 嵌段共聚物的方法。

【实验原理】

$$n\text{-BuLi} + n\text{CH}_2=\text{CH} \longrightarrow n\text{-Bu} \left(\text{CH}_2-\text{CH} \right)_n \text{Li} \xrightarrow{m\text{ CH}_2=\text{CH}-\text{CH}=\text{CH}_2}$$

$$n\text{-Bu} \left(\text{CH}_2-\text{CH} \right)_n \left(\text{CH}_2-\text{CH}=\text{CH}-\text{CH}_2 \right)_m \text{Li} \xrightarrow{n\text{CH}_2=\text{CH}}$$

$$\text{SBS}或\text{SB}^- \xrightarrow[Y(X)_n]{X-Y-X} (\text{SB}^-) \quad \text{SB}-Y-\text{BS}$$

$$(\text{SB})_n Y \ (n>2)$$

先用正丁基锂引发苯乙烯聚合,转化完全后,得到活性聚苯乙烯(S^-),再加入丁二烯进行聚合,得到苯乙烯-丁二烯二嵌段活性聚合物(SB^-),再加入苯乙烯,聚合后终止反应,得到线型苯乙烯-丁二烯-苯乙烯三嵌段共聚物(SBS),也可用偶联剂偶联来合成 SBS 共聚物,SB^- 经双官能团偶联剂 X—Y—X(如二甲基二氯硅烷)偶联形成线型 SBS;SB^- 经多官能团偶联剂 $Y(X)_n$,如四氯化硅偶联,合成星型 SBS。当然,还可用双负离子引发剂来合成 SBS,如

$$双负离子引发剂 + B \longrightarrow \overset{\ominus}{B}\text{\textasciitilde}\text{\textasciitilde}\overset{\ominus}{B} \xrightarrow{S} \overset{\ominus}{\text{SB}}-\overset{\ominus}{\text{BS}} \longrightarrow \text{SBS}$$

这种嵌段共聚物微观下是相分离的。聚苯乙烯段(PS 段)聚集在一起称为"微区",这些"微区"分散在周围大量的橡胶弹性链段(聚丁二烯链段 PB)之间,为分散相。由于 PS 段玻璃化转变温度高于室温,为硬段,形成物理交联,阻止聚合物链的冷流,而中间 PB 软段则形成连续相,呈高弹态。在通常使用温度下,这种共聚物性能与普通硫化橡胶没有区别;当温度

升高,超过 PS 段的玻璃化转变温度时,PS"微区"破坏,流动性变好,可注塑加工;冷却后,再次形成 PS"微区",重新固定弹性链段,形成新的物理交联。所以这类 SBS 嵌段共聚物又称为热塑性弹性体。

【主要仪器和试剂】

氮气干燥净化系统,真空油泵,强力电磁搅拌器,250 mL 盐水瓶,100 mL 盐水瓶,注射器,不锈钢导料管。

环己烷,苯乙烯,丁二烯,正丁基锂溶液,高纯氮(99.99%),四氯化硅-环己烷溶液,95% 乙醇,防老剂 264,异丙醇。

【实验步骤】

取一只 250 mL 盐水瓶,盖好橡皮塞,用带有针头的不锈钢导料管插入橡皮塞,另一端连接氮气干燥净化系统和真空油泵,抽空—烘烤—充氮三次后冷却,用注射器注入 100 mL 净化后的环己烷、10 g 精制苯乙烯,摇匀。用注射器向聚合瓶内缓慢注入少量正丁基锂溶液并时时摇动,直至体系出现微黄色,证明体系中杂质全部除尽。加入所需量的正丁基锂溶液(以设计分子量而定),溶液立即呈现橘红色,在 50 ℃水浴中搅拌反应 30 min。

另取一只 100 mL 盐水瓶,依上述方法干燥处理,加入 50 mL 环己烷,气化通入 20 g 丁二烯(纯度 99%),用少量正丁基锂溶液除去体系杂质,体系呈微黄色,将丁二烯溶液加入到活性聚苯乙烯溶液中,开动强力电磁搅拌器,50 ℃水浴中反应 2 h。

聚合完毕后,用注射器加入所需量的 $SiCl_4$ 溶液,进行偶联反应。继续搅拌反应 1 h,加入 0.2 mL 异丙醇终止反应。取 0.3 g 防老剂 264 溶于少量甲苯中,加入聚合瓶内,摇匀。边搅拌边将聚合物溶液倒入 200 mL 95% 乙醇中,沉淀出 SBS 共聚物,晾干后,放入 50 ℃真空烘箱中干燥到恒重,称重,测定转化率。用凝胶渗透色谱仪(GPC)测定分子量及其分布,用红外光谱测定微观结构。

【实验结果】

比较设计分子量与 GPC 测定分子量的差别,分析原因及影响因素。

【思考题】

怎样控制所合成 SBS 中两嵌段 SB 的含量在 5% 以内?

实验十五 SBS 氢化制备 SEBS

【实验目的】

(1)了解 SBS 中聚丁二烯部分不饱和双键的氢化方法及原理。

(2)掌握采用均相催化法由 SBS 制备 SEBS 的方法。

【实验原理】

SBS 中由于含有聚丁二烯嵌段,有大量的不饱和双键,其耐老化性及耐候性较差。将 SBS 中聚丁二烯嵌段加氢后生成 SEBS,这是因为聚丁二烯中顺、反 1,4-结构加氢后生成聚乙烯(即 E 段),而 1,2-结构加氢后生成聚 1-丁烯(即 B 段)。由于聚乙烯具有结晶性,在合成 SBS 时应控制聚丁二烯中 1,2-结构含量在 30％～50％,这样加氢后乙烯链节和丁烯链节呈无规则分布,从而保证中间链段不产生结晶而呈弹性状态。因此,SEBS 和 SBS 相似,亦是一种热塑性弹性体,但其耐老化性及耐候性较 SBS 有很大的改善。

1972 年,美国壳牌公司采用环烷酸镍/三异丁基铝为催化体系对 SBS 进行选择性氢化反应,并将氢化产物 SEBS(商品名为 Kraton G)推向市场。随着加氢催化剂不断发展,其种类越来越多,按发展历程可分为三个阶段。第一阶段为非均相加氢催化剂,此类催化剂为负载于硅藻土等载体上的铁、钴、镍等有色金属,只有在高温高压条件下氢化反应才能发生,并且反应后催化剂脱除困难,已逐渐被淘汰。第二阶段为齐格勒-纳塔型过渡金属盐均相加氢催化剂,此类催化剂在有机锂、有机镁、有机铝等还原剂作用下,使铁、钴、镍等有色金属的羧酸盐或烷氧基化合物生成氢化活性中心。第三阶段为茂金属均相加氢催化剂,此类催化剂是一类以环戊二烯基作为配体,以锆、钛、铪等ⅣB 过渡金属作为活性中心的金属有机化合物。

齐格勒-纳塔型催化体系反应条件温和,催化活性高,SBS 上苯环不会发生加氢,凝胶色谱数据表明,氢化前后聚合物分子量没有变化。齐格勒-纳塔型过渡金属盐均相加氢催化剂尤以镍/铝体系最为理想。首先,烷基铝将有机酸镍中的 Ni^{2+} 还原成 Ni^+ 和 Ni,加氢催化活性中心为 Ni^+ 和 Ni 的协同体,其中 H_2 在 Ni 上活化并被离化为活性 H;Ni^+ 附着在 Ni 上与聚合物双键中的双键配位并使其活化,两者共同完成催化作用。Al 在反应体系中主要有两方面作用:一方面,起助催化剂作用,即还原作用;另一方面,起着清除体系内微量杂质(水、氧)的作用。因为有机铝相当活泼,它先与体系中的杂质反应,如果 Al 的量很少,则不能将 Ni^{2+} 还原成 Ni^+ 和 Ni,而 Ni^{2+} 本身对 SBS 加氢反应没有催化作用。但当 Al 的量过大时,改变了 Ni^+ 和 Ni 的比例关系,使 Ni 含量增多甚至全为 Ni,容易形成 $(Ni)_n$ 集体,减少双键与活性中心配位概率,从而使催化活性下降。因此有一个适宜的 Ni/Al 值范围。

当镍/铝催化剂用量较少时,催化活性中心较少,且容易与杂质反应而失活,不能与聚合物中的双键充分接触,导致加氢效率较低。随着催化剂用量的增加,一定量的催化剂就可使其与聚合物中的双键充分接触而达到较佳的效果。继续增加催化剂用量,不会继续提高加氢反应的效率,甚至由于催化剂用量过大而使部分催化剂积聚失活,从而使加氢反应效率降低。加氢后,残留在聚合物中的催化剂会影响加氢聚合物的性能,需经后处理脱除催化剂。可加入络合剂丁二酮肟与过渡金属形成络合物或用二元酸水溶液处理除去催化剂。

本实验采用环烷酸镍/三异丁基铝均相催化加氢体系对 SBS 溶液进行选择性氢化反应来制备 SEBS。

【主要仪器和试剂】

氮气干燥净化系统,真空油泵,不锈钢高压釜,单口烧瓶,注射器等。

环烷酸镍,三异丁基铝,环己烷,30％过氧化氢水溶液,二乙二醇丁醚,癸二酸,高纯氢气,乙醇等。

【实验步骤】

(1)镍/铝加氢催化剂的陈化

将 50 mL 单口烧瓶盖好橡皮塞,用带有针头的不锈钢导料管插入橡皮塞,另一端连接氮气干燥净化系统和真空油泵,抽空—烘烤—充氮三次后冷却。用注射器分别注入 20 mL

环烷酸镍的环己烷溶液(15 mg 当量 Ni)和 10 mL 三异丁基铝的环己烷溶液(41.4 mg 当量 Al),使 Al/Ni 的物质的量比为 6。在 50 ℃水浴中搅拌,进行催化剂的陈化,30 min 后结束反应。

(2)SBS 氢化反应制备 SEBS

用高纯氮气置换 200 mL 不锈钢高压釜内空气三次后,在釜中加入事先溶好的 SBS 溶液(5 g SBS、100 mL 环己烷),密封后置于 60 ℃的恒温水浴中,磁力搅拌 20 min。暂停电磁搅拌,在氮气保护下用注射器加入已制备的 20 mL 环烷酸镍/三异丁基铝陈化液,然后缓慢注入高纯氢气,并使压力为 4 MPa。开启强力电磁搅拌器进行氢化反应 60 min。反应结束后,将高压釜冷却至室温,缓慢放掉氢气,打开反应釜取出聚合物溶液并移至 250 mL 烧杯中。加入 5 mL 30%过氧化氢水溶液破坏催化剂,再加入 10 mL 65%二乙二醇丁醚水溶液与 2 g 癸二酸配制成的沉淀剂,搅拌 30 min 后用高速离心机离心沉淀,去除催化剂。将 SEBS 溶液用乙醇沉降,在 40 ℃的真空烘箱中干燥至恒重,即得到 SEBS。

【实验结果】

计算 SEBS 产率。

实验十六　Ziegler-Natta 催化剂的制备及丙烯的配位聚合

【实验目的】

(1)了解 Ziegler-Natta 催化剂的制备方法及其配位聚合机理。
(2)掌握配位聚合法制备聚丙烯的方法。

【实验原理】

配位聚合是指烯类单体的 C=C 双键首先在过渡金属引发剂活性中心上进行配位、活化,随后单体分子相继插入过渡金属-碳键中进行链增长的过程。乙烯可以进行自由基聚合,但是必须在高温高压下进行,因为较易向高分子链转移,得到支化高分子,即 LDPE。1953 年,Ziegler 等从一次以 Et_3Al 为催化剂从乙烯合成高级烯烃的失败实验出发,意外地发现以乙酰丙酮的锆盐和 Et_3Al 催化时得到的是高分子量的乙烯聚合物,并在此基础上开发了乙烯聚合催化剂 $TiCl_4$-Et_3Al。1954 年 Natta 等把 Ziegler 催化剂中的主要组分 $TiCl_4$ 还原成 $TiCl_3$ 后与烷基铝复合,成功地进行了丙烯聚合。Ziegler-Natta 催化剂在发现后仅 2~3 年便实现了工业化,并由此把高分子工业带入了一个崭新的时代。

Ziegler-Natta 催化剂指的是由ⅣB~Ⅷ族过渡金属卤化物(主催化剂)与ⅠA~ⅢA 族金属元素的有机金属化合物(共催化剂)所组成的一类催化剂。常用的主催化剂有 $TiCl_4$、$TiCl_3$、VCl_3、$VOCl_3$、$ZrCl_3$ 等,其中以 $TiCl_3$ 最常用。共催化剂最有效的是一些金属离子半径小、带正电性的金属有机化合物,因为它们的配位能力强,易生成稳定的配位化合物,如 Be、Mg、Al 等金属的烷基化合物,其中以 Et_3Al 和 $AlEt_2Cl$ 最常用。

Ziegler-Natta 催化剂由于其所含金属与单体之间的强配位能力,使单体在进行链增长反应时立体选择性更强,可获得高立体规整度的聚合产物,即其聚合过程是定向的。丙烯利用自由基聚合或离子聚合,由于其自阻聚作用,都不能获得高分子量的聚合产物,但

Ziegler-Natta催化剂则可获得高分子量的聚丙烯。

经典的Ziegler-Natta催化剂的催化效率不高,常需要加入第三组分,不但可以提高催化剂的活性,而且能提升定向聚合的能力。催化剂负载技术的出现开创了高效Ziegler-Natta催化剂的新时代。如以 $MgCl_2$ 将 Et_3Al-$TiCl_4$ 催化剂进行负载,引发剂的活性可提高20万~30万倍,使每克聚合物中最多残留几毫克的催化剂,无须进行催化剂的后处理。

本实验是通过制备负载 $TiCl_4$ 催化剂,与 Et_3Al 助催化剂活化后,得到高效Ziegler-Natta催化剂,再通过第三组分的使用进一步提高聚丙烯的等规度。

【主要仪器和试剂】

手套箱,氮气干燥净化系统,真空油泵,四口烧瓶,两口烧瓶,注射器,不锈钢导料管等。
$TiCl_4$,Et_3Al,镁粉,1-氯丁烷,庚烷,丙烯,二甲基二乙氧基硅烷等。

【实验步骤】

(1)$MgCl_2$ 载体的制备

在 50 mL 两口烧瓶中加入 0.25 g 镁粉、25 mL 1-氯丁烷,加热回流反应 3 h,冷却后过滤,用庚烷洗涤 $MgCl_2$ 固体三次。120 ℃下真空干燥 3 h,得到约 0.8 g 粉状 $MgCl_2$ 载体。

(2)负载型 Ziegler-Natta 催化剂的制备

带有恒压滴液漏斗及回流冷凝器的 50 mL 两口烧瓶,在回流冷凝器一端连接氮气干燥净化系统和真空油泵,抽空—烘烤—充氮三次后冷却,加入 0.5 g $MgCl_2$、10 mL 庚烷。在冰水浴中搅拌下缓慢滴加 2.5 mL $TiCl_4$ 和 3 mL 庚烷的混合液。滴加完后,升温至60 ℃,保持 2 h 后冷却至室温。在氮气保护下过滤,用干燥的庚烷洗涤三次,将负载后的主催化剂颗粒转移至干净的瓶中,真空干燥后密封保存。

(3)丙烯的配位聚合

将带有机械搅拌、温度计及橡胶塞的 500 mL 四口烧瓶连接氮气干燥净化系统和真空油泵,抽空—烘烤—充氮三次后冷却,用注射器注入事先在手套箱中分装好的 Et_3Al 的庚烷溶液 25 mL(其中含 28 mg Et_3Al),并以同样的方式加入含有 18 mg 二甲基二乙氧基硅烷的 10 mL 庚烷溶液。室温搅拌 5 min 后,加入 15 mg 负载后的主催化剂(在氮气保护下由温度计口迅速加入)。5 min后加入 300 mL 庚烷,用带有针头的不锈钢导料管插入橡皮塞通入丙烯,保持压力为101 kPa。加热至 70 ℃聚合 2 h 后,用 2 mL 甲醇终止反应,过滤并用乙醇洗涤三次。干燥后放至 50 ℃真空烘箱恒重。

【实验结果】

计算催化效率,即每克催化剂所得到的聚丙烯的质量。

实验十七　高顺式聚丁二烯的制备

【实验目的】

(1)了解丁二烯的配位聚合原理。
(2)掌握采用镍系催化剂制备高顺式聚丁二烯的方法。

【实验原理】

丁二烯聚合后会产生不同的异构体,即顺式 1,4-结构,反式 1,4-结构及 1,2-结构,采用不同的聚合机理及方法可以合成高顺式、中顺式和低顺式以及反式、中 1,2-结构和高 1,2-结构聚丁二烯。高顺式聚丁二烯(即顺丁橡胶)的顺式结构含量通常高于 95%,其分子链的柔性好,回弹性高。由于分子链有很高的规整性,在拉伸时有结晶倾向,能产生"应力结晶",从而起到提高强度的作用。顺丁橡胶是一种综合性能优良的通用橡胶。

顺丁橡胶采用配位聚合的方法进行生产,催化体系主要有钴系、钛系、镍系及稀土系。镍系催化剂是目前我国工业化生产中使用最多的一类,在催化丁二烯聚合时属于配位负离子聚合方式。关于其催化机理主要有三种观点:π-烯丙基机理、单金属配位机理和返扣配位机理。

镍系催化体系是多组分催化剂,主要由三种组分构成:A 组分为有机酸镍盐,如环烷酸镍、辛酸镍等,是组成催化剂活性中心的核心,主要起定向作用;B 组分是镍的还原剂,且能清除杂质,常用的有三乙基铝、三异丁基铝、二乙基锌等;C 组分为含氟的无机化合物,如 BF_3 乙醚络合物及丁醚络合物等。镍系催化体系通常表示为 Ni-Al-B 三元体系,三组分两两之间都可以进行反应,因此催化剂的合成与配制过程(陈化过程)对聚合反应动力学、聚合物顺式结构、分子链构造和分子量及其分布等有着重要的影响。目前,镍系催化剂的陈化方式主要有两种:(1)Ni-B-Al 三元陈化方式,工艺比较简单,但是三种组分在陈化时容易产生沉淀;(2)Ni-Al 二元陈化,B 单加的陈化方式,Ni 直接被 Al 从高价还原到低价,低价的 Ni 分散在溶剂中不易产生沉淀,把 Ni-Al 二元陈化液加入反应体系后,大量丁二烯可以和低价态的镍形成 π-烯丙基镍络合物,加入 B 以后立刻就可以形成活性中心,而且活性中心数目多、速度快、利用率高。

Al/Ni(物质的量比)值的选择必须考虑 Ni^{2+} 的充分还原。随着 Al/Ni 值的增加,体系中 Ni 含量升高,活性不降低,Ni 不存在过度还原的问题。不同催化体系及烷基铝的还原能力不同,则 Al/Ni 值也不同。此外,Al/Ni 值的选择还要考虑体系中杂质的影响,因为 Al 在体系中起到屏蔽杂质的作用。通常 Al/Ni 值=3.0~8.0 为最佳值;Al/Ni 值≥10 后渐趋平缓,且无下降趋势;而在 Al/Ni 值≥12 以后,会出现催化活性随 Al/Ni 值增大而降低的现象。Al/B 值是镍系催化剂中决定催化活性的最重要因素,通常 Al/B 值=0.3~0.7;当 Al/B 值大于 1.0 时,则催化活性很低。

本实验采用环烷酸镍、三异丁基铝及 BF_3 乙醚络合物组成的镍系催化体系进行丁二烯的配位聚合,以合成顺式结构含量高于 95% 的高顺式聚丁二烯。

【主要仪器和试剂】

氮气干燥净化系统,真空油泵,250 mL 盐水瓶,单口烧瓶,注射器,不锈钢导料管等。

丁二烯,环烷酸镍,三异丁基铝,BF_3 乙醚络合物,环己烷,乙醇等。

【实验步骤】

(1)镍/铝催化剂的二元陈化

取 50 mL 单口烧瓶,盖好橡皮塞,用带有针头的不锈钢导料管插入橡皮塞,另一端连接氮气干燥净化系统和真空油泵,抽空—烘烤—充氮三次后冷却,用注射器分别注入 15 mL 环烷酸镍的环己烷溶液(8 mg 当量 Ni)和 10 mL 三异丁基铝的环己烷溶液(22.1 mg 当量

Al),使Al/Ni值为8。在50 ℃水浴中搅拌,进行催化剂的陈化,30 min后结束反应。

(2)高顺式聚丁二烯的合成

取250 mL盐水瓶一只,盖好橡皮塞,用带有针头的不锈钢导料管插入橡皮塞,另一端连接氮气干燥净化系统和真空油泵,抽空—烘烤—充氮三次后冷却。用注射器注入150 mL净化后的环己烷,气化导入12 g精制后的丁二烯,50 ℃水浴中预热30 min。用注射器注入已制备好的10 mL环烷酸镍/三异丁基铝陈化液后,再注入一定量BF₃乙醚络合物的环己烷溶液,使催化体系中的Al/B物质的量比值为0.40。摇匀后在50 ℃水浴中聚合4 h。反应结束后,称取0.15 g防老剂溶于少量甲苯中,倒入聚合物溶液中,摇匀。边搅边将聚合物溶液倒入200 mL 95%乙醇中,沉淀出聚合物,晾干后,放入50 ℃真空烘箱中干燥至恒重,称量,测定转化率。用凝胶渗透色谱仪(GPC)测定其分子量及分子量分布,采用红外光谱仪(IR)及核磁共振仪(NMR)测定聚丁二烯顺式结构含量。

【实验结果】

计算高顺式聚丁二烯收率,列出聚丁二烯顺式结构含量的测定结果。

【思考题】

镍系催化剂的陈化方式除了实验中采用的方法外还有哪几种方法?

实验十八　高顺式聚异戊二烯的制备

【实验目的】

(1)了解异戊二烯的配位聚合原理。

(2)掌握采用稀土系催化剂制备高顺式聚异戊二烯的方法。

【实验原理】

异戊二烯含有共轭双键,在不同条件下聚合可以得到不同结构的异构体,即顺式1,4-结构,反式1,4-结构、1,2-结构及3,4-结构。在1,2-结构和3,4-结构聚异戊二烯中具有手性碳原子,因此会产生全同、间同及无规立构,因此如果不考虑链节键接方式,聚异戊二烯共有8种异构体。高顺式聚异戊二烯因其结构和性能与天然橡胶近似,故又称合成天然橡胶。它能替代天然橡胶,广泛用于轮胎、医药、胶管等众多橡胶加工领域,是合成橡胶中综合性能最好的一个品种,其产量在世界范围位于合成橡胶的第三位,各个国家都十分重视异戊橡胶的工业化开发。

高顺式聚异戊二烯的合成按其催化剂体系基本分为三大系列,即锂系、钛系、稀土系。锂系异戊橡胶是以烷基锂引发剂经负离子聚合技术制备的,美国壳牌公司于1960年就已实现锂系聚异戊二烯的工业化生产。但由于锂系异戊橡胶的顺式结构含量仅为92%,与天然橡胶在性能上有一定的差距,限制了其使用。钛系异戊橡胶是合成异戊橡胶的主要品种,其顺式结构含量高达98%,分子量分布宽,有一定的支化度,但凝胶含量较高且在聚合过程中挂胶现象较为严重。稀土系异戊橡胶是我国首先开发出的品种,20世纪70年代中科院长春应用化学研究所成功地应用稀土催化剂合成出高顺式聚异戊二烯,所制备的聚异戊二烯顺式结构含量达 95%，开创了稀土体系合成异戊橡胶的先河。此体系具有合成工艺流程短，聚合釜内不挂胶，基本无凝胶等优点。因为我国在稀土资源上的优势，我国高顺式聚异戊二烯橡胶的生产与应用迎来一个新阶段。

稀土元素包括原子序数为 57～71 的 15 个镧系元素，加上周期表中同属于ⅢB 族的钪和钇，共 17 个元素。它们具有相同的外层电子结构和能级相近的内层 4f 电子，这类含 4f 电子的稀土元素可应用于丁二烯、异戊二烯的定向聚合中。到目前为止，稀土催化剂基本包括三个组分：(1)三价稀土化合物，如卤化稀土、稀土羧酸盐等。(2)卤素离子，其中以 Cl^-、Br^- 及 I^- 最合适。这些卤素可以直接与稀土成键，最适宜的卤化物是卤化烷基铝。(3)具有还原能力或烷基化能力的试剂，如三烷基铝和氢化烷基铝。根据稀土催化剂的组成，可分为二元和三元体系。二元稀土催化体系通常由无水氯化稀土与给电子试剂形成的配合物和烷基铝组成。三元催化体系由稀土化合物、含卤素化合物和烷基铝组成。

稀土元素的性质对催化活性起决定作用，它的影响居影响因素的首位，它们对双烯烃或乙烯催化聚合的活性都极不一致。在全部稀土元素中 Pr 与 Nd 的催化活性居于首位。烷基铝的用量也与催化活性密切相关。烷基铝的作用有三个：一是烷基化稀土原子；二是与稀土活性中心结合，组成稳定的活性体；三是消除介质中的杂质。对烯烃聚合的催化剂中卤素是必不可少的元素，这种卤素可直接与稀土原子结合，也可作为第三组分加入。卤素的性质不同对催化活性影响不同，而且在不同催化体系影响大小不尽一致，卤素的量也与催化活性有关。

稀土催化体系包括多种组分，而这些组分加入到单体溶液中的顺序对催化聚合的结果也是有影响的，目前主要有两类配制方法：(1)催化剂陈化，即在加入单体之前，所有催化剂组分按一定顺序混合，在一定温度下陈化一定时间后再加入单体溶液中；(2)原位混合，即不同催化组分按一定顺序直接加入单体溶液中；一般陈化后的催化体系中活性中心的浓度比原位方式配制的催化体系中的高，增长反应的速率较快。而催化剂的陈化方式和时间对催化体系的相态、聚合活性、分子量及分子量分布都有一定的影响。大多数稀土催化剂为非均相催化剂，因此在配制催化剂时应解决颗粒分散问题，有高度分散的乳胶态催化剂常能获得较高的活性。稀土催化剂在配制时常需陈化一段时间，目的是使大颗粒在陈化过程中逐渐分散，使内部的稀土原子也能烷基化。

本实验采用环烷酸钕、三异丁基铝及倍半乙基氯化铝组成的钕系催化体系进行异戊二烯的配位聚合，以合成高顺式聚异戊二烯。

【主要仪器和试剂】

氮气干燥净化系统，真空油泵，250 mL 盐水瓶，单口烧瓶，注射器，不锈钢导料管等。

异戊二烯，环烷酸钕，三异丁基铝，倍半乙基氯化铝，环己烷，乙醇等。

【实验步骤】

(1)催化剂的陈化

将 50 mL 单口烧瓶盖好橡皮塞，用带有针头的不锈钢导料管插入橡皮塞，另一端连接氮气干燥净化系统和真空油泵，抽空—烘烤—充氮三次后冷却，用注射器分别注入 10 mL 含有环烷酸钕的环己烷溶液(10 mg 当量 Nd)、10 mL 三异丁基铝的环己烷溶液(22.2 mg 当量 Al)，使 Al/Nd 的物质的量比为 20。在 50 ℃水浴中搅拌，10 min 后用注射器注入

5 mL倍半乙基氯化铝($Et_3Al_2Cl_3$)的环己烷溶液,使Cl/Nd的物质的量比为3.0。接着在50 ℃水浴中继续搅拌,进行催化剂的陈化,30 min后结束反应,得钕系催化剂。该催化剂的配制方式可表示为(Nd+Al)+Cl。

(2)高顺式聚异戊二烯的合成

取250 mL盐水瓶一只,盖好橡皮塞,用带有针头的不锈钢导料管插入橡皮塞,另一端连接氮气干燥净化系统和真空油泵,抽空—火烤—充氮三次后冷却,用注射器分别注入150 mL净化后的环己烷和14 g精制后的异戊二烯,50 ℃水浴中预热30 min。用注射器注入已制备的15 mL钕系催化剂的环己烷溶液,摇匀后在50 ℃水浴中聚合4 h。反应结束后,用含有1‰防老剂264的乙醇溶液终止聚合反应。边搅拌边将聚合物溶液倒入200 mL 95%乙醇中,沉淀出聚合物,晾干后,放入50 ℃真空烘箱中干燥至恒重,称量,测定转化率。用凝胶渗透色谱仪(GPC)测定其分子量及分子量分布,采用红外光谱仪(IR)及核磁共振仪(NMR)测定聚异戊二烯顺式结构含量。

【实验结果】

计算高顺式聚异戊二烯收率,列出聚异戊二烯顺式结构含量的测定结果。

实验十九　丁二烯和苯乙烯的乳液共聚合

【实验目的】

(1)了解丁二烯和苯乙烯乳液的聚合原理。

(2)掌握乳液法制备丁二烯-苯乙烯共聚物的方法。

【实验原理】

丁苯橡胶(SBR)是丁二烯和苯乙烯的共聚物,按聚合方式可分为乳液聚合丁苯橡胶(ESBR)和溶液聚合丁苯橡胶(SSBR)两大类。其中ESBR占丁苯橡胶总量的80%以上,是最大的通用合成橡胶品种,其生产能力、产量和消耗量在合成橡胶中均居首位。ESBR成为国计民生不可缺少的重要原材料,也是重要的战略物资,广泛应用于生产轮胎与轮胎产品、鞋类、胶管、胶带、汽车零部件、电线电缆及其他多个领域。

ESBR最初采用高温(50 ℃)乳液聚合工艺,产品凝胶含量高,相对分子质量分布宽(7.5以上),限制了其使用。而采用氧化-还原催化体系,可在5 ℃左右进行丁二烯、苯乙烯乳液共聚合。由于其品质优良,物理机械性能和加工性能优于高温法制得的橡胶,从而工业上低温聚合工艺逐步取代了高温乳液聚合工艺。

5 ℃下进行苯乙烯与丁二烯的乳液共聚时,丁二烯的竞聚率为1.38,苯乙烯的竞聚率为0.64,丁二烯的活性比苯乙烯大,更容易进行聚合反应,即丁二烯比苯乙烯消耗得快,故随着反应的进行,苯乙烯单体的含量越来越多,即结合苯乙烯含量将随着单体转化率的升高而逐渐升高。共聚物组成中结合苯乙烯含量增多,会导致聚合物链的刚性增大,从而影响产品的某些性能,所以在ESBR生产中,一般将聚合转化率控制在60%~70%。

本实验在低温(5 ℃)下,通过乳液聚合的方法,以去离子水为分散介质,歧化松香酸钾和脂肪酸钠为乳化剂,叔十二硫醇(TDM)为调节剂,磷酸钠为电解质,过氧化氢对孟烷、硫酸亚铁、吊白块与乙二胺四乙酸(EDTA)为氧化还原体系,聚合得到丁二烯-苯乙烯共聚物。

【主要仪器和试剂】

3 L 不锈钢聚合釜,低温冷浴系统等。

丁二烯,苯乙烯,歧化松香酸钾,脂肪酸钠,叔十二硫醇(TDM),磷酸钠,过氧化氢对孟烷,硫酸亚铁,吊白块,乙二胺四乙酸(EDTA),对苯二酚等。

【实验步骤】

在 3 L 不锈钢聚合釜中依次加入 1 440 g 去离子水、28 g 歧化松香酸钾、12 g 脂肪酸钠、2.64 g TDM、2.4 g 磷酸钠、0.16 g 硫酸亚铁、0.56 g 吊白块、0.80 g EDTA 和 224 g 苯乙烯单体,封闭聚合釜,用氮气置换釜内空气后,通过低温冷浴系统循环冷却,温度控制在 (5 ± 0.5) ℃。加入 0.48 g 过氧化氢对孟烷和 576 g 丁二烯,开始聚合,记录反应时间,定时取样并计算转化率,当预计聚合转化率达 60%～70%时,加入 1 g 对苯二酚终止剂,继续搅拌 1 h,脱气、凝聚、洗涤和干燥,将处理好的样品放至 50 ℃真空烘箱干燥至恒重。

单体转化率按干物法测定:在反应过程中按一定时间取 2～3 g(精确至 0.001 g)乳液于烧杯中,准确称其质量,加入终止剂,然后烘干,称其质量。

$$转化率 = (含固率 \times 乳液总量 - 不挥发助剂总质量)/单体总质量$$

含固率按下式计算:

$$含固率 = (m_4 - m_3 - m_1)/(m_2 - m_1)$$

式中,m_1 为烧杯质量,g;m_2 为烧杯和胶乳质量,g;m_3 为终止剂质量,g;m_4 为烧杯和干胶质量,g。

【数据记录和处理】

(1)认真观察并记录反应现象和实验数据及结果(表 19-1)。

表 19-1   实验记录表

反应时间/h	反应温度/℃	转化率/%	现象

(2)计算产品产率。

【思考题】

为什么过氧化氢对孟烷需要在反应前才加入到反应釜中?

实验二十　丙烯腈和醋酸乙烯酯的乳液共聚合

【实验目的】

(1)了解乳液聚合的基本原理。

(2)掌握乳液聚合的实施方法。

【实验原理】

乳液聚合是单体在介质水中由乳化剂分散成乳液状态进行的聚合。乳液聚合主要成分是单体、分散介质、引发剂和乳化剂。乳液聚合具有如下优点：以水为分散介质,廉价安全、散热容易,乳液黏度与聚合物分子量和聚合物含量无关,便于连续操作;聚合速率快且可获得高分子量产品,可以在较低温度下进行聚合;可直接应用胶乳的场合更宜采用乳液聚合。但是也存在产品含有乳化剂,难以完全除尽;需要固体聚合物时,后处理工序较多、成本较高等缺点。

丙烯腈和醋酸乙烯酯共聚物与聚丙烯腈相比,具有易于染色,易溶于廉价的溶剂等优点。其反应式可用下式表示：

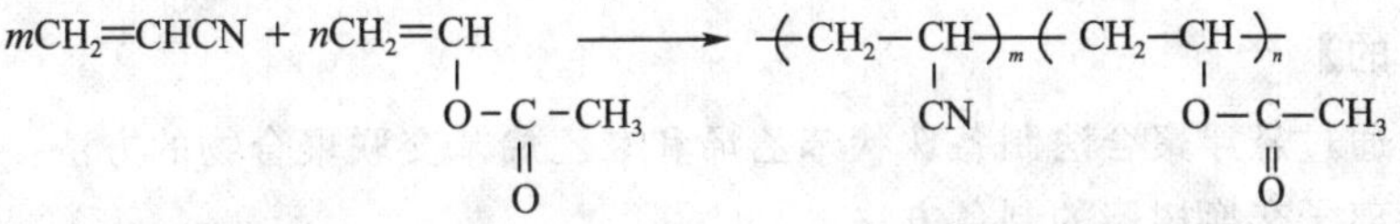

$$m\text{CH}_2=\text{CHCN} + n\text{CH}_2=\underset{\underset{\underset{\text{O}}{\|}}{\overset{}{\text{O}-\text{C}-\text{CH}_3}}}{\text{CH}} \longrightarrow \underset{\text{CN}}{(\text{CH}_2-\text{CH})_m}\underset{\underset{\underset{\text{O}}{\|}}{\overset{}{\text{O}-\text{C}-\text{CH}_3}}}{(\text{CH}_2-\text{CH})_n}$$

丙烯腈和醋酸乙烯酯的乳液共聚合实验采用过硫酸钾为引发剂,十二烷基硫酸钠为乳化剂,氢氧化钠为 pH 调节剂。单体组成：丙烯腈为 60%,醋酸乙烯酯为 40%(均为质量分数),反应温度 70 ℃,反应时间 1 h,1%的硫酸铝钾水溶液为破乳剂。

【原料及实验装置】

丙烯腈、醋酸乙烯酯、过硫酸钾、水、十二烷基硫酸钠、0.4%的氢氧化钠溶液和 1%的硫酸铝钾溶液。

实验装置示意图如图 1-1 所示。

【实验步骤】

将三口烧瓶放入水浴锅中固定后,装配回流冷凝管,然后按下面的步骤进行实验操作：

调节水浴温度至 70 ℃左右,在烧杯中用 30 mL 蒸馏水溶解 0.3 g 十二烷基硫酸钠,将十二烷基硫酸钠水溶液和 10 mL 0.4%氢氧化钠溶液加入三口烧瓶,回流冷凝管中通入冷却水,开始搅拌,搅拌 5～10 min 后,加入 3 g 丙烯腈和 2 g 醋酸乙烯酯,10 min 后加入用 20 mL 蒸馏水溶解且已预热的过硫酸钾(0.07 g)溶液,加入引发剂后,开始计时,注意观察实验现象,反应 1.5 h 后即可结束。将乳状胶乳倒入已预热的盛有 120 mL 硫酸铝钾溶液的烧杯中,静置分层,用布氏漏斗抽滤,蒸馏水洗涤至少三次,抽干后,移于表面皿,初步干燥后,于真空烘箱中 60 ℃下干燥至恒重,称重。

【注意事项】

(1)移取和称量丙烯腈和醋酸乙烯酯的器具应单独使用,不要混淆。

(2)注意乳化剂和单体的加料顺序,要先加乳化剂后加单体。

【数据记录和处理】

(1)数据记录：每 15 min 记录一次,认真观察并记录反应现象和相关数据(20-1)。

表 20-1　　　　　　　　　　　实验记录表

时刻	反应温度/℃	水浴温度/℃	现象	备注

(2)计算聚合物的产率。

【思考题】

(1)聚合时加入 NaOH 的作用。

(2)反应初期温度变化的原因。

实验二十一　交联聚苯乙烯阳离子交换树脂的制备

【实验目的】

(1)了解通过悬浮聚合法制备珠状苯乙烯和二乙烯苯交联聚合物的方法。

(2)掌握离子交换树脂的制备方法。

【实验原理】

在悬浮聚合过程中,分散介质(一般为水)、分散剂和搅拌速度是影响颗粒大小的三个主要因素。水量少则不足以将单体分散开,而水量太多反应容器要增大,生产效率不高。通常情况下水与单体的物质的量比为 2～5。分散剂的一般常用质量为单体质量的 0.2%～1%,多了易产生乳化现象。通过搅拌才能将单体分散开,因此调整好搅拌速度是制备粒度均匀的珠状聚合物的关键。为使用方便,离子交换树脂都做成球形小颗粒,因此离子交换树脂对颗粒度的要求尤其高。用悬浮聚合法制备珠状聚合物是制取离子交换树脂的重要实施方法。

按功能基分类,离子交换树脂又分为阳离子交换树脂和阴离子交换树脂。当把阴离子基团固定在树脂骨架上,可进行交换的部分为阳离子时,称为阳离子交换树脂。反之,则称为阴离子交换树脂。可见其类型是根据可交换部分的性质来确定的。不带功能基的大孔树脂称为吸附树脂。

阳离子交换树脂用酸处理后,得到的都是酸型。根据酸性的强弱,又可分为强酸型和弱酸型。一般把磺酸型树脂称为强酸型,羧酸型树脂称为弱酸型,磷酸型树脂介于两者之间。

离子交换树脂应用极为广泛。它可用于水处理、原子能工业、化学工业、食品工业以及分析检测、环境保护和海洋资源的开发等领域。

本实验制备的是强酸型阳离子交换树脂。首先,利用悬浮聚合法进行苯乙烯与二乙烯苯的共聚合,合成交联的聚苯乙烯珠状颗粒;其次,对交联聚苯乙烯进行溶胀后,采用浓硫酸进行磺化;最后得到强酸型阳离子交换树脂。

【主要仪器和试剂】

三口瓶,球形冷凝管,直形冷凝管,交换柱,量筒,烧杯,搅拌棒。

苯乙烯(St),二乙烯苯(DVB),过氧化苯甲酰(BPO),5%聚乙烯醇(PVA)水溶液,0.1%次甲基蓝水溶液,二氯乙烷,浓硫酸,5% NaOH 溶液,5%盐酸,丙酮,氯化钠,0.1 mol/L NaOH 标准溶液。

【实验步骤】

(1)St 和 DVB 的悬浮共聚

在 500 mL 三口瓶中依次加入 200 mL 蒸馏水、5 mL 5%PVA 水溶液和数滴 0.1%的次甲基蓝水溶液[①]。搅拌,将事先在小烧杯中混合好的溶有 0.4 g BPO、40 g St 和 10 g DVB 的混合物倒入三口瓶内。开始转速要慢,待单体全部散开后,用细玻璃管吸出部分油珠放在表面皿上,观察珠滴大小。如珠滴偏大,可缓慢加速。过一段时间继续检查珠滴大小,如仍不合格,再继续加速。如此调整搅拌速度,以控制珠滴大小,直到符合要求为止。珠滴大小合格后,以 1～2 ℃/min 的速度升温至 70 ℃,保温 1 h,再升温至 85～87 ℃,继续反应 1 h。在此阶段应避免改变搅拌速度或停止搅拌,以防止小球不均匀或发生黏结。当小球定型后,升温到 95 ℃,继续反应 2 h,停止搅拌,在油浴中煮 2～3 h。然后将小球倒入尼龙纱袋中[②],用自来水洗涤 2 次,再用蒸馏水洗涤 2 次。将水甩干后,把小球转移到瓷盘内。自然晾干或在 60 ℃烘箱中干燥 3 h,称重。用 30～70 目标准筛过筛后再称重,计算小球的合格率。

(2)共聚小球的磺化

称取上面制得的合格小球 20 g,放入装有搅拌和球形冷凝管的 250 mL 三口瓶中,再加入 20 g 二氯乙烷。溶胀 10 min 后加 100 g 92.5％ H_2SO_4 溶液。慢速搅动,以防把树脂甩到瓶壁上。然后油浴加热,1 h 内升温至 70 ℃,在 70 ℃下反应 1 h 后,再升温至 80 ℃,在此温度下反应 6 h。然后改成蒸馏装置,搅拌下升温至 110 ℃,于常压下蒸出二氯乙烷,撤去油浴。

冷却至近室温后,用玻璃砂芯漏斗过滤,然后把硫酸滤液慢慢倒入一定量的水中,使其浓度降低 15％。把树脂小心地倒入被冲稀的硫酸中,搅拌 20 min,再抽滤。滤出的硫酸取一半再稀释,使其浓度降低 30％。将树脂倒入该二次冲稀的硫酸中,搅拌 15 min,再抽滤。滤液取一半再次稀释,使浓度降低 40％。然后把上述树脂倒入第三次冲稀的硫酸中,搅拌 15 min[③]后,再抽滤。如此处理过的树脂再放入 50 mL 饱和食盐水中,逐渐加水稀释,同时不断把水倾出,直到洗至中性。

取约 8 mL 经上述处理过的树脂放入交换柱中,保持液面超过树脂层 0.5 cm,并排出树脂层内的气泡。先加 100 mL 5％ NaOH,使逐滴流出,树脂就转成 Na 型。然后用蒸馏水洗至中性,再加 100 mL 5％ 盐酸,使树脂转为 H 型。再用蒸馏水洗至中性。如此反复操作三遍。

(3)树脂性能的测定

树脂性能主要包括下述几项:

①质量交换量——单位质量的 H 型干态树脂可以交换的阳离子的物质的量。

②体积交换量——单位体积的 H 型湿态树脂可以交换的阳离子的物质的量。

③膨胀系数——树脂在水中从 H 型(无多余酸)转变为 Na 型(无多余碱)时体积变化。

④视密度——单位体积(包括树脂空隙)的干树脂的质量。

本实验只测体积交换量。其测定方法如下:

取 5 mL 处理好的 H 型树脂放入交换柱中,倒入 300 mL 1 mol/L NaCl 溶液,用 500 mL 锥形瓶接流出液,流速 1～2 滴/min(注意不要柱干),最后要用少量水冲洗交换柱。将流出液按定量要求全部转移到 500 mL 容量瓶中,用蒸馏水稀释至刻度。然后取 50 mL 该液体两份,置于两个 100 mL 锥形瓶中,分别用 0.1 mol/L NaOH 标准溶液滴定。同时做

---

①次甲基蓝为水溶性阻聚剂,其作用是防止体系内发生乳液聚合。若水相内出现乳液聚合,将影响产品的外观质量。

②洗涤目的为洗除 PVA。小球放在尼龙纱袋中洗涤较为方便。

③为防止操作时酸液溅出,可准备一空烧杯,先将树脂放入烧杯中,再慢慢倒入硫酸溶液。

空白实验,即取 300 mL 1 mol/L NaCl 溶液,置于 500 mL 容量瓶中,加蒸馏水稀释至刻度,按样品同样的办法取样滴定。由滴定结果计算出体积交换量 E。

$$E = M(V_1 - V_2)/V$$

式中,M 为 NaOH 标准溶液的浓度,mol/L;V 为样品体积,mL;V_1、V_2 分别为样品滴定和空白滴定所消耗的 NaOH 标准溶液的体积,mL。

【实验结果】

(1)计算珠状颗粒离子交换树脂的产率。

(2)记录强酸型阳离子交换树脂的体积交换量。

【思考题】

(1)欲使制得的白球合格率高,实验中应注意哪些问题?

(2)为什么磺化时温度不能太高?磺化后的处理过程中,为什么要逐步加稀酸稀释,而不是直接加水稀释?

实验二十二　高抗冲聚苯乙烯的合成

【实验目的】

(1)了解聚丁二烯接枝苯乙烯聚合原理。

(2)掌握本体-悬浮法制备高抗冲聚苯乙烯的方法。

【实验原理】

聚苯乙烯是具有良好的光学性质、优异的电学性能和突出的加工流动性的大品种塑料,然而由于其脆性,却大大地限制了其发展和使用。利用橡胶的韧性来改善聚苯乙烯的脆性,即在刚性的聚苯乙烯中引进韧性的接枝橡胶,就构成了既有一定亲和力又不完全相溶的两个相:聚苯乙烯相和橡胶相。靠合适的剪切速率可以控制橡胶料子的大小,使其均匀地分散在连续相聚苯乙烯中。这种分散的橡胶相,起着应力集中的作用。当受外力冲击时,橡胶相吸收了能量,因而防止了脆性聚苯乙烯材料的破坏,故称之为高抗冲聚苯乙烯(High impact polystyrene,HIPS)。

高抗冲聚苯乙烯的形成过程:橡胶溶解在苯乙烯单体中是均相透明的橡胶溶液。当聚合发生后,在苯乙烯均聚的同时,在橡胶链双键的 α-位置上还进行接枝聚合,形成顺丁橡胶与苯乙烯的接枝共聚物。当苯乙烯的转化率超过 1%~2% 时,由于高聚物的不相容性,聚苯乙烯则从橡胶溶液中析出,因而肉眼可以看到体系由透明变得微浑。此时聚苯乙烯的量少,是分散相。随着苯乙烯的转化率不断增大,体系越来越浑浊,同时黏度也越来越大,以致出现"爬杆"现象。当聚苯乙烯的相体积分数与橡胶的相体积分数相接近(或前者大于后者)时,在大于临界剪切速率的搅拌下,发生相转变,聚苯乙烯溶液由原来的分散相转变到连续相,而橡胶溶液由原来的连续相转变为分散相。由于此时单位浓度聚苯乙烯的苯乙烯溶液黏度比原橡胶溶液黏度小,故在相转变的同时,原来的"爬杆"现象消失。刚发生相变时,橡胶粒子不规整且很大,并有联合的倾向。在剪切力的存在下,随着聚合的进行,苯乙烯的转化率不断增加,橡胶粒子逐渐变小,形态也逐渐完好。

以上过程是在本体阶段进行的,称为本体预聚阶段,在此阶段,苯乙烯的转化率为20%～25%,尚有75%～80%的苯乙烯单体未聚合,为了散热和设备的方便转为悬浮聚合,直到苯乙烯全部转为聚苯乙烯为止。

【主要仪器和试剂】

1 L 锚式搅拌玻璃聚合釜,2 L 不锈钢聚合釜。

苯乙烯,顺丁橡胶,过氧化苯甲酰(BPO),聚乙烯醇,叔十二硫醇,硬脂酸,防老剂264。

【实验步骤】

(1)本体预聚合

称取 32 g 顺丁橡胶,剪成小块溶于装有 350 g 苯乙烯的锚式搅拌玻璃聚合釜中,待橡胶充分溶胀后,调节水浴温度至 70 ℃,通氮气,并开动搅拌器,缓慢搅拌 0.5～1 h,去除空气,并使橡胶充分溶解。升温至 75 ℃,调节转速约为 120 r/min,加入 0.37 g BPO(溶于 10 g 苯乙烯中)、0.2 g 叔十二硫醇。注意观察现象,约半小时反应物由透明变得微浑,取样测苯乙烯的转化率。继续聚合,体系黏度逐渐变大,随之出现"爬杆"现象,待此现象一消失(相转变完成),立即取样测转化率。继续聚合至体系为乳白色细腻的糊状物(转化率大于 20%)。反应约 5 h。停止反应后,测定转化率。

转化率的测定:在 10 mL 小烧杯中放入微量对苯二酚,连同烧杯在分析天平上称重(W_1),在此烧杯中加入约 1 g 预聚体,称重(W_2),此预聚体中加少量 95% 乙醇,在干燥箱中烘干,称重(W_3)。

$$苯乙烯转化率 = \frac{(W_3 - W_1) - (W_2 - W_1) \times R\%}{(W_2 - W_1) - (W_2 - W_1) \times R\%} \times 100\%$$

式中,$R\%$ 为投料的橡胶含量。此处为 8%。

(2)悬浮聚合

在装有搅拌器和通氮管的 2 L 不锈钢聚合釜中加入 1 000 mL 水、4 g 聚乙烯醇、1.6 g 硬脂酸,通氮升温至 85 ℃后,在上述预聚体中加入 1.1 g BPO(溶于 18 g 苯乙烯中)。混匀后,在搅拌的情况下加入釜中。此时预聚体被分散成球状。如此聚合约 4～5 h,粒子开始下沉,在 95 ℃下熟化 1 h,100 ℃下熟化 2 h,停止反应,冷却,出料,用 60～70 ℃水洗涤三次,冷水洗涤两次,滤干,混入 0.2 g 防老剂 264,在 60～70 ℃真空烘箱中烘干。

【注意事项】

(1)要正确判断相转变是否发生,一定要在相转变完成一段时间后再终止反应,否则产品性能差。

(2)在相转变发生前后的一段时间,要特别注意控制好搅拌速度。

【数据记录和处理】

(1)认真观察并记录反应现象及相关数据(表 22-1)。

反应时间/h	苯乙烯转化率/%	现象	备注

表 22-1   实验记录表

（2）计算高抗冲聚苯乙烯的产率。

【思考题】

抗冲聚苯乙烯冲击强度提高的原理是什么？如何控制好相转变？

实验二十三　ABS 树脂的制备

【实验目的】

（1）了解乳液-悬浮法制备接枝共聚物的原理。

（2）掌握由丁苯乳胶接枝苯乙烯、丙烯腈共聚制备 ABS 树脂的方法。

【实验原理】

ABS 树脂系由丙烯腈（Acrylonitrile）、丁二烯（Butadiene）和苯乙烯（Styrene）聚合制得。它是一个两相体系连续相为丙烯腈和苯乙烯的共聚物 AS 树脂，分散相为接枝橡胶和少量未接枝的橡胶。由于 ABS 具有多元组成，因而它综合了多方面的优点，既保持橡胶增韧塑料的高冲击性能、优良的机械性能及聚苯乙烯的良好加工流动性，同时由于丙烯腈的引进，使 ABS 树脂具有较大的刚性、优异的耐药品性以及易于着色的品质。它是一个新型的热塑性工程塑料，用途极为广泛，主要用于航空、汽车、机械制造、电气、仪表以及输油管等。调节不同共聚单体组成，可以制得不同性能的 ABS。

ABS 树脂有两种类型：共混型和接枝型，本实验制备的属接枝型 ABS 树脂。接枝型可由本体法和乳液法进行制备。乳液-悬浮法属于乳液法的一类，与本体法相比，其反应条件稳定，散热容易，且橡胶含量可任意控制。

乳液-悬浮法制备 ABS 树脂分两个阶段进行：第一阶段是乳液聚合，主要是解决橡胶的接枝和橡胶粒径增大的问题。ABS 树脂中分散相橡胶粒径的大小必须在一定范围内（一般为 $0.2\sim0.3~\mu m$)才有良好的增韧效果。以乳液法制备的乳胶（在此为丁苯乳胶），其粒径通常只有 $0.04~\mu m$ 左右，在 ABS 树脂中不能满足增韧的要求，故必须进行粒径扩大。粒径扩大的方法很多，在此采用最简单的溶剂扩大法，即靠反应单体本身做溶剂使其渗透到橡胶粒子中去，此法亦有利于提高橡胶的接枝率。橡胶接枝的作用有两点：一是增加连续相与分散相的亲和力，二是给橡胶粒子接上一个保护层，以避免橡胶粒子间的并合。接枝橡胶制备的成功与否，是决定 ABS 树脂性能好坏的关键。此外，还有游离的 St-AN 共聚物和少量未接枝的游离橡胶。第二阶段是悬浮聚合，它的作用有两点：一是进一步完成连续相 St-AN 树脂的制备；二是在体系中加盐破乳并在分散剂的存在下使其转为悬浮聚合。

【主要仪器和试剂】

搅拌器,回流冷凝管,四口烧瓶等。

丁苯-50 乳胶,苯乙烯,丙烯腈,过硫酸钾,十二烷基硫酸钠,叔十二硫醇等。

【实验步骤】

(1)乳液接枝聚合

配方:

丁苯-50 乳胶　45 g(含干胶 16 g)

苯乙烯和丙烯腈(质量比为 30∶70)混合单体　16 g

叔十二硫醇　0.08 g

蒸馏水　(39+44)g

过硫酸钾　0.11 g

十二烷基硫酸钠　0.32 g

在装有搅拌器、回流冷凝管、温度计和通氮管的 250 mL 四口烧瓶中,加入 45 g 丁苯-50 乳胶、16 g 苯乙烯和丙烯腈混合单体、39 g 蒸馏水。通氮,开动搅拌器,升温至 60 ℃,让其渗透 2 h,然后降温至 40 ℃,向体系中加入 0.32 g 十二烷基硫酸钠、0.11 g 过硫酸钾和 44 g 蒸馏水,升温至 60 ℃保持 2 h,65 ℃保持 2 h,70 ℃保持 1 h,降温至 40 ℃以下出料。用滤网过滤除去析出的橡胶,得接枝乳液。

(2)悬浮聚合

配方:

接枝乳液　50 g

苯乙烯和丙烯腈(质量比为 30∶70)混合单体　14 g

叔十二硫醇　0.056 g

偶氮二异丁腈　0.056 g

液体石腊　0.15 g

4.5%$MgCO_3$　38 g

$MgSO_4$　4.5 g

蒸馏水　26 g

在装有搅拌器、回流冷凝管、温度计及通氮管的 250 mL 四口烧瓶中,加入 38 g 4.5% $MgCO_3$ 溶液、26 g 蒸馏水,搅拌,在快速搅拌下慢慢滴入接枝液。通氮升温至 50 ℃时,加入溶有 0.056 g 偶氮二异丁腈的 14 g 苯乙烯和丙烯腈混合单体,投料完毕,升温至 80 ℃反应。粒子下降变硬后,升温至 90 ℃熟化 1 h,100 ℃熟化 1 h,降温至 50 ℃以下出料。

倾倒去上层液体,加入蒸馏水,用浓硫酸酸化剂酸化到 pH 为 2~3,然后用蒸馏水洗至中性,将聚合物抽干,在 60~70 ℃烘箱中烘干,即得 ABS 树脂。

【注意事项】

(1)丙烯腈有毒,不要接触皮肤,更不能误入口中。

(2)$MgCO_3$ 的制备一定要严格控制,保证质量,它的质量与用量是悬浮聚合成功的关键。

【数据记录和处理】

(1)认真观察并记录反应现象和相关数据(表23-1)。

表23-1　　　　　　　　　实验记录表

反应时间/h	聚合温度/℃	现象	备注

(2)计算 ABS 树脂的产率。

【思考题】

如何提高聚合转化率? 接枝率大小对聚合物物性有何影响?

实验二十四　聚乙烯醇的制备

【实验目的】

(1)了解醋酸乙烯酯的溶液聚合过程及原理。

(2)掌握用高分子化学反应制备聚乙烯醇的方法。

【实验原理】

聚乙烯醇是生产维尼纶纤维的原料,还广泛应用于黏合剂、清漆、涂料等方面。但聚乙烯醇不能由乙烯醇单体直接聚合而得,因为乙烯醇很不稳定,极易发生异构化转变为乙醛。聚乙烯醇是由醋酸乙烯酯在甲醇溶剂中聚合得到聚醋酸乙烯酯,再由聚醋酸乙烯酯在甲醇及氢氧化钠作用下,经高聚物的化学转化-醇解反应而得。其反应原理如下所示:

$$n\ CH_2\!\!=\!\!CH \xrightarrow[65℃\ \ CH_3OH]{AIBN} \ \begin{array}{c} H \\ \!\!\!\!\!\!+CH_2-\overset{|}{\underset{|}{C}}\!\!+_n \\ OCOCH_3 \end{array}$$
$$\underset{OCOCH_3}{} $$

$$\begin{array}{c} H \\ \!\!\!\!\!\!+CH_2-\overset{|}{\underset{|}{C}}\!\!+_n \\ OCOCH_3 \end{array} \xrightarrow[50℃]{CH_3OH\text{-}NaOH} \begin{array}{c} H \\ \!\!\!\!\!\!+CH_2-\overset{|}{\underset{|}{C}}\!\!+_n \\ OH \end{array}$$

在聚合的同时还可能存在下列副反应:

$$CH_3OH + CH_2\!\!=\!\!CH \longrightarrow CH_3CHO + CH_3COOCH_3$$
$$\underset{OCOCH_3}{}$$

【原料及实验装置】

醋酸乙烯酯、偶氮二异丁腈(AIBN)、甲醇、氢氧化钠-甲醇溶液。

实验装置示意图类似于图 1-1 所示的实验装置示意图。

【实验步骤】

(1)聚醋酸乙烯酯的制备

在装有搅拌器的干燥、洁净的 150 mL 三口瓶上装一球形冷凝管,管口上装一 CaCl₂ 干燥管。将 30 g 新蒸馏的醋酸乙烯酯、0.06 g 偶氮二异丁腈和 7.5 mL 甲醇依次加入三口瓶中,在搅拌下加热,使其回流,水浴温度控制在 70 ℃;随着反应的进行,反应物黏度逐渐增大。当转化率为 50% 左右时,体系已很黏稠,以至聚合物全脱离瓶壁而粘在搅拌棒上,此时可停止反应,然后在三口瓶内加入 20 mL 甲醇,使反应物料稀释;搅拌均匀后,将溶液慢慢滴入盛有蒸馏水的玻璃缸或搪瓷盘中进行沉析;聚醋酸乙烯酯呈薄膜状析出,取出放入烧杯中,用水反复洗涤。将聚合物在空气中干燥,然后放入真空干燥箱中,60 ℃下干燥至恒重。

(2)聚醋酸乙烯酯水解制聚乙烯醇

在三口瓶中加入 40 mL 10%NaOH-甲醇溶液,把 5 g 聚醋酸乙烯酯溶于 20 mL 甲醇中,在迅速搅拌下将聚醋酸乙烯酯溶液用滴液漏斗滴加到碱溶液中。随着水解反应的进行,聚乙烯醇不断自溶液中析出,加完料后继续搅拌 2~3 h;然后用布氏漏斗过滤,并用醇洗至中性;产品在空气中初步干燥后,放入真空干燥箱中,40 ℃下干燥至恒重。

(3)聚合物中醋酸根的分析

在两个 250 mL 三角烧瓶中,各加入试样 0.5 g,再用移液管加入 25 mL 约 0.5 mol/L NaOH 溶液,在另一三角烧瓶中加入同样量的 NaOH 溶液(空白实验),将三角烧瓶装上球形冷凝管,加热回流 4 h,冷却后加入两滴酚酞,用 0.5 mol/L HCl 溶液滴定至终点,记下 HCl 溶液用量。

$$醋酸根含量 = (V_1 - V_2)N \times 44.02/W$$

式中,N 为 HCl 标准溶液的准确浓度,mol/L;V_1、V_2 分别为滴定空白及试样所消耗的 HCl 标准溶液的体积,mL;W 为试样质量,g;44.02 为聚乙烯醇的链段分子量。

【实验结果】

(1)计算聚醋酸乙烯酯的产率。

(2)计算聚乙烯醇的产率。

(3)计算聚乙烯醇中醋酸根的含量。

实验二十五　聚乙烯醇缩丁醛的制备

【实验目的】

(1)了解乙烯基聚合物大分子内相邻取代基团反应的最大百分数的推算方法。

(2)掌握聚乙烯醇缩丁醛的制法。

【实验原理】

早在 1931 年,人们就已研制出聚乙烯醇(PVA)的纤维,但由于 PVA 的水溶性太好,无法实际应用。利用"缩醛化"降低其水溶性,就使得 PVA 有了较大的实用价值。用甲醛进行缩醛反应,得到聚乙烯醇缩甲醛(PVF),控制缩醛度在 30% 左右,就制得了人们称为"维尼纶"的纤维,国外称之为"Vinylon"。维尼纶的强度是棉花的 1.5~2 倍,吸湿性可达 5%,接近天然纤维,故又称其为"合成棉花"。

在本实验中采用丁醛进行缩醛化,得到聚乙烯醇缩丁醛(PVB),这也是 PVA 衍生物的一个重要品种。

PVB 含有较长的支链,具有较好的柔顺性,玻璃化温度低(50 ℃),透明度高,不受温度和湿度剧变的影响,能耐大气作用和日光暴晒,抗氧性、耐寒性好。PVB 可用来制安全玻璃夹层[①]。

环氧树脂被称为"万能胶"。在 PVB 分子中,由于有羟基,乙酰基和醛基,有很强的黏结性能,可用来黏结金属、木材、皮革、玻璃、陶瓷、橡胶等,故也有"万能胶"之称。PVB 的溶剂有醋酸甲酯、甲乙酮、环己酮、二氯甲烷、氯仿、甲醇、乙醇等。

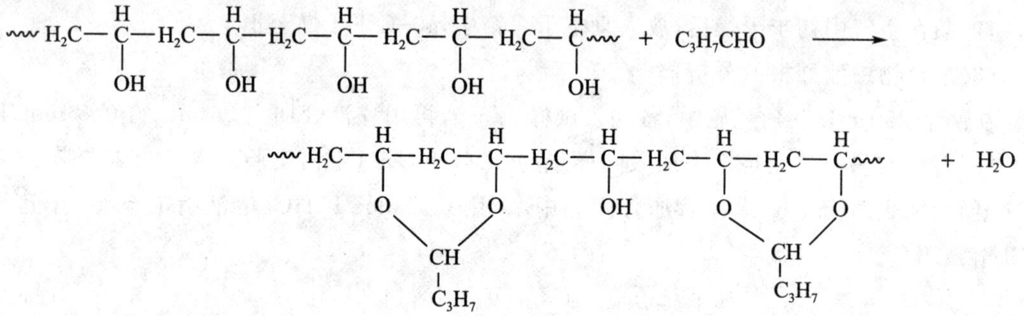

PVB 是在盐酸催化下由聚乙烯醇与丁醛进行缩醛反应生成的,其反应式从上式可以看出,高分子链上的羟基并未全部进行缩醛反应,会有一部分羟基残留下来。Flory 曾经从理论上计算乙烯基聚合物链上的相邻取代基间的反应程度最大为 86.5%,也就是至少有13.5% 的取代基残留下来。

对不可逆反应来说,这一结论与实验结果一致。因此,对这类反应无限延长反应时间是没有意义的。对可逆反应,如聚乙烯醇缩醛化反应,虽有所改善,也只能使残留率降至 10% 左右。在聚合物化学中把这种现象称为几率效应。

【主要仪器和试剂】

四口瓶,回流冷凝管,恒压滴液漏斗,温度计。

聚乙烯醇,正丁醛,30% 盐酸,5%NaOH。

---

①制安全玻璃夹层是 PVB 的一个重要用途。要求 PVA 含有乙酰基 3% 以下,平均聚合度在 1 200~1 400。缩醛度为 40%~50%。PVB 中加入 30%~40% 的增塑剂,用挤压法或流延法制成 0.3~0.5 mm 厚的薄膜,再用光学玻璃进行压制,可制成三层或五层的高透明的安全玻璃。可用在飞机、汽车、轮船和采矿机械上。可作 PVB 增塑剂的有己二酸二丁酯、癸二酸二丁酯、苯二甲酸二丁酯及癸二酸二辛酯等。

【实验步骤】

在装有搅拌器、回流冷凝管、恒压滴液漏斗和温度计的 250 mL 四口瓶中,加入 5 g PVA 和 95 mL 蒸馏水,浸泡 15 min,开动搅拌升温到约 90 ℃[①],使 PVA 全部溶解,待体系成均匀状态后用冷水降至室温。严格控制好温度对做好本实验至关重要,一定要降至室温后或 30 ℃以下再滴加正丁醛[②]。向反应瓶内加入 2.5 mL 30%盐酸。在恒压滴液漏斗内加入 3.6 g(约 4.5 mL)正丁醛和 2 mL 蒸馏水。要控制滴加速度(因为滴加速度快,容易结块,使反应失败),适宜的速度是 3~4 滴/min。滴加完后,在滴加温度条件下反应 1 h,升温至 30 ℃反应 1 h,再升温至 40 ℃反应 1 h。在滴加正丁醛和维持反应过程中,搅拌速度可适当快些[③],以防止结块,并可使沉淀颗粒变小。反应结束后,用 5%NaOH 中和至中性,冷却至室温后用布氏漏斗抽滤,再用蒸馏水洗涤三遍,晾干,放入真空烘箱,在 30 ℃条件下干燥。产物为白色粉末,称重。

缩醛度的测定参见第五章。

【实验结果】

计算制得的 PVB 的缩醛度。

【思考题】

产物中会存在哪些杂质?

实验二十六 热塑性酚醛树脂的合成

【实验目的】

(1)了解酸性条件下和碱性条件下酚醛缩聚的机理。

(2)掌握酸性条件下酚醛树脂的制备方法。

【实验原理】

酚醛树脂是最早研制成功并商业化的合成材料之一,具有强度高、尺寸稳定性好、抗蠕变等优点,主要用作模制品、层压板、胶黏剂、涂料等。酚醛树脂主要以苯酚和甲醛为原料,介质 pH 对苯酚甲醛缩聚反应有很大影响。当苯酚和甲醛溶液混合后,酚与醛的反应进行得很慢,如果反应系统加入酸性催化剂使其 pH<3 或加入碱性催化剂使其 pH>7,则反应迅速进行。酸性条件下合成的酚醛树脂可称为酸法树脂,碱性条件下合成的酚醛树脂则称

[①]醇解度小于 95%的 PVA 能溶解在冷水中,醇解度大于 95%的不溶于冷水,但能溶于 60~70 ℃的热水中。本实验所用 PVA 的醇解度大于 97%。升温到约 90 ℃可使 PVA 溶解加快。

[②]正丁醛存储时间长后,常带有颜色,可进行蒸馏提纯。正丁醛的沸程是 74~77 ℃,折光率 n_D=1.379~1.381。

[③]工业上生产 PVB 有三种方法,即一步法、沉淀法和溶解法。一步法就是聚醋酸乙烯酯与盐酸和水混合,当醇解结束后加入正丁醛。然后过滤、洗涤、干燥得产品。溶解法就是先把聚醋酸乙烯酯制成甲醇的悬浮液,加入盐酸和正丁醛,反应 8~10 h,形成均匀的溶液。然后用甲醇和水使 PVB 析出。本实验采用的是沉淀法。

为碱法树脂。

（1）酸法树脂

苯酚与甲醛首先进行加成反应得到羟甲基苯酚。在酸性条件下，羟甲基苯酚的羟甲基很活泼，能很快与另一苯酚分子上的邻位、对位氢原子发生缩水反应，从而形成线型酚醛树脂。一般醛与酚的用量（物质的量）比小于1。

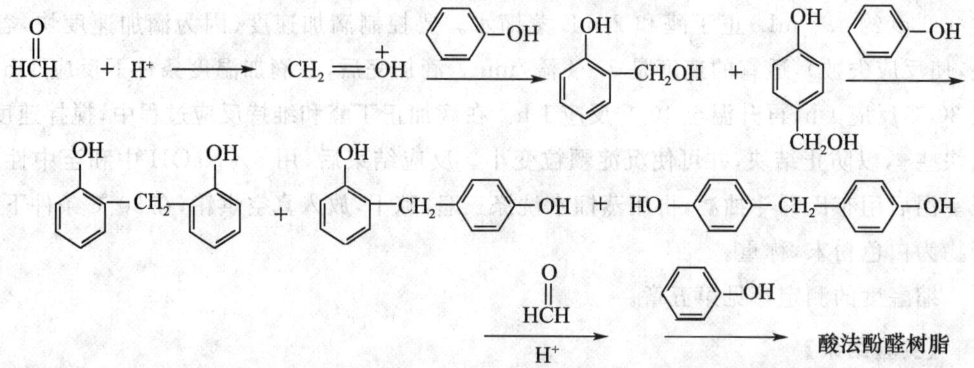

各种连接方式的相对含量与催化剂类型和反应条件等有关，强酸性催化剂（如硫酸、磺酸、草酸等）作用下，苯酚的对位比邻位更活泼，因此得到的酚醛树脂分子中邻位连接含量较少。用较弱的 Lewis 酸催化剂（如醋酸锌、醋酸镁等）几乎可以得到 100% 的邻位酚醛树脂。

酸法酚醛树脂又称线型酚醛树脂。大分子结构中没有能进一步缩合的羟甲基，不会因受热而交联。要得到体型酚醛树脂，必须加入能与树脂分子中酚环上活性点反应的多官能团固化剂，如多聚甲醛、六次甲基四胺等。

（2）碱法树脂

在碱性催化剂存在条件下，甲醛与苯酚进行加成反应生成多羟基甲基酚。因为苯酚的官能度为3，甲醛的官能度为2，因而要制取理想的网状结构聚合物，需要酚：醛＝1∶1.5（物质的量比），实际应用一般采用 1∶1.2（物质的量比）。要制取水溶性或低黏度的甲阶酚醛树脂，需要酚∶醛＝1∶1.5～2.5（物质的量比）。

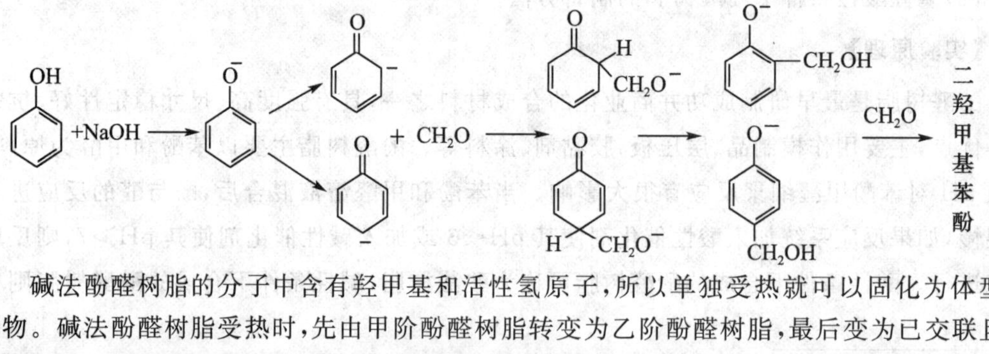

碱法酚醛树脂的分子中含有羟甲基和活性氢原子，所以单独受热就可以固化为体型聚合物。碱法酚醛树脂受热时，先由甲阶酚醛树脂转变为乙阶酚醛树脂，最后变为已交联且分子量极大、不溶不熔的体型结构的丙阶酚醛树脂。

【原料及实验装置】

原料：苯酚，甲醛溶液，浓盐酸，酚酞指示剂，配制 0.1 mol/L 氢氧化钠溶液，0.5 mol/L 标准盐酸溶液和 1 mol/L 亚硫酸钠溶液。

实验装置示意图如图 1-1 所示。

【实验步骤】

(1)酚醛树脂的合成

将三口烧瓶固定后,装配回流冷凝管,冷凝管中通入冷却水,将 40 g 苯酚和 25 g 甲醛溶液加入三口烧瓶中,进行混合;水浴升温,温度保持在(60±2) ℃;加入 0.5 mL 浓盐酸,反应开始,每隔 15 min 用滴管取样 2～3 g,放于 250 mL 锥形瓶中,待分析甲醛含量;取样三次后,每隔 30 min 取样 3 g 左右,再取三次。

反应 3 h 后,将物料倒入坩埚中,静置分层,分去上层水,下层用水洗至中性。然后小火加热,温度升至 200 ℃;加热开始时由于水的存在可能有泡沫出现,当水蒸发完毕后泡沫消失;当温度达到 200 ℃后,将树脂倒至铁板上让其冷却,称重。

(2)苯酚存在下甲醛含量的分析

甲醛可以与亚硫酸钠作用生成氢氧化钠,用已知浓度的盐酸中和生成的氢氧化钠,进而计算甲醛的含量。其反应如下:

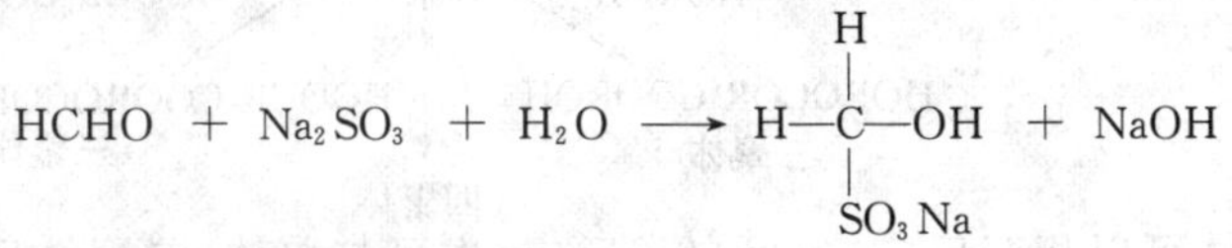

$$HCHO \ + \ Na_2SO_3 \ + \ H_2O \ \longrightarrow \ H-\overset{\displaystyle H}{\underset{\displaystyle SO_3Na}{C}}-OH \ + \ NaOH$$

向装有 3 g(准确称量)苯酚和甲醛混合物的锥形瓶中加入 25 mL 蒸馏水,加入 3 滴酚酞指示剂,用 0.1 mol/L 氢氧化钠溶液中和至溶液呈粉红色,再加入 50 mL 1 mol/L 亚硫酸钠溶液,为了使亚硫酸钠与甲醛反应完全,在室温下放置 2 h 后,用 0.5 mol/L 标准盐酸溶液滴定至无色为止,甲醛含量为

$$X = \frac{0.03VM}{W} \times 100\%$$

式中,X 为甲醛含量;V 为所消耗的盐酸体积,mL;M 为盐酸的摩尔浓度,mol/L;W 为样品质量,g;0.03 为相当于消耗 1 mL 1 mol/L 盐酸溶液的甲醛质量,g。

【数据记录和处理】

(1)实验数据和现象以及计算结果填入表 26-1。

表 26-1　　　　　　　　　　实验记录表

反应时间/h	反应温度/ ℃	现象	样品质量/g	甲醛含量/%	甲醛转化率/%

(2)做出甲醛含量或转化率与时间的关系图,讨论其意义。

【思考题】

(1)计算苯酚、甲醛加料的物质的量比。组分过量的目的是什么?

(2)还可用哪些酚类和醛类合成酚醛树脂?

实验二十七　己二酸和乙二醇的缩聚反应及其反应动力学

【实验目的】

(1)了解平衡缩聚反应的机理及反应条件对聚合反应的影响。

(2)掌握缩聚反应动力学的研究方法。

【实验原理】

通常的缩聚反应是带有双官能团或多官能团的单体,按照逐步反应历程生成长链高分子,同时有低分子副产物产生。以二元醇和二元酸合成聚酯为例,二元醇和二元酸第一步反应形成二聚体,然后产生三聚体及四聚体:

$$HOROH \ + \ HOOCR'COOH \ \rightleftharpoons \ HOROCOR'COOH \ + \ H_2O$$

$$HOROH \qquad\qquad HOOCR'COOH$$

$$HOROCOR'COOROH \qquad HOOCR'COOROCOR'COOH$$
$$三聚体 \qquad\qquad 四聚体 \qquad\qquad 三聚体$$

三聚体和四聚体可以相互反应,也可自身反应,也可与单体、二聚体反应,含羟基的任何聚体和含羧基的任何聚体都可以进行反应,形成如下通式:

$$n\text{-聚体} \ + \ m\text{-聚体} \ \rightleftharpoons \ (n+m)\text{-聚体} \ + \ 水$$

大部分线型缩聚反应是可逆反应,但可逆程度有差别,可逆程度可由平衡常数来衡量,如聚酯化反应:

$$-OH \ + \ -COOH \ \underset{k_{-1}}{\overset{k_1}{\rightleftharpoons}} -OCO- \ + \ H_2O$$

$$K = \frac{k_1}{k_{-1}} = \frac{[-OCO-][H_2O]}{[-OH][-COOH]}$$

聚酯缩聚反应属于平衡缩聚反应,其平衡常数 K 介于 $4\sim10$。当反应条件改变时,平衡即被破坏。影响反应的主要因素有配料比、反应温度、催化剂、反应程度、反应时间、去水程度等。

本实验通过己二酸与乙二醇进行缩聚反应制备聚酯,并了解平衡缩聚反应机理及排除小分子的实施方法,同时掌握缩聚反应动力学的研究方法。

$$n \ HOOC(CH_2)_4COOH + n \ HOCH_2CH_2OH \rightleftharpoons HO\text{-}[CO(CH_2)_4COOCH_2CH_2O]_n H + (2n-1)H_2O$$

如果体系中羧基和羟基的物质的量相等,即起始浓度都为 C_0,则可得到反应程度 p 与反应物浓度的关系式。

无外加酸催化剂时,反应级数为 3:

$$\frac{1}{(1-p)^2} = 2C_0^2 kt + 1$$

有外加酸催化剂时,反应级数为 2:

$$\frac{1}{1-p} = k'C_0 t + 1$$

反应程度 p 可通过析出的副产物水的物质的量计算:

$$p = n/n_0$$

式中，n 为收集到的水的物质的量；n_0 为理论上反应应产生的水的物质的量。

【原料及实验装置】

(1)原料

己二酸，乙二醇，对甲苯磺酸等。

(2)实验装置示意图如图 27-1 所示。

【实验步骤】

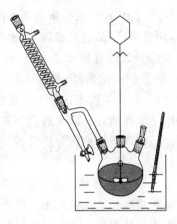

图 27-1　实验装置示意图

在装有搅拌器、分水器的 250 mL 三口瓶中，加入 29.23 g(0.2 mol)己二酸、12.41 g(0.2 mol)乙二醇，并加入 0.04 g 对甲苯磺酸后加热搅拌。形成均匀溶液后，用滴管取出 0.5 g 样品于锥形瓶中，准确称量，以备计算反应初始酸值及羟值。然后使反应温度上升至 160 ℃，每隔 15 min 取 0.5 g 样品于锥形瓶中准确称量，并记录蒸出水的量。聚合 1 h 后，再升温至 200 ℃，每隔 15 min 取 0.5 g 样品于锥形瓶中准确称量，并记录蒸出水的量。取完最后的样品后，继续反应 0.5 h。将反应装置转换为减压装置，在13.33 kPa和 180 ℃条件下反应 30 min，反应结束后取 0.5 g 样品于锥形瓶中准确称量。

参照第五章中羟值和酸值的测定方法对所取聚酯样品的羟值和酸值分别进行测定。

【实验结果】

(1)根据出水量计算反应程度，根据样品的羟值及酸值计算聚酯的聚合度。

(2)绘制出水量、反应程度及聚合度与聚合时间的变化曲线。

【思考题】

(1)在聚酯缩聚反应中，哪些因素对产物的聚合度有影响？

(2)为什么聚酯缩聚反应在初始阶段出水较快？

实验二十八　双酚 A 型环氧树脂的制备

【实验目的】

(1)掌握双酚 A 型环氧树脂的制备方法。

(2)了解环氧值的测定方法及环氧树脂的应用。

【实验原理】

环氧树脂是指含有环氧基的聚合物。环氧树脂的品种有很多，常用的如环氧氯丙烷与酚醛缩合物反应生成的酚醛环氧树脂；环氧氯丙烷与甘油反应生成的甘油环氧树脂；环氧氯丙烷与二酚基丙烷(双酚 A)反应生成的双酚 A 型环氧树脂等。环氧氯丙烷是主要单体，它可以与各种多元酚类、多元醇类、多元胺类物质反应，生成各类型环氧树脂。环氧树脂根据其分子结构大体可以分为 5 大类型:缩水甘油醚类、缩水甘油酯类、缩水甘油胺类、线型脂肪族类、脂环族类。环氧树脂具有许多优点：①黏附力强。在环氧树脂结构中有极性的羟基、醚基和极为活泼的环氧基,使环氧分子与相邻界面产生较强的分子间作用力,而环氧基团则与介质表面,特别是金属表面上的游离键反应,形成化学键,因而环氧树脂具有很高的黏合力,用途很广,商业上称作"万能胶";②收缩率低。尺寸稳定性好,环氧树脂和所用的固化剂的反应是通过直接合成来进行的,没有水或其他挥发性副产物放出,因而其固化收缩率很低,小于 2%,比酚醛、聚酯树脂还要小;③固化方便。固化后的环氧树脂体系具有优良的力学性能;④化学稳定性好。固化后的环氧树脂体系具有优良的耐碱性、耐酸性和耐溶剂性;⑤电绝缘性能好。固化后的环氧树脂体系在广泛的频率和温度范围内具有良好的电绝缘性能。环氧树脂用途较为广泛,可以作为黏合剂、涂料、层压材料、浇铸、浸渍及模具材料等使用。

双酚 A 型环氧树脂产量最大,用途最广,有通用环氧树脂之称。它是环氧氯丙烷与二酚基丙烷在氢氧化钠作用下聚合而得。根据不同的原料配比、不同操作条件(如反应介质、温度和加料顺序),可制得不同分子量的环氧树脂。现在生产上将双酚 A 型环氧树脂分为低分子量、中等分子量和高分子量 3 种。通常把软化点低于 50 ℃(平均聚合度 $n<2$)的称为低分子量树脂或软树脂;软化点在 50～90 ℃($n=2\sim5$)的称为中等分子量树脂;软化点在 100 ℃以上($n>5$)的称为高分子量树脂。环氧树脂的分子量与单体的配料比有密切关系,当反应条件相同,环氧氯丙烷与双酚 A 的物质的量的比越接近于 1∶1,所得的树脂分子量就越大;碱的用量越多或浓度越高,所得树脂的分子量就越低。

由于环氧树脂在未固化前是热塑性的线型结构,使用时必须加入固化剂。固化剂与环氧树脂的环氧基反应,变成网状的热固性大分子成品。固化剂的种类很多,最常用的有多元胺、酸酐及羧酸等。

【主要仪器和试剂】

三口瓶,冷凝管,滴液漏斗,分液漏斗。

双酚 A,环氧氯丙烷,20%NaOH 溶液,25%盐酸溶液。

【操作步骤】

(1)树脂制备

将 22.5 g(0.1 mol)双酚 A、28 g(0.3 mol)环氧氯丙烷加入 250 mL 三口瓶中。在室温下搅拌,缓慢升温至 55 ℃,待双酚 A 全部溶解后,开始滴加 20% NaOH 溶液,在 40 min 内滴加完 40 mL,保持反应温度在 70 ℃以下,若反应温度过高,可减慢滴加速度,滴加完毕后在 90 ℃左右继续反应 2 h 后停止,在搅拌下用 25%盐酸溶液中和反应液至中性(注意充分搅拌,使中和完全)。向瓶内加蒸馏水 30 mL。充分搅拌并倒入 250 mL 分液漏斗中,静置片刻,分去水层,再用去离子水洗涤数次至水相中无 Cl^-(用 $AgNO_3$ 溶液检验),分去水层,得到环氧树脂。

(2)环氧值测定

参照第五章环氧值的测定方法对所合成的环氧树脂的环氧值进行测定。

(3)黏结实验

①分别准备两小块木片和铝片,木片用砂纸打磨擦净,铝片用酸性处理液(10 份 $K_2Cr_2O_7$ 和 50 份浓 H_2SO_4、340 份 H_2O 配成)处理 10～15 min,取出用水冲洗后晾干。

②用干净的表面皿称取 4 g 环氧树脂,加入 0.3 g 乙二胺,用玻璃棒调匀,分别取少量均匀涂于木片或铝片的端面约 1 cm 的范围内,对准胶合面合拢,压紧,放置,待固化后观察黏结效果。通过剪切实验,可定量测定黏结效果。

【实验结果】

(1)计算环氧树脂产率。

(2)计算环氧树脂的环氧值。

(3)列出黏结实验测试结果。

【思考题】

(1)合成环氧树脂的反应中,若 NaOH 的用量不足,将对产物有什么影响?

(2)环氧树脂的分子结构有何特点?为什么环氧树脂具有良好的黏结性能?

(3)为什么环氧树脂使用时必须加入固化剂?固化剂的种类有哪些?

实验二十九　热塑性聚氨酯弹性体的制备

【实验目的】

(1)了解逐步加聚反应的特点。

(2)掌握本体法和溶液法制备热塑性聚氨酯弹性体的方法。

【实验原理】

凡主链上交替出现—NHCOO—基团的高分子化合物,通称为聚氨酯。自发明聚氨酯树脂以来,由于其性能优异,产量逐年递增,同时也促进了聚氨酯弹性体的发展。热塑性聚氨酯弹性体的杨氏模量介于橡胶与塑料之间,具有耐磨、耐油、耐撕裂、耐化学腐蚀、高弹性和吸震能力强等优异性能。它的合成是以异氰酸酯和含活泼氢化合物的反应为基础的,例如二异氰酸酯和二元醇反应。通过异氰酸酯和羟基之间进行反复加成,即生成聚氨酯。反应式如下:

$$n\ OCN—R'—NCO + n\ HO—R—OH \longrightarrow HOR[OCONH—R'—NHOCOR]_nO—CONHR'NCO$$

如果含活泼氢的化合物采用低分子量(1 000～2 000)的两端以羟基结尾的聚醚、聚酯等,它们能赋予聚合物链一定的柔性,当它们与过量的二异氰酸酯,如甲苯二异氰酸酯(TDI)、二苯基甲烷二异氰酸酯(MDI)等反应,生成含游离异氰酸根的预聚体,然后加入与游离异氰酸根等化学计量的扩链剂,如二元醇、二元胺等进行扩链反应,则生成基本上呈线型结构的聚氨酯弹性体。在室温,由于分子间存在大量氢键,起着相当于硫化橡胶中交联点的作用,呈现出弹性体性能,升高温度,氢链减弱,具有与热塑性塑料类似的加工性能,因而有热塑性弹性体之称。

不难想象,随着反应物化学结构、分子量和相对比例的改变,可以制得各种不同的聚氨酯弹性体。尽管如此,我们总可以把它们的分子结构看成是由柔性链段和刚性链段构成的 $(AB)_n$ 型嵌段共聚物,"A"代表柔性的长链,如聚酯、聚醚等;"B"代表刚性的短链,由异氰酸酯和扩链剂组成。柔性链段使大分子易于旋转,聚合物的软化点和二级转变点下降,硬度和力学强度降低。而刚性链段则会束缚大分子链的旋转,聚合物软化点和二级转变点上升,硬度和力学强度提高。热塑性聚氨酯弹性体的性能就是由这两种性能不同的链段形成的多嵌段共聚物,因此,通过调节"软""硬"链段的比例可以制得不同性能的弹性体。

热塑性聚氨酯弹性体的制备一般有两种方法:一步法和预聚体法。一步法就是把两端以羟基结尾的聚酯或聚醚先和扩链剂充分混合,然后在一定反应条件下加入计算量的二异氰酸酯即可。预聚体法是先把聚酯或聚醚与二异氰酸酯反应生成以异氰酸根结尾的预聚物,然后根据异氰酸酯的量与等化学计量的扩链剂进行扩链反应。聚氨酯弹性体的制备工艺又可分为本体法和溶液法两种。本实验分别采用本体一步法和溶液预聚体法①来制备聚酯型聚氨酯弹性体和聚醚型聚氨酯弹性体。

【主要仪器与试剂】

四口瓶、搅拌器、油浴、氮气钢瓶。

己二酸、1,4-丁二醇、聚酯(两端为羟基,分子量 1 000 左右)、聚环氧丙烷聚醚(两端为羟基,分子量 1 000 左右)、4,4-二苯基甲烷二异氰酸酯(MDI)、甲基异丁基酮、二甲亚砜、二丁基月桂酸锡。

【实验步骤】

(1)溶液法

①预聚体的制备。250 mL 四口瓶装上搅拌器、回流冷凝管、滴液漏斗和氮气入口管。用天平称取 10.0 g(0.04 mol)MDI 放入四口瓶中,加入 15 mL 二甲亚砜和甲基异丁基酮的混合剂(两者体积比为 1∶1),开动搅拌器,通入氮气,升温至 60 ℃,使 MDI 全部溶解。然后称取 0.02 mol 聚酯(根据聚酯的实际分子量计算),溶于 15 mL 混合溶液中,待溶解后从滴液漏斗慢慢加入反应瓶中。滴加完毕后,继续在 60 ℃反应 2 h。得无色透明预聚体溶液。

②扩链反应。将 1.8 g(0.02 mol)1,4-丁二醇溶解在 5 mL 混合溶剂中,从滴液漏斗慢慢加入上述预聚体溶液中。当黏度增加时,适当加快搅拌速度,待滴加完后在 60 ℃下反应 1.5 h。若黏度过大,可适当补加混合溶剂,搅拌均匀,然后将聚合物溶液倒入盛有蒸馏水的瓷盘中,产品成白色固体析出。

③后处理。产物在水中浸泡过夜,用水洗涤 2~3 次,再用乙醇浸泡 1 天后用水洗净,在红外灯下基本晾干后再放入 50 ℃的真空烘箱充分干燥,即得聚酯型聚氨酯弹性体,计算产率。

(2)本体法

在装有温度计和搅拌器的 200 mL 反应容器中(反应容器可用干燥、清洁的烧杯)称取 50 g(0.05 mol)聚环氧丙烷聚醚,9.0 g(0.10 mol)1,4-丁二醇和占反应物总质量 1%的抗氧剂 1010,置于平板电炉上,开动搅拌器,加热至 120 ℃,用滴管滴加 2 滴二丁基月桂酸锡,然后在搅拌下将预热到 100 ℃的 37.5 g(0.15 mol)MDI 迅速加入反应器中,随聚合物黏度增加,不断加剧搅拌②,待反应温度不再上升(约 2~3 min)撤去搅拌器,将反应产物倒入涂有

---

① 预聚体法就是先把聚醚和二异氰酸酯在一定反应条件下生成含游离异氰酸根的预聚体,测定异氰酸根含量,再与等化学计量的扩链剂进行扩链反应。

② 搅拌器最好用不锈钢制成,形状和反应器相匹配;务必能将物料充分搅匀。

脱模剂的铝盘中(铝盘预热至 80 ℃),然后放入 80 ℃烘箱 24 h 以完成反应(弹性体Ⅰ)。

通过改变反应物物质的量配比的方法调节软、硬链段比例。当聚环氧丙烷聚醚：MDI：1,4-丁二醇(物质的量比)为 1：2：1 时,制备得到弹性体Ⅱ;当其为 1：4：3 时,制备得到弹性体Ⅲ。

弹性体Ⅰ,Ⅱ,Ⅲ分别在不同温度下用小型二辊机炼胶出片,然后在平板硫化压模机压成 1.5 mm 厚的薄片,在干燥器内放置一周后切成哑铃形试条,对其力学性能进行测试。

参照第五章羟值的测定方法对聚醚和所合成的聚酯的羟值进行测定。

【数据记录和处理】

(1)计算溶液法制得的聚氨酯弹性体的产率。

(2)在本体法中,采用万能材料试验机分别测定哑铃形试条的应力-应变曲线,用橡胶硬度计测其硬度,所得数据填入表 29-1。

表 29-1　　　　　　　　　　　　　　　实验数据表

编号	物质的量比	硬段含量	硬度	断裂硬度/MPa	断裂伸长率/%
弹性体Ⅰ	1：3：2				
弹性体Ⅱ	1：2：1				
弹性体Ⅲ	1：4：3				

(3)计算聚酯或聚醚的羟值。

【思考题】

(1)为什么热塑性聚氨酯弹性体具有优异的性能?

(2)聚酯型聚氨酯弹性体与聚醚型聚氨酯弹性体的产品外观和特性有何区别?

实验三十　硬质聚氨酯泡沫塑料的制备

【实验目的】

(1)了解泡沫塑料发泡的原理。

(2)掌握聚氨酯泡沫塑料的制备方法。

【实验原理】

聚氨酯泡沫塑料是具有结构稳定的多孔结构,热容量小,导热系数低,在建材、保温、包装等方面具有广泛的应用。

聚氨酯泡沫塑料的制备与热塑性聚氨酯弹性体的合成相似,所不同的是聚氨酯预聚体在少量水存在下,加入催化剂(一般为叔胺类)后会发泡生成的一种多孔型材料,其反应式如下:

预聚体的生成:

n OCN—R'—NCO + nHO—R—OH ⟶ HOR[OCONH—R'—NHOCOR—O]$_n$CONHR'NCO

气泡的形成与扩链:

$$\text{wwwN=C=O} + H_2O \longrightarrow \text{wwwNHCOOH} \longrightarrow \text{wwwNH}_2 + CO_2\uparrow$$

$$\text{wwwNH}_2 + \text{wwwN=C=O} \longrightarrow \text{wwwNHCONHwww}$$

交联固化：

$$
\begin{array}{l}
\text{NH} \\
\text{CO} \\
\text{NH}
\end{array}
+ OCN-R'-NCO +
\begin{array}{l}
\text{NH} \\
\text{CO} \\
\text{NH}
\end{array}
+ OCN-R'-NCO \longrightarrow
\begin{array}{l}
\text{NH} \\
\text{CO} \\
\text{N-CONH-R'-NHCO-N}
\end{array}
\begin{array}{l}
\text{N-CONH-R'-NCO} \\
\text{CO} \\
\text{P}
\end{array}
$$

聚氨酯泡沫塑料的软硬程度取决于所用的羟基聚醚或聚酯,使用短链或支链的多羟基聚醚或聚酯,所得产物的交联密度高,为硬质泡沫塑料;若使用线型长链低羟值的聚醚或聚酯,所得产物的交联密度低,为软质泡沫塑料。

【主要仪器与试剂】

恒温控制加热搅拌器装置,250 mL 四口瓶,回流冷凝管,量程为 200 ℃ 的温度计,真空度 2.67 kPa 以上的真空系统等。

己二酸、乙二醇(或一缩二乙二醇)、丙三醇(甘油)、三乙烯二胺、甲苯二异氰酸酯。

【实验步骤】

本实验要求首先合成出适于发泡用的聚酯,从而制备软质聚氨酯泡沫塑料。整个实验包括常压缩聚合成聚酯、减压蒸馏、泡沫塑料的制备和聚酯的酸值(或羟值)的测定。

(1)常压缩聚合成聚酯

在装有搅拌器、进氮气管、温度计、回流冷凝管的 250 mL 四口瓶中,加入 0.3 g 己二酸、0.15 g 乙二醇、0.15 g 丙三醇后,通冷却水,加热搅拌。打开氮气开关,使氮气气流缓慢通入反应器内(从洗气瓶气泡可以看出)。使反应温度逐渐上升,记录开始蒸出水的时间和温度(约 170～180 ℃),在此温度下保持 1.5～2 h,使大部分水蒸出。

(2)减压蒸馏

将常压缩聚的反应体系用真空泵缓慢抽真空至真空度小于 2.67 kPa,记下低分子物流出的时间和温度(约 180～190 ℃),维持约 2 h(测酸值小于 50)停止反应。待温度降至 100 ℃ 时,缓慢充氮气解除真空后,将物料倒入已知质量且干燥的 250 mL 烧杯中,计算产率。

(3)泡沫塑料的制备

在已知质量的多羟基聚酯中,加入其质量 2.5% 的蒸馏水,0.4%～0.5% 的三乙烯二胺(精确称量),搅拌后再加 35% 的甲苯二异氰酸酯,立刻快速搅匀,5 min 左右可见微泡出现,将起泡的物料迅速倒入事先备好的纸匣中(纸匣内侧底部有衬里,便于脱模),1 min 后泡沫不见上长,可送入 90 ℃ 烘箱中熟化 20～30 min,取出泡沫塑料。

参照第五章羟值和酸值的测定方法,对所合成的聚酯的羟值和酸值分别进行测定。

【数据记录和处理】

(1)将实验数据和现象记录在表 30-1 中。

表 30-1　　　　　　　　　　　　　实验记录表

时刻	温度/℃	压力/kPa	酸值(或羟值)	现象

(2)计算聚酯产率,观察泡沫塑料的颜色、孔径等外观特征。

【思考题】

(1)泡沫塑料的密度与什么因素有关?若生产中使用过量的水,对泡沫塑料有何影响?

(2)醇酸缩聚的特点是什么?实验过程中是如何体现的?

实验三十一　癸二酰氯与己二胺的界面缩聚

【实验目的】

(1)深入了解逐步聚合机理及界面缩聚机理。

(2)掌握采用界面缩聚方法制备聚癸二酰己二胺的方法。

【实验原理】

很多缩聚反应中所使用的单体因其官能团都不是特别活泼,所以聚合速率慢,需要高温;或者反应是可逆反应,需要除去小分子副产物来促使反应完全。如果使用带活泼官能团的单体,则反应速率快,在室温下就可以进行聚合物的制备。低温缩聚中典型的工艺有溶液缩聚和界面缩聚,而界面缩聚又是相转移聚合中典型的实施方法。界面缩聚是将两种单体分别溶于两种不互溶的溶剂中,再将这两种溶液倒在一起,在两液相的界面上进行缩聚反应,聚合产物不溶于溶剂,在界面析出。

由于反应只在界面上进行,所以它在机理上不同于一般的逐步聚合反应,某些特征有点类似于连锁聚合,其主要特点是:(1)界面缩聚是一种不平衡缩聚反应,小分子副产物可被溶剂中某一物质所消耗吸收;(2)由于反应温度低而要求单体的反应活性高,反应速率常数高达 $10^4 \sim 10^5$ mol/(L·s);(3)聚合速率比单体的扩散速率快,活性高的单体来不及扩散穿过处于界面上的聚合物膜生成新的增长链,就和聚合物分子链端的官能团发生反应,因此该反应一般是受扩散控制的反应;(4)两种单体无须以严格的当量比投料,它们在从两相扩散到界面时会自动形成等当量关系;(5)高分子量聚合物的生成与总转化率无关;(6)反应温度低,可避免因高温而导致的副反应,有利于高熔点耐热聚合物的合成。

界面缩聚主要分为不搅拌的界面缩聚、搅拌的界面缩聚及可溶的界面缩聚,其中只有搅拌的界面缩聚已应用于工业化生产。本实验利用不搅拌的界面缩聚来合成聚癸二酰己二

胺,反应式如下所示:

$$n \, ClOC-(CH_2)_8-COCl + n \, H_2N-(CH_2)_6-NH_2 \longrightarrow$$
$$Cl[OC-(CH_2)_8-COHN-(CH_2)_6-NH]_nH+(2n-1)HCl$$

因此在实验中可以直观地反映界面缩聚的原理和特点,可以通过多次观察界面的形成和聚合的发生掌握界面缩聚的方法和影响因素。

【原料和实验装置】

原料:癸二酰氯、己二胺、四氯化碳、氢氧化钠等。

实验装置示意图如图 31-1 所示。

【实验步骤】

在干燥的 250 mL 烧杯中加入 60 mL 无水四氯化碳,将 2 mL 新蒸馏的癸二酰氯加入并搅拌混合均匀。取一 100 mL 烧杯,加入 30 mL 水及 3 g 己二胺和 1.5 g 氢氧化钠,混合均匀配成水相。将水溶液小心地加到癸二酰氯溶液上面,马上就可以观察到聚合物膜在界面生成。用镊子将膜小心提起,并缠绕在一玻璃棒上,转动玻璃棒将聚合物膜连续卷绕在玻璃棒上。

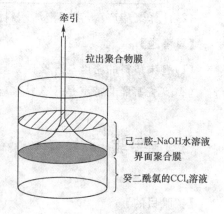

图 31-1　实验装置示意图

所得的聚合物分别在 50% 乙醇水溶液及去离子水中洗涤,压干剪碎,干燥,称量。

【实验结果】

计算产率。

【思考题】

为什么要在水相中加入氢氧化钠? 若不加对反应会有什么影响?

实验三十二　聚苯醚的制备

【实验目的】

(1)了解氧化聚合机理。

(2)掌握聚苯醚的制备方法。

【实验原理】

聚苯醚(PPO)的耐热性、耐水解和机械强度都比聚碳酸酯、聚砜等工程塑料好,其优异特点是尺寸稳定性好,可在 170 ℃ 下长期使用,广泛用于电子、汽车、办公自动化、医疗设备、纺织机械、航天航空等方面。为了降低成本、改善加工性能,常与聚苯乙烯或抗冲聚苯乙烯等共混使用。

聚苯醚由 2,6-二甲基苯酚在亚铜-三级胺类催化剂作用下经氧化偶合反应合成,该聚合

反应虽系自由基过程,但属逐步聚合机理,其聚合机理大致可以描述如下:

即

单体或低聚体的酚羟基被 Cu^{2+} 氧化成自由基,再通过自由基偶合使聚合度增大,氧气在体系中起着将 Cu^{+} 氧化为 Cu^{2+} 的作用。

聚苯醚的性质随着苯环上取代基的不同而有所差异。

聚苯醚的 T_g、T_m 随苯环取代基的变化见表 32-1。

表 32-1　　　　　　　聚苯醚的 T_g、T_m 随苯环取代基的变化

聚合物	$T_g/$ ℃	$T_m/$ ℃	聚合物	$T_g/$ ℃	$T_m/$ ℃
a	208	260	c	235	480
b	180	—	d	95	295

聚苯醚的合成也可采用水介质氧化聚合得到,以水作为 2,6-二甲基苯酚氧化聚合的反应介质,解决了有机溶剂的污染问题,但由于生成的 PPO 不溶于水,属非均相聚合,所得

PPO 的分子量相对较低。

【原料及实验装置】

原料:2,6-二甲基苯酚、溴化亚铜、二正丁基胺、氧气、甲苯、甲醇、乙酸。

实验装置示意图如图 32-1 所示。

【实验步骤】

向 250 mL 三口烧瓶中加入 90 mL 甲苯和 7.5 mL 二正丁基胺,搅拌均匀后再加入300 mg溴化亚铜和 6 mL 甲醇。通入氧气,3 min后在通氧气和充分搅拌下 40 min 内向此绿色催化剂溶液中滴入 18.3 g(0.15 mol)溶于 60 mL 甲苯中的 2,6-二甲基苯酚。体系温度因反应放热而升高,继续反应 75 min 后,加入 2 mL 乙酸使聚合终止。将聚苯醚用甲醇沉淀出来,过滤、洗涤、干燥,再将粗产品溶解于氯仿中,过滤、甲醇沉淀、洗涤、干燥、称重。

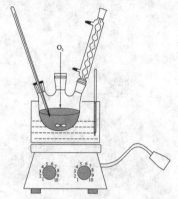

图 32-1　实验装置示意图

【数据记录和处理】

(1)将实验过程中的相关数据和现象记入表 32-2。

表 32-2　　　　　　　　　实验记录表

反应时间/h	温度/ ℃	现象	备注

(2)计算产率。

【思考题】

本实验中有哪些副反应?其副产物是什么?

实验三十三　聚砜的制备

【实验目的】

(1)了解聚砜的缩聚反应机理。

(2)掌握缩聚反应制备聚砜的方法。

【实验原理】

聚砜类塑料是分子主链含有砜基和芳环的聚合物,聚砜类塑料主要有聚砜(双酚 A 型聚砜)、聚醚砜和聚芳砜三类,聚砜是美国 UCC 公司于 1965 年首先开发的,它是由双酚 A 与 4,4′-二氯二苯砜经缩聚反应制得。聚砜为无定形聚合物,色泽透明,微带琥珀色,尺寸稳定性好,能在 150 ℃下长期使用,其耐热性和机械性能均比聚碳酸酯好,耐热水性良好,在 100 ℃水中长期使用时,性能及色泽不变,并具有良好的抗氧化性能及优异的电性能,广泛用于食品工业、电子电器、机械工业及医疗器械等领域。

聚砜是由双酚 A 的钠盐或钾盐与 4,4'-二氯二苯砜经不可逆的亲核取代反应,在 N,N-二甲基乙酰胺或二甲基亚砜等非质子极性溶剂中于较高的温度(150~160 ℃)下合成,亲核取代反应按 S_N2 机理进行。

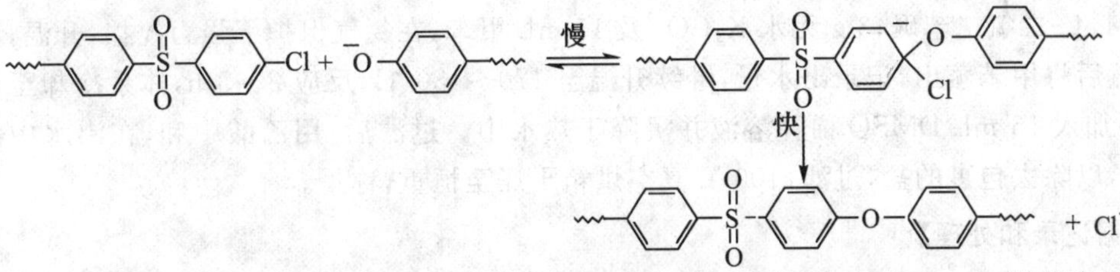

由于酚羟基的亲核性低,所以应以双酚 A 的钠(钾)盐代替双酚 A。一般芳卤对这类亲核取代反应并不活泼,但吸电子的砜基使苯环上的卤活化,有利于亲核试剂的进攻。双卤的活性:双氟取代＞双氯取代＞双溴取代＞双碘取代,由于双氟取代砜成本较高,通常用双氯取代砜来制备聚砜。

聚砜的缩聚工艺可以分为一步法和两步法。一步法为双酚 A 与 4,4'-二氯二苯砜,以碳酸钠或碳酸钾为成盐剂,以甲苯、氯苯、二甲苯等为带水剂,经一步缩聚反应制得。反应式如下:

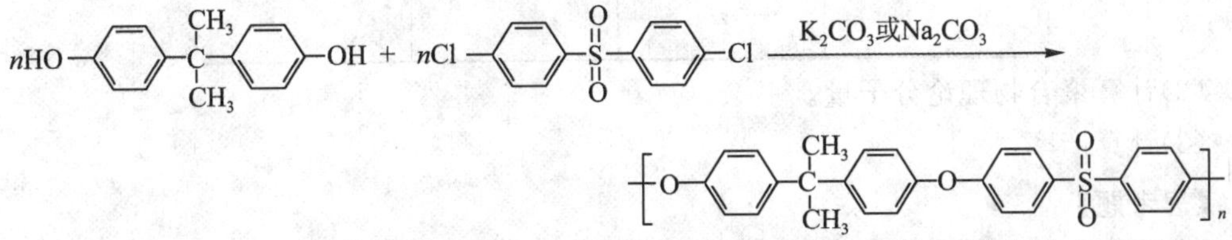

两步法为双酚 A 与氢氧化钠或氢氧化钾反应,经减压脱水或带水剂共沸成盐制备双酚 A 的钠盐或钾盐,然后再加入 4,4'-二氯二苯砜经缩聚反应制得。反应式如下:

成盐过程:

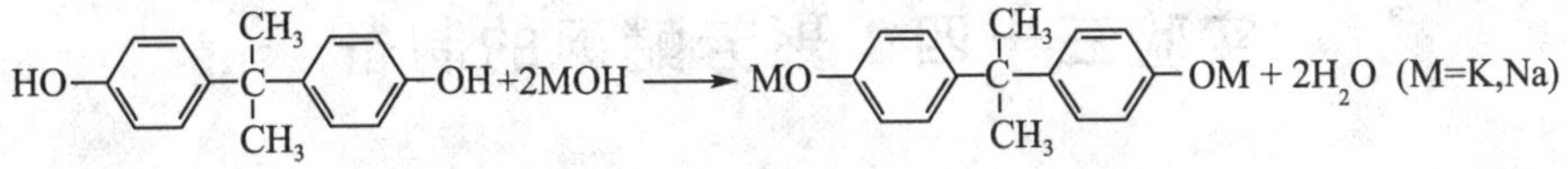

缩聚过程:

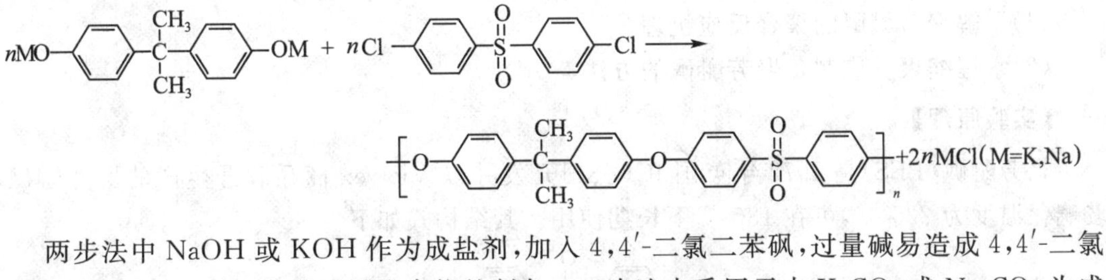

两步法中 NaOH 或 KOH 作为成盐剂,加入 4,4'-二氯二苯砜,过量碱易造成 4,4'-二氯二苯砜的水解,不利于高分子量聚合物的制备。一步法中采用无水 K_2CO_3 或 Na_2CO_3 为成盐剂,且 K_2CO_3 过量不会影响聚砜的特性黏度,并能加快反应速度。

【原料及实验装置】

(1)原料:4,4'-二氯二苯砜、双酚 A、二甲基亚砜(DMSO)、甲苯、无水碳酸钾、氮气。

(2)实验装置示意图如图 27-1 所示。

【实验步骤】

100 mL 三口烧瓶经氮气吹扫后,加入 30 mL DMSO,准确称量的 4.566 g 双酚 A 和 5.628 g 4,4'-二氯二苯砜,3 g 无水 K_2CO_3 及 15 mL 甲苯,在氮气保护下强力搅拌,升温,回流 1 h,然后将甲苯蒸出,记录出水量,继续升温至 170~180 ℃,反应 3~5 h,体系冷却至约 100 ℃后加入 15 mL DMSO 稀释溶液并沉降于热水中。过滤后,用乙酸中和,在沸水中处理 0.5 h,以除去包裹的盐,过滤,100 ℃真空烘箱干燥至恒重,称量。

【数据记录和处理】

(1)认真观察并记录实验现象和相关数据,见表 33-1。

表 33-1　　　　　　　　实验记录表

反应时间/h	温度/℃	现象	备注

(2)计算聚合物理论分子量。
(3)计算产率。

【思考题】

(1)为什么双卤取代砜活性依氟、氯、溴、碘下降?
(2)为什么 K_2CO_3 过量不会影响聚砜的分子量?

实验三十四　聚芳醚砜的制备

【实验目的】

(1)了解聚芳醚砜的聚合反应机理。
(2)掌握缩聚反应制备聚芳醚砜的方法。

【实验原理】

聚芳醚砜(PES)是 1972 年英国 ICI 公司开发并以 Victrex 商品牌号生产的聚芳醚砜,玻璃化温度为 225 ℃,可在 180 ℃下长期使用。其结构式如下:

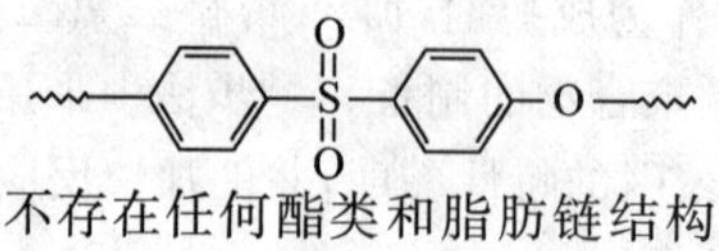

由于聚芳醚砜分子结构中不存在任何酯类和脂肪链结构,聚芳醚砜具有出色的热性能和氧化稳定性。分子链中醚键含量的增加和规整的线型结构赋予聚芳醚砜较好的加工性能。聚芳醚砜尺寸稳定性好,电绝缘性能优良,且具有阻燃性,广泛应用于电子电气、机械、

汽车、医疗、食品、航天航空等领域。

聚芳醚砜的合成可以分为脱盐法和脱氯化氢法两种。

脱盐法是以环丁砜为溶剂，二甲苯为带水剂，无水碳酸钾为催化剂，双酚 S 与 4,4′-二氯二苯砜经过高温溶液缩聚制备聚芳醚砜。

$$nHO\!-\!\!\bigcirc\!\!-\!\!\overset{O}{\underset{O}{S}}\!\!-\!\!\bigcirc\!\!-\!\!OH + nCl\!-\!\!\bigcirc\!\!-\!\!\overset{O}{\underset{O}{S}}\!\!-\!\!\bigcirc\!\!-\!\!Cl \xrightarrow[\text{K}_2\text{CO}_3]{\text{环丁砜}}$$

$$\left[\!-\!O\!-\!\!\bigcirc\!\!-\!\!\overset{O}{\underset{O}{S}}\!\!-\!\!\bigcirc\!\!-\!\!O\!-\!\!\bigcirc\!\!-\!\!\overset{O}{\underset{O}{S}}\!\!-\!\!\bigcirc\!\!-\!\right]_n$$

脱氯化氢法是以硝基苯为溶剂，无水三氯化铁为催化剂，4,4′-二磺酰氯二苯醚与二苯醚进行 Friedel-Crafts 反应制备聚芳醚砜，反应式如下：

$$nClO_2S\!-\!\!\bigcirc\!\!-\!\!O\!-\!\!\bigcirc\!\!-\!\!SO_2Cl + n\bigcirc\!\!-\!\!O\!-\!\!\bigcirc \xrightarrow[\text{硝基苯}]{\text{FeCl}_3} \left[\!-\!\!\bigcirc\!\!-\!\!O\!-\!\!\bigcirc\!\!-\!\!SO_2\!-\!\right]_{2n} + 2nHCl$$

或者 4-单磺酰氯二苯醚在无水三氯化铁的催化作用下进行自缩聚制备聚芳醚砜，反应式如下：

$$nClO_2S\!-\!\!\bigcirc\!\!-\!\!O\!-\!\!\bigcirc \xrightarrow[\text{硝基苯}]{\text{FeCl}_3} \left[\!-\!\!\bigcirc\!\!-\!\!SO_2\!-\!\!\bigcirc\!\!-\!\!O\!-\!\right]_n + nHCl$$

脱氯化氢法具有单体制备较简单、反应较平稳、成本低、工序少等优点，但是由于 Friedel-Crafts 反应可使苯环在对位、邻位和间位上的氢有被取代的可能性，因此反应产物的支化程度较高，加工性差，且对设备腐蚀较严重，所以工业上一般多采用脱盐法制备聚芳醚砜。

【原料及实验装置】

原料：4,4′-二氯二苯砜、双酚 S、环丁砜、二甲苯、无水碳酸钾、氮气。

实验装置示意图如图 34-1 所示。

【实验步骤】

100 mL 三口烧瓶经氮气吹扫后，加入 20 mL 环丁砜，准确称量 5.005 g 双酚 S 和 5.743 g 4,4′-二氯二苯砜、3 g 无水 K_2CO_3 及 15 mL 二甲苯，在氮气保护下强力搅拌，升温至回流，直到再无水分出后，记录出水量，继续将二甲苯蒸出，升温至 200 ℃，反应 5～10 h，体系冷却至约 100 ℃后加入 10～15 mL 环丁砜稀释溶液并沉降于热水中，过滤后，在沸水中处理 0.5 h，以除去包裹的盐，过滤，100 ℃真空烘箱干燥至恒重，称量。

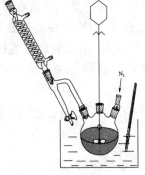

图 34-1　实验装置示意图

【实验结果】

(1)计算理论出水量。

(2)计算产率。

实验三十五　聚酰亚胺的制备

【实验目的】

掌握两步法制备聚酰亚胺的方法。

【实验原理】

聚酰亚胺(PI)是一类由芳香族或脂肪环族四酸二酐和二元胺经缩聚得到的化合物,根据其结构和制备方法不同可分成两大类:(1)主链中含有脂肪链的聚酰亚胺;(2)主链中含有芳香族的聚酰亚胺。聚酰亚胺是一类耐高温、耐溶剂、耐化学品的高强度、高性能的高分子材料,应用领域特别广泛,主要用于电绝缘薄膜、绝缘涂料、先进复合材料的基体树脂、气体分离膜、液晶取向剂及微电子技术用光刻胶等。

聚酰亚胺的制备方法可以分为一步法和两步法两种。一步法是单体在高沸点溶剂中直接经溶液缩聚制备聚酰亚胺的方法,所用溶剂通常是酚类,如甲酚、对氯苯酚等,也可使用多卤代苯,如邻二氯苯和1,2,4-三氯苯等,该方法主要应用于可溶解性聚酰亚胺的制备;两步法是先在极性溶剂(如二甲基甲酰胺、二甲基乙酰胺、二甲基亚砜、N-甲基吡咯烷酮等)中经溶液缩聚制得聚酰胺酸,然后经高温脱水酰亚胺化制得聚酰亚胺。聚酰胺酸也可以用化学脱水剂,一般用乙酐作为脱水剂,叔胺类如吡啶、三乙胺等为催化剂,在室温下酰亚胺化而制得聚酰亚胺。

以均苯四甲酸酐和对苯二胺缩聚成的聚酰亚胺,是典型的耐高温聚合物,具有优良的耐油和耐有机溶剂性,但是不耐碱,能耐一般的酸,在浓硫酸和发烟硫酸等强氧化剂作用下,会发生氧化分解,可用于航空发动机部件、印刷电路板、高速高载荷承接件、电线电缆等材料。由于此聚酰亚胺最终产品不熔不溶,分子量很低时就从反应介质中析出,因此不能用一步法制得高分子量的聚酰亚胺。均苯四甲酸酐型聚酰亚胺一般分两步合成:第一步先将二酐和二胺在 N,N-二甲基甲酰胺、N,N-二甲基乙酰胺、二甲基亚砜等强极性溶剂中于较低温度(<70 ℃)下先制成可溶性的高分子量聚酰胺酸;第二步将这种可溶的中间产物加热至200 ℃以上,再在固态下成环固化成型(如膜、纤维、涂层、层压材料等),反应如下:

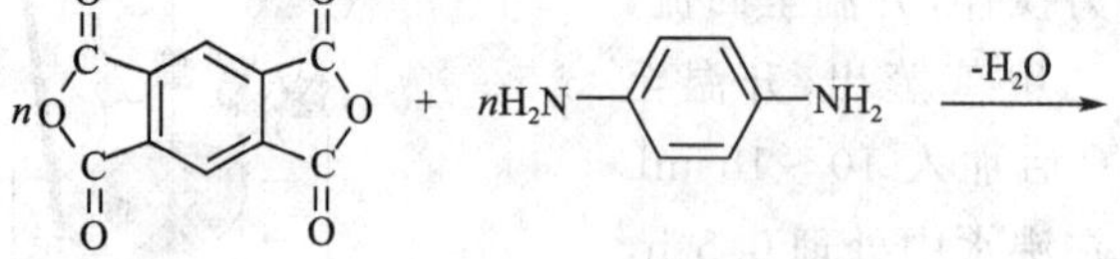

均苯四甲酸二酐　　　对苯二胺 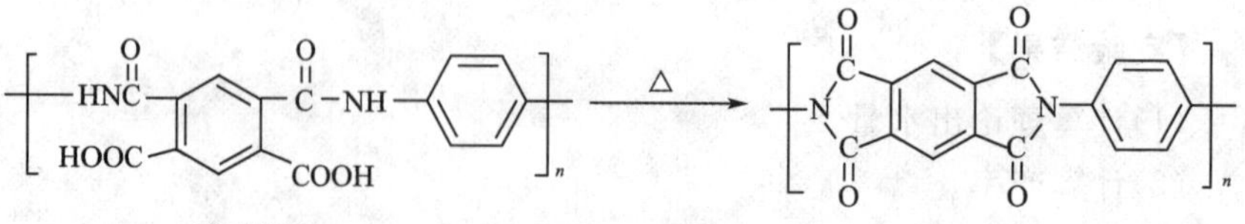　　　聚酰胺酸　　　聚酰亚胺

聚酰胺酸的合成依赖于单体的纯度、配比、反应温度、溶剂的含水量、加料方式等条件。只有当两种单体严格地按等物质的量比反应时,才能达到最大分子量;反应温度越低,反应

进行得越慢,最终聚合物的黏度较高;相反,反应温度较高,则反应速度加快,聚合物黏度下降,溶剂中的水分会促使聚酰胺酸水解成二元酸而导致链的断裂,同时使均苯四甲酸酐水解为酸,失去了与二胺反应的能力,破坏了官能团的等物质的量比,因而得不到高黏度的聚合物;单体的加料顺序对聚酰胺酸溶液的黏度也有很大的影响,只有将二酐分批加入到二胺溶液中,才能制得最大黏度的聚合物;颠倒加料顺序把二胺加到二酐溶液中,得到的聚合物黏度很低,因此可以根据产品的不同要求,采用不同的加料方式。

【原料及实验装置】

原料:均苯四甲酸二酐、对苯二胺、N,N-二甲基甲酰胺。

实验装置示意图如图 35-1 所示。

【实验步骤】

在 500 mL 三口烧瓶中加入 10.814 g(0.10 mol)对苯二胺和 250 mL 干燥的 N,N-二甲基甲酰胺,在氮气保护和激烈的搅拌下,加入粉状的 21.810 g(0.10 mol)均苯四甲酸二酐(分三批加入,每隔 30 min 加一次)在 20 ℃下反应 6 h,得到黏稠的聚酰胺酸溶液。

在通风条件下,将溶液倒在水平放置的两块平板玻璃上,待溶剂挥发后,其中一块在真空条件下干燥后,取出薄膜;另一块在真空条件下干燥后,再逐步升温到 200～300 ℃,进行热处理 6 h,取下薄膜,用万能测试机分别测定抗张强度及伸长率。

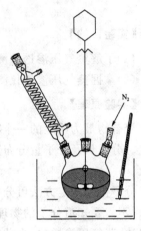

图 35-1　实验装置示意图

【实验结果】

(1)测定两种薄膜抗张强度及断裂伸长率。

(2)比较两种薄膜的性能。

第三章　高分子物理实验

实验三十六　蒸气压渗透法测定聚合物分子量

【实验目的】

(1)了解蒸气压渗透法测定聚合物分子量的原理。

(2)掌握蒸气压渗透仪测定数均分子量$\overline{M}_n$的方法。

【实验原理】

聚合物最为明显的一个特征是分子量大,一般比小分子化合物的分子量大 2 到 5 个数量级。分子量及分子量分布是聚合物最基本的结构参数之一,在理论与实践方面具有重要意义。

分子量的测定方法可分为绝对法、当量法和相对法。绝对法测得的数据可直接计算分子量,不需要知道分子的物理状态和化学结构。绝对法包括膜渗透压法、沸点升高法、冰点下降法、蒸气压渗透法、光散射法和沉降平衡法等。当量法是相对古老的方法,属于化学分析的方法,如端基分析法,常常需要知道分子的化学结构才能测定分子量。相对法是测定与高分子化学和物理结构有关的性质,如高分子稀溶液的黏度,其与高分子的组成和构型有关,也受高分子在溶液中的形态、高分子和溶剂的相互作用的影响。因此,相对法一般需要采用绝对法进行校正。

分子量测定方法的选择首先要考虑测量目的。例如,在聚合物的制备和动力学研究中,生成的分子的数目无疑是重要的信息,所以选择能够获得数均分子量$\overline{M}_n$的分子量测定方法。其次,要考虑各种方法的适用范围。

蒸气压渗透法(Vapor pressure osmometry, VPO),又称气相渗透压法,是 20 世纪 60 年代发展成熟的测定数均分子量的方法,具有样品用量少(几毫克),速度快,可连续测试,测定温度范围大,实验数据可靠性较高等优点。在一恒温、密闭的容器中充有一挥发性溶剂的饱和蒸汽,在其中放一滴不挥发性溶质的溶液和一滴纯溶剂,则依据拉乌尔定律,溶剂在溶液中的饱和蒸汽压低于纯溶剂的饱和蒸汽压,溶剂分子就会自饱和蒸汽相凝聚到溶液滴的表面上,从而放出凝聚热,使溶液滴的温度升高。达到平衡时,溶剂分子的挥发速率与凝聚速率形成动态平衡,溶液滴的温度不再变化,这时溶液滴与溶剂滴之间的温差 ΔT 和溶液中溶质摩尔分数 x_2 成正比,即

$$\Delta T = A x_2 \tag{1}$$

式中,A 为常数。

对于稀溶液,有

$$x_2 = \frac{n_2}{n_1 + n_2} \approx \frac{n_2}{n_1} = \frac{W_2 M_1}{W_1 M_2} = c\frac{M_1}{M_2} \tag{2}$$

式中，M_1 和 M_2 分别为溶剂和溶质的分子量；W_1 和 W_2 分别为溶剂和溶质的质量；c 为溶液的质量浓度；$c = W_2/W_1$，g/kg。所以

$$\Delta T = Ac\frac{M_1}{M_2} = \frac{A'c}{M_2} \tag{3}$$

式（3）是 VPO 法测量分子量的基础公式。VPO 仪器的核心部分是蒸气压测量室（图 36-1），将两个匹配很好的热敏电阻 R_1 和 R_2 安装在密闭容器中，构成直流惠斯通电桥的两个相邻的桥臂，另外两个桥臂由已知的固定电阻组成。

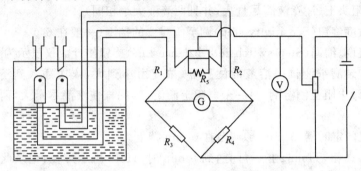

图 36-1　气相渗透仪示意图

当各置一滴溶剂于两个热敏电阻上时，两个热敏电阻的温度应相同，电桥处于平衡状态。如果在其中一个热敏电阻上改加一滴一定浓度的溶液，则由于溶剂的蒸气压差造成两个液滴之间出现温差，使得热敏电阻的阻值发生变化，导致电桥不平衡，输出的信号 ΔG 与温差成正比。由式（3）可得

$$\Delta G = K\frac{c}{M_2} \tag{4}$$

$$\frac{\Delta G}{c} = \frac{K}{M_2} \tag{5}$$

式中，K 为仪器常数，其值与桥电压、溶剂种类、测试温度等因素有关，而与溶质的种类、分子量大小等无关，故可用标准样品标定。

对于聚合物溶液，由于熵变 ΔS 不是理想值，只有在极稀的情况下，聚合物溶液才可近似为理想溶液，符合拉乌尔定律。因此，必须测定几个不同浓度的 ΔG 值，然后由 $\frac{\Delta G}{c}$ 对浓度 c 作图，外推到 $c \to 0$ 可得直线的截距 $\left(\frac{\Delta G}{c}\right)_{c \to 0}$，由截距计算溶质（聚合物）的数均分子量 $\overline{M}_n$，即

$$\overline{M}_n = \frac{K}{(\Delta G/c)_{c \to 0}} \tag{6}$$

【主要仪器和试剂】

气相渗透仪（KNUER-11.00）、容量瓶、移液管、PS 样品、溶剂（甲苯）等。

【实验步骤】

(1)用分析天平称量待测样品,配制 4 种不同浓度的溶液,浓度在 0.01~0.1 g/kg。

(2)打开稳压器电源、VPO 仪器电源、计数仪电源。

(3)参照 VPO 仪上温度对照表,将电位器转至所需温度,恒温室加热指示灯亮,恒温加热 2 h。

(4)按下电桥输入电压显示钮"‰"(Bridge voltage),调 0~100‰ 钮,使输出显示为 100 mV。

(5)取两支充满溶剂的注射器,分别插入蒸气压测量室上面的溶剂孔中,预热 5 min,然后滴于热敏电阻头上(注意液滴尽量大,并且两滴液大小相同)。

(6)将灵敏度旋钮(Sensitivity step)调至所需要的挡上(一般在 64)。

(7)旋转粗调、细调(Step switch zero balance fine)旋钮使计数仪显示为 00.0。

(8)取四支装满欲测试样溶液的注射器,浓度由小到大,依次插入到溶液孔中预热 5 min,在一个热敏电阻上滴溶剂,另一个电阻上滴溶液(同样使液滴尽量大,两个液滴大小相同)。

(9)计数仪的定时器(Minutes)调节在 5 min 挡上。

(10)按 Start 钮,Timing 指示灯亮,到 5 min 时,Hold 指示灯亮,记录此时所显示的电压值。

(11)在溶液电阻上依次测量不同浓度的电压值,每次换溶液时(测定顺序,浓度从低到高),需要用待测溶液润洗 3~4 次,然后再滴加待测溶液。

(12)测试完毕,将两个热敏电阻用溶剂洗净,使计数仪显示到 0 指示。

(13)按开机相反顺序关机。

【数据记录和处理】

作 $\frac{\Delta G}{c}$-c 图,外推至 $c \to 0$,得到截距 $\left(\frac{\Delta G}{c}\right)_{c\to0}$,据查得的仪器常数 K(预先用标准样品标定),由式(6)计算出待测聚合物的数均分子量。

【思考题】

(1)改变测量平衡时间(如 10 min,15 min)是否影响 $\overline{M}_n$ 的测量值?

(2)VPO 测量的分子量为何是数均分子量?

实验三十七   冰点下降法测定聚合物分子量

【实验目的】

(1)了解冰点下降法测定聚合物分子量的原理。

(2)掌握冰点下降仪测定数均分子量 $\overline{M}_n$ 的方法。

【实验原理】

冰点下降法是经典的物理化学方法。由于溶液中溶剂的蒸气压低于纯溶剂的蒸气压，所以溶液的沸点高于纯溶剂的沸点，溶液的冰点则低于纯溶剂的冰点(图 37-1)。

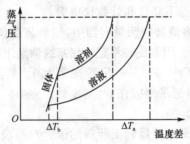

图 37-1 溶液的沸点升高与冰点降低

依据热力学原理，溶液的冰点降低值 ΔT_f 正比于溶液的浓度 c，而与溶质的分子量 M 成反比，即

$$\Delta T_f = K_f \frac{c}{M} \tag{1}$$

式中，M 为溶质的分子量；c 为溶液的浓度(g/kg 溶剂)；K_f 为溶剂的冰点降低常数。有如下热力学关系式

$$K_f = \frac{RT_f^2}{1\,000\Delta H_f} \tag{2}$$

式中，T_f 和 ΔH_f 分别为溶剂的冰点和熔融热。

高分子溶液的热力学性质与理想溶液的偏差很大，只有在无限稀释的情况下才符合理想溶液的规律。因此，必须测定不同浓度下的 ΔT_f，然后以 $\Delta T_f/c$ 对 c 作图并外推，由 $c \rightarrow 0$ 时的截距计算分子量，即

$$\left(\frac{\Delta T_f}{c}\right)_{c\rightarrow 0} = \frac{K}{M} \tag{3}$$

由于聚合物是不同分子量的同系高分子所组成的混合物，溶液为分散体系，那么

$$(\Delta T_f)_{c\rightarrow 0} = K_i \sum \frac{c_i}{M_i} = Kc \frac{\sum c_i/M_i}{\sum c_i} = Kc \frac{\sum n_i}{\sum n_i M_i} = K \frac{c}{\overline{M}_n} \tag{4}$$

因此，冰点下降法测得的分子量是数均分子量 $\overline{M}_n$。

冰点下降仪的测温元件是灵敏度极高的热敏电阻，可将温差以热电势 ΔE 的形式输出，ΔE 正比于冰点下降值 ΔT_f。故只要用已知分子量的标准样品标定仪器常数 K 之后，以试样的 $\frac{\Delta E}{c}$ 对 c 作图，外推 $c\rightarrow 0$，可得直线截距，即 $\left(\frac{\Delta E}{c}\right)_{c\rightarrow 0}$ 的值，即样品的数均分子量为

$$\overline{M}_n = \frac{K}{(\Delta T_f/c)_{c\rightarrow 0}} = \frac{K}{(\Delta E/c)_{c\rightarrow 0}} \tag{5}$$

【主要仪器和试剂】

冰点下降仪(KNAVER-24.00)、容量瓶、移液管、样品、溶剂(苯)等。

【实验步骤】

(1)在分析天平上称量待测样品的质量,配制 4 种不同浓度的稀溶液。

(2)将冷却水与冰点下降仪接通。

(3)依次打开稳压器、冰点下降仪和计数仪电源。

(4)将约 0.15 mL 待测溶液加到测量容器中,然后装到仪器上面热电阻的磨口接口上。

(5)灵敏度开关转至"0"处,用零旋转将记录仪基线调至 10 刻度处,纸速调至 10 mm/min。

(6)按下桥路电压钮,然后将 100%电位器旋至 100%处,记录笔应移至 110 刻度上,再将 100%电位器旋至 50%,则记录笔应在 60 刻度处。

(7)灵敏度钮旋至 64 挡。

(8)将温度粗调钮和 10 圈电位器调至所需的值。对溶液苯,调至 3453 处。

(9)将测量头插入容器中,样品开始降温,过冷至 50 mV,记录笔应在 60 刻度处,此时迅速将振动钮、灵敏度钮同时旋至 8 挡,样品凝固,读此时数值,随后温度上升,记录笔记录了这一过程(图 37-2),灵敏度钮再旋至 64 挡。

(10)测量结束后,用手融化样品,取出热敏电阻,用棉花棒清洗电阻和容器,擦干待用。

(11)关闭仪器电源,切断水源。

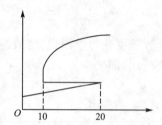

图 37-2　记录曲线示意图

【实验结果】

作 $\frac{\Delta E}{c}$-c 图,外推至 $c \to 0$,得到截距 $\left(\frac{\Delta E}{c}\right)_{c\to 0}$,据查得的仪器常数 K(预先用标准样品标定),按式(5)计算样品的数均分子量。

【思考题】

冰点下降法测定数均分子量的适用范围及对溶剂有何要求?

实验三十八　光散射法测定聚合物分子量

【实验目的】

(1)了解光散射法测定聚合物重均分子量的原理。

(2)掌握光散射法测定聚合物重均分子量的实验技术。

(3)采用 Zimm 双外推作图法处理实验数据,计算聚合物样品的重均分子量 $\overline{M}_w$、均方末端距 $\overline{h^2}$ 和第二维利系数 A_2。

【实验原理】

光散射法是一种测定聚合物分子量的绝对方法,它的测定下限为 5×10^3,上限可达 10^7。光散射一次测定可得到重均分子量、均方末端距、第二维利系数等多个数据,因此在高分子研究中占有重要地位,也是研究高分子电解质在溶液中形态的有力工具。

当一束光通过介质时,在入射方向以外的其他方向也能观察到光强的现象称为光散射现象。光波的电场振动频率很高,约为 10^{15} s^{-1} 数量级,而原子核的质量大,无法随着电场进行振动,这样被迫振动的电子就成为二次波源,向各个方向发射电磁波,形成散射光。因此,散射光是二次发射光波。介质的散射光强应是各个散射质点的散射光波振幅之和。采用光散射法研究聚合物的溶液性质,当溶液浓度比较稀,分子间距较大,一般情况下不会产生分子之间的散射光的外干涉现象。若从分子中某一部分发出的散射光与从同一分子的另一部分发出的散射光相互干涉,称为内干涉。一般地,溶质分子尺寸小于波长的1/20,不产生内干涉;溶质分子的尺寸与波长处于同一个数量级,则同一溶质分子内各散射质点所产生的散射光就会相互干涉,这种内干涉现象是研究大分子尺寸的基础。高分子链各链段所发射的散射光波有干涉作用,存在内干涉现象。依据光散射的涨落理论,光散射现象是由于分子热运动所造成的介质折光指数或介电常数的局部涨落引起的。将单位体积散射介质(介电常数为 ε)分成 N 个小体积元(质点),使其体积远远小于入射光在介质中波长的三次方,即

$$\Delta V = \frac{1}{N} \ll \lambda_0^3 \tag{1}$$

同时小体积元的体积仍足够大,包含足够多的分子数目,具有统计学意义。由于介质内折光指数或介电常数的局部涨落,介电常数应是 $\varepsilon + \Delta\varepsilon$。

如图 38-1 所示,假如各小体积元内的局部涨落互不相关,那么在距离散射质点 r,与入射光方向成 θ 角处的散射光强为

$$I(r,\theta) = \frac{\pi^2}{\lambda_0^4 r^2} \overline{\Delta\varepsilon^2} (\Delta V)^2 \cdot N \cdot I_i \left(\frac{1+\cos^2\theta}{2} \right) \tag{2}$$

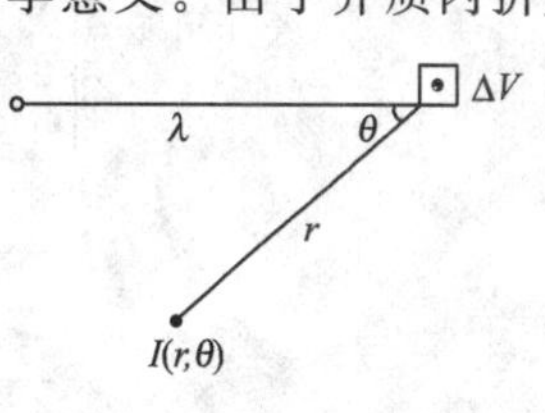

式中,λ_0 为入射光波长;I_i 为入射光的光强;$\overline{\Delta\varepsilon^2}$ 为介电常数增量的平方值;ΔV 为小体积元的体积;N 为小体积元的数目;θ 为散射角。

图 38-1　光的散射示意图

经过一系列推导(较为繁琐,从略),可得光散射计算的基本公式:

$$\frac{1+\cos^2\theta}{2\sin\theta} \cdot \frac{Kc}{R_\theta} = \frac{1}{M}\left(1 + \frac{8\pi^2}{9}\frac{\overline{h^2}}{\lambda^2}\sin^2\frac{\theta}{2} + L\right) + 2A_2c \tag{3}$$

式中,$K = \frac{4\pi^2}{N_A \lambda_0^4} n^2 \left(\frac{\partial n}{\partial c}\right)^2$。其中,$N_A$ 为阿伏伽德罗常数;n 为溶液的折光指数;c 为溶质浓度;R_θ 为瑞利系数,$R_\theta = r^2 \frac{I(r,\theta)}{I_i}$;$\theta$ 为散射角;λ 为入射光在溶液中的波长;$\overline{h^2}$ 为均方末端距;A_2 为第二维利系数。

具有多分散体系的聚合物溶液的光散射,在极限情况下(即 $\theta \to 0$ 及 $c \to 0$)可写成以下两种形式:

$$\left(\frac{1+\cos^2\theta}{2\sin\theta} \cdot \frac{Kc}{R_\theta}\right)_{\theta \to 0} = \frac{1}{\overline{M_w}} + 2A_2c \tag{4}$$

$$\left(\frac{1+\cos^2\theta}{2\sin\theta} \cdot \frac{Kc}{R_\theta}\right)_{c \to 0} = \frac{1}{\overline{M_w}}\left(1 + \frac{8\pi^2}{9\lambda^2}\overline{h^2}\sin^2\frac{\theta}{2}\right) \tag{5}$$

测定一系列不同浓度聚合物溶液在不同散射角时的瑞利系数 R_θ,以 $\left(\frac{1+\cos^2\theta}{2\sin\theta} \cdot \frac{Kc}{R_\theta}\right)$ 对 $\left(\sin^2\frac{\theta}{2} + kc\right)$ 作图。此处的 k 为任意常数,目的是使图形张开为清晰的格子,然后进行 $c \to 0$、$\theta \to 0$ 外推。具体步骤如下:将 θ 相同的点连线,向 $c \to 0$ 处外推,可得到 $\left(\frac{1+\cos^2\theta}{2\sin\theta} \cdot \frac{Kc}{R_\theta}\right)_{c \to 0}$,此时,点的横坐标是 $\sin^2\frac{\theta}{2}$,并不为零。因此,需将 $\left(\frac{1+\cos^2\theta}{2\sin\theta} \cdot \frac{Kc}{R_\theta}\right)_{c \to 0}$

的点连线，对 $\sin^2\frac{\theta}{2}\to 0$ 外推，将 c 相同的点连线，对 $\sin^2\frac{\theta}{2}\to 0$ 外推，求 $\left(\frac{1+\cos^2\theta}{2\sin\theta}\cdot\frac{Kc}{R_\theta}\right)_{c\to 0}$，此时，点的横坐标仍不为零，而是 qc 值。故需再以 $\left(\frac{1+\cos^2\theta}{2\sin\theta}\cdot\frac{Kc}{R_\theta}\right)_{c\to 0}$ 对 c 作图，外推至 $c\to 0$。以上两条外推线在纵轴应具有同一截距，其值为 $\frac{1}{\overline{M}_w}$，由此可求得聚合物的重均分子量。典型 Zimm 双重外推图如图 38-2 所示，前一条外推线的斜率为 $2A_2$，后一条外推线的斜率为 $\frac{8\pi^2}{9\lambda^2\overline{M}_w}\overline{h}^2$，据此可分别计算第二维利系数 A_2 和聚合物的均方末端距 $\overline{h}^2$。

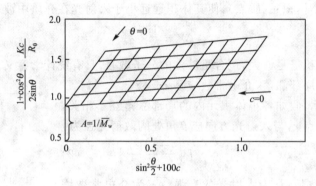

图 38-2　典型 Zimm 双重外推图

【主要仪器和试剂】

光散射仪、示差折光计、压滤器、容量瓶、移液管、烧结砂芯漏斗等。

光散射仪主要由 4 部分构成，如图 38-3 所示：①光源，一般用中压汞灯，$\lambda=435.8$ nm 或 $\lambda=546.1$ nm；②入射光的准直系统，使光束界线明确；③散射池，玻璃制品，用以盛高分子溶液，它的形状取决于在几个散射角测定散射的光强，有正方形、长方形、八角形、圆柱形等多种形状，半八角形池适用于不对称法的测定，圆柱形池可测散射光强的角分布；④散射光强的测量系统，因为散射光强只有入射光强的 10^{-4}，应用光电倍增管使散射光变成电流再经电流放大器，以微安表指示。各个散射角的散射光强可用转动光电管的位置进行测定，或者采用转动入射光束的方向进行测定。

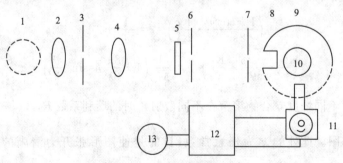

图 38-3　光散射仪示意图

1—汞灯；2—聚光灯；3—隙缝；4—准直镜；5—干涉滤光片；6～8—光闸；
9—散射池罩；10—散射池；11—光电倍增管；12—直流放大器；13—微安表

示差折光计示意图如图 38-4 所示。

图 38-4　示差折光计示意图

聚苯乙烯、苯等。

【实验步骤】

(1)待测溶液的配制及除尘处理

①溶剂苯经洗涤、干燥后蒸馏两次,用 100 mL 容量瓶在 25 ℃准确配制 1~1.5 g/L 的聚苯乙烯/苯溶液,浓度记为 c_0。

②溶液用 5# 砂芯漏斗经特定的压滤器加压过滤以除尘净化。

(2)折光指数和折光指数增量的测定

分别测定溶剂的折光指数 n 以及 5 个不同浓度待测聚合物溶液的折光指数增量。n 和 $\frac{\partial n}{\partial c}$ 分别用阿贝折光仪和示差折光仪测得。示差折光仪的位移值 Δd 对浓度 c 作图可得到溶液的折光指数增量 $\frac{\partial n}{\partial c}$。如前所述,$K = \frac{4\pi^2}{N_A \lambda_0^4} n^2 \left(\frac{\partial n}{\partial c}\right)^2$,入射光波长 $\lambda_0 = 546.1$ nm,溶液的折光指数在浓度很小时可近似为溶剂的折光指数。$n_{\text{苯}}^{25} = 1.4979$,聚苯乙烯/苯溶液的 $\frac{\partial n}{\partial c}$ 的文献值为 0.106 cm^{-3}·g^{-1}(以上两数据可与实测值比较)。当溶质、溶剂、入射光波长和温度选定后,K 是一个与溶液浓度、散射角以及溶质分子量无关的常数。

(3)参比标准、溶剂和溶液的散射光电流的测量

光散射法实验主要是测定瑞利系数 $R_\theta = r^2 \frac{I(r,\theta)}{I_i}$。通常,$\theta = 90°$ 时,液体的瑞利系数 R_{90} 的值极小,约为 10^{-5} 的数量级,很难绝对测定。因此,常用间接法测量,即选用一个光散射性质稳定的参比标准,其瑞利系数 R_{90} 是人工的精确测定值(如苯、甲苯等)。本实验采用苯作为参比标准物,已知在 $\lambda_0 = 546.1$ nm 时,$R_{90}^{\text{苯}} = 1.63 \times 10^{-5}$,则有 $\phi^{\text{苯}} = R_{90}^{\text{苯}} G_0 / G_{90}$,$G_0$、$G_{90}$ 是纯苯在 θ 为 0°、90° 时的检流计读数,ϕ 为仪器常数。

①测定绝对标准液(苯)和工作标准玻璃块在 $\theta = 90°$ 时散射光电流的检流计读数 G_{90}。

②用移液管吸取 10 mL 溶剂苯放入散射池中,记录在 θ 为 0°、30°、45°、60°、75°、90°、105°、120°、135°、150° 等不同角度时的散射光电流的检流计读数 G_θ^0。

③在上述散射池中加入 2 mL 聚苯乙烯/苯溶液(原始溶液 c_0),用电磁搅拌均匀,此时溶液的浓度为 c_1。待温度平衡后,依上述方法测量 30°~150°各个角度的散射光电流的检流计读数 $G_\theta^{c_1}$。

④与③操作相同,依次向散射池中再加入聚苯乙烯/苯的原始溶液(c_0)3 mL、5 mL、10 mL、10 mL、10 mL 等,使散射池中溶液的浓度分别为 c_2、c_3、c_4、c_5、c_6 等,并分别测定 30°~150°各个角度的散射光电流,检流计读数分别为 $G_\theta^{c_2}$、$G_\theta^{c_3}$、$G_\theta^{c_4}$、$G_\theta^{c_5}$、$G_\theta^{c_6}$ 等。

(4)测量完毕,关闭仪器,清洗散射池。

【数据记录和处理】

(1)实验测得的散射光电流的检流计读数记录在表 38-1 中。

表 38-1   实验数据表

θ	$G_1(c_1= \quad)$	$G_2(c_2= \quad)$	$G_3(c_3= \quad)$	$G_4(c_4= \quad)$	$G_5(c_5= \quad)$	$G_6(c_6= \quad)$
30°						
45°						
60°						
75°						
90°						
105°						
120°						
135°						
150°						
0°						

(2)瑞利系数 R_θ 的计算

光散射实验测定的是散射光电流 G,不能直接用于计算瑞利系数 R_θ。由于 $\dfrac{r^\theta}{I_\theta}=\dfrac{R_\theta}{I_\theta}=\dfrac{R_{90}^苯}{I_{90}^苯}$,依据检流计偏转读数可得

$$R_\theta=\frac{R_{90}^苯}{G_{90}^苯/G_0^苯}\left[\left(\frac{G_\theta}{G_0}\right)_{溶液}-\left(\frac{G_\theta}{G_0}\right)_{溶剂}\right]=\phi^苯\left[\left(\frac{G_\theta}{G_0}\right)_{溶液}-\left(\frac{G_\theta}{G_0}\right)_{溶剂}\right]$$

入射光恒定,$(G_0)_{溶液}-(G_0)_{溶剂}=G_0$,则上式可简化为

$$R_\theta=\phi'(G_\theta^c-G_\theta^0)$$

式中,G_θ^c、G_θ^0 分别是溶液和纯溶剂在 θ 角的检流计读数;$\phi'=\phi^苯/G_0$。

为数据处理书写方便,令

$$y=\frac{1+\cos^2\theta}{2\sin\theta}\cdot\frac{Kc}{R_\theta}$$

横坐标是 $\left(\sin^2\dfrac{\theta}{2}+qc\right)$,其中 q 可任意选取,目的是使图形张开成清晰的格子,q 可选 10^2 或 10^3。将各项计算结果记录在表 38-2 中。

表 38-2   实验结果表

θ	$\sin(\theta/2)$	c_2	c_3	c_4	c_5	c_6
30°						
45°						
60°						
75°						
90°						
105°						
120°						
135°						
150°						
0°						

（3）作 Zimm 双重外推图。

（4）将各 θ 角的数据画成的直线外推至 $c\to 0$，各浓度所测数据连成的直线外推至 $\theta\to 0$，则可得到以下各式：

$$[Y]_{\substack{c\to 0\\ \theta\to 0}}=\frac{1}{\overline{M}_{w}}$$

求出 $\overline{M}_{w}$，则

$$[Y]_{\theta=0}=\frac{1}{\overline{M}_{w}}+2A_{2}c，\text{由斜率可得}A_{2}\text{值。}$$

$$[Y]_{c=0}=\frac{1}{\overline{M}_{w}}+\frac{8\pi^{2}}{9\overline{M}_{w}\lambda^{2}}\overline{h}^{2}\sin^{2}\frac{\theta}{2}，\text{斜率为}\frac{8\pi^{2}}{9\overline{M}_{w}\lambda^{2}}\overline{h}^{2}，\text{可求得}\overline{h}^{2}。$$

【思考题】

光散射测定实验中为什么特别强调除尘净化？

实验三十九 凝胶渗透色谱法测定聚合物分子量及分子量分布

【实验目的】

（1）了解凝胶渗透色谱法测定聚合物分子量及分子量分布的原理。

（2）初步掌握凝胶渗透色谱仪的操作技术。

（3）测定聚合物的分子量及分子量分布。

【实验原理】

凝胶渗透色谱（Gel permeation chromatograpy，GPC）也称体积排除色谱（Size exclusion chromatography，SEC）是液相色谱的一个分支，在装填多孔性填料的色谱柱中完成样品的分离，填料多为高交联度的聚苯乙烯或多孔硅胶。关于凝胶渗透色谱法的分离机理，目前尚无完备的理论。但一般实验条件下，体积排除机理被认为是起主要作用的，即高分子溶液通过填充特有多孔性填料的色谱柱时是按照分子在溶液中的流体力学体积的大小进行分离的。通常，溶液中高分子的流体力学体积可用 $(\overline{h}^{2})^{3/2}$ 表示，根据 Flory 特性黏数理论（$[\eta]\propto\dfrac{(\overline{h}^{2})^{3/2}}{M}$）和 Mark-Houwink-Sakurada 方程（$[\eta]=KM^{a}\propto M^{a}$），$a$ 一般在 $0.5\sim1$，则 $(\overline{h}^{2})^{3/2}\propto M^{a+1}$。显然，分子量越大，分子在溶液中的流体力学体积越大。体积排除分离机理认为，凝胶渗透色谱对多分散高分子的分离主要是由于大小不同的分子在多孔填料中可以渗透的空间体积不同而形成的。填充在色谱柱中的多孔填料的表面和内部有着各种大小不同的孔洞和通道，当待分离的试样随着淋洗溶剂进入色谱柱后，溶质分子即向多孔填料内部的孔洞渗透，渗透的概率和深度与分子的体积大小有关。比多孔填料的最大孔洞大的所有分子只能位于填料颗粒之间的空隙中，被溶剂首先淋洗出来，对应的淋出体积（即保留体积）V_{R} 等于柱中填料的粒间体积 V_{i}。那些可以进入填料所有孔的最小分子将随着溶剂被最后淋洗出来，V_{R} 等于填料内部孔洞体积 V_{p} 和填料粒间体积 V_{i} 之和。对于这两类分子，色谱柱没有分离作用。只有中间尺寸的分子，可以向多孔填料的部分孔洞渗透，所能渗透的孔洞体积取决于分子体积。色谱柱对这些分子才有分离作用，其保留体积为

$$V_R = V_i + V_{pc} = V_i + \frac{V_{pc}}{V_p} \cdot V_p = V_i + KV_p \tag{1}$$

式中,K 为分子可渗透进入的填料内部孔洞的体积和总孔洞体积之比。

对于能进入填料所有孔洞的分子,$K=1$,$V_R=V_i+V_p$。对于比最大孔洞还大的分子,$K=0$,$V_R=V_i$。中间分子,$0<K<1$,$V_R=V_i+KV_p$。大小不同的分子的 K 值不同,相应的保留体积也不同,从而按照分子体积的大小由大到小依次被淋洗出来。因此,多分散高分子随着溶剂流经色谱柱时就能依照分子量由大到小的次序进行分离。

为了测定聚合物的分子量分布,不仅要把聚合物按分子量大小分离,还要测定各级分的分子量和含量。各级分含量就是淋出液的浓度,可通过检测与浓度有线性关系的某些物理量来测定,例如采用示差折光检测器、紫外吸收检测器、红外吸收检测器等。常用的示差折光检测器是通过测定淋出液的折光指数和纯溶剂的折光指数之差 Δn,来表征溶液的浓度。因为在稀溶液范围内,Δn 与溶液浓度成正比。分子量的测定有直接法和间接法。直接法是采用分子量检测器(自动黏度计或光散射仪),在浓度检测器测定浓度的同时,直接测定聚合物的分子量。间接法则是利用淋出体积和分子量的关系,根据标定曲线,将测得的淋出体积换算成分子量。本实验采用间接法测定聚合物的分子量。图 39-1 是 GPC 示意图,测得的 GPC 谱图如图 39-2 所示。

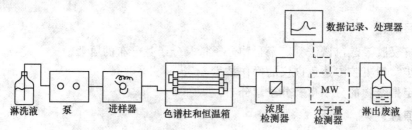

图 39-1 GPC 示意图

图 39-2 中纵坐标为淋洗液和纯溶剂的折光指数的差值 Δn。在极稀溶液中,Δn 正比于淋洗液的相对浓度 Δc。横坐标为保留体积 V_R,表示分子尺寸的大小,与分子量 M 相关。可利用 V_R 与 M 之间的关系,将 GPC 谱图的横坐标 V_R 转换为分子量 M 或分子量的对数 $\lg M$。标定曲线是 V_R 与 M 之间关系曲线,如图 39-3 所示,通常用分子量的对数 $\lg M$ 对保留体积 V_R 作图来表示。

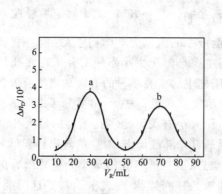

图 39-2 GPC 谱图

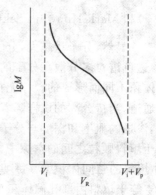

图 39-3 GPC 谱图标定曲线

标定曲线是在相同的测试条件下测定一组已知分子量的窄分布标准样品的 GPC 谱图,

然后将各峰值位置的保留体积 V_R 所对应样品的 $\lg M$ 作图得到的。标样必须是窄分布的，其平均分子量的数值须准确可靠，且应与待测样品是同类聚合物。例如，采用 GPC 测定聚苯乙烯时，用阴离子聚合得到一组单分散聚苯乙烯样品作为标样，其分散度小于 1.05。在色谱柱填料的渗透极限范围内，以 $\lg M$ 对 V_R 作图所得到的标定曲线通常有直线关系，即

$$\lg M = A - BV_R \tag{2}$$

或者以自然对数表示

$$\ln M = A' - B'V_R \tag{3}$$

式中，$A' = 2.303A$，$B' = 2.303B$。

由于 GPC 是基于分子的流体力学体积分离聚合物的，当分子量相同时，不同类型的聚合物流体力学体积不一定相同。因此，在同一色谱柱中采用相同的测试条件，不同类型的各峰值标样所得到的标定曲线可能并不重合。这样，测定每种聚合物的分子量分布都需要此种聚合物的窄分布标样得到适合该聚合物的标定曲线，这给分子量分布的测定工作带来不便，而且能够制得标样的聚合物种类并不多。所幸的是，可以采用普适标定曲线，它是根据 GPC 的体积排除理论，由某种标样的标定曲线转换得到。因为在相同的测试条件下，不同结构、不同化学性质的聚合物试样如果具有相同的流体力学体积，则应有相同的保留体积。由 Flory 特性黏数理论，$[\eta]M \propto (\overline{h^2})^{3/2}$，即 $[\eta]M$ 具有体积的量纲，可以代表溶液中高分子的流体力学体积。不同聚合物在相同条件下进行测试，以 $[\eta]M$ 对 V_R 作图，所得的标定曲线应该是重合的。通过测定聚苯乙烯标样，以 $\lg([\eta]M)$ 对 V_R 作图即可得到普适标定曲线。

如果已知聚苯乙烯标样（下标 1）和待测试样（下标 2）在一定测试条件（温度、溶剂）下的 K、α 值，那么根据

$$[\eta]_1 M_1 = [\eta]_2 M_2 \tag{4}$$
$$K_1 [\eta]_1 M_1^{\alpha_1+1} = K_2 [\eta]_2 M_2^{\alpha_2+1} \tag{5}$$

可得

$$\lg M_2 = \frac{\alpha_1+1}{\alpha_2+1}\lg M_1 + \frac{1}{\alpha_2+1}\lg\frac{K_1}{K_2} \tag{6}$$

就可以求出某一保留体积下待测试样的分子量。依此，可将普适标定曲线转换为待测试样的标定曲线。

这样，利用标定曲线或普适标定曲线将试样的 GPC 谱图 $F(V_R)$-V_R 中的 V_R 换算成 $\lg M$，即可得到以 $\lg M$ 为自变量的未经归一化的分子量-质量微分分布曲线，纵坐标 $W(\lg M)$ 按下式计算：

$$W(\lg M) = F(V_R) \cdot \left(\frac{-\mathrm{d}V_R}{\mathrm{d}\lg M}\right) \tag{7}$$

式中，$\dfrac{\mathrm{d}V_R}{\mathrm{d}\lg M}$ 是标定曲线各处斜率的倒数，可由图解法或数值法求出。从未归一化的质量微分分布曲线 $W(\lg M)$-$\lg M$ 可得到归一化的质量微分分布曲线 $\overline{W}(\lg M)$-$\lg M$。

由 GPC 谱图还可以计算试样的平均分子量和多分散系数。方法如下：

(1)定义法

将 GPC 谱图切割成 $n(n>20)$ 条与纵坐标平行的长条，且每条的宽度相等，高度用 H_i 表示，如图 39-4 所示。相当于把试样分成 n 个级分，各级分的体积相等。也就是在 GPC 谱

图上,在相等的保留体积间隔处读出相应的纵坐标 H_i,该值与此区间淋洗液的聚合物浓度成正比,每个级分中聚合物在总聚合物样品中所占的质量分数为

$$\overline{W}_i(V_R) = \frac{H_i}{\sum H_i} \tag{8}$$

再根据标定曲线或普适标定曲线读出对应于该保留时间间隔的分子量 M_i。最后,根据各种平均分子量的定义计算各种平均分子量和多分散系数。

$$\overline{M}_w = \sum_i \left[M_i \frac{H_i}{\sum\limits_i H_i} \right] \tag{9}$$

$$\overline{M}_n = \left[\sum_i \left(\frac{1}{M_i} \frac{H_i}{\sum\limits_i H_i} \right) \right]^{-1} \tag{10}$$

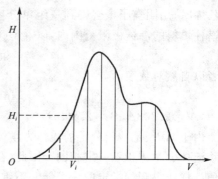

图 39-4　GPC 谱图等分割

$$\overline{M}_n = \left[\sum_i \left(M_i^a \frac{H_i}{\sum\limits_i H_i} \right) \right]^{1/a} \tag{11}$$

$$\frac{\overline{M}_w}{\overline{M}_n} = \sum_i \left[M_i \frac{H_i}{\sum\limits_i H_i} \right] \sum_i \left[\frac{1}{M_i} \frac{H_i}{\sum\limits_i H_i} \right] \tag{12}$$

因为上述推导中假定每一保留时间间隔内的淋出液中的聚合物的分子量是均一的,所取间隔不能太大,数目要尽可能多,至少 20 个以上。

(2)函数适应法

函数适应法是用某种分布函数模拟 GPC 谱图曲线,并由实验数据拟合分布函数参数,再计算各种平均分子量和多分散系数。由于 GPC 谱图,尤其是级分的谱图一般来说接近于高斯分布函数,因此常用高斯函数自适应法。以保留体积 V_R 为自变量的质量分布函数的高斯函数形式为

$$\overline{W}_R(V_R) = \frac{1}{\sigma \sqrt{2\pi}} \exp\left[-\frac{1}{2} \left(\frac{V_R - V_0}{\sigma} \right)^2 \right] \tag{13}$$

式中,V_0 为 GPC 谱图中峰所对应的淋洗体积;σ 为标准偏差,$\sigma = \frac{W}{4}$,W 为峰底宽。

式(13)应满足 $\int_0^\infty \overline{W}(V_R)\mathrm{d}V_R = 1$,$\int_0^{V_0} \overline{W}(V_R)\mathrm{d}V_R = 0.5$。

由式(3)得

$$V_R = \frac{A' - \ln M}{B'} \tag{14}$$

将式(14)代入式(13)可得到分子量的质量微分分布函数

$$\overline{W}(M) = \frac{1}{M\sigma' \sqrt{2\pi}} \exp\left[-\frac{1}{2} \left(\frac{\ln M - \ln M_0}{\sigma'} \right)^2 \right] \tag{15}$$

式中,$\sigma' = B'\sigma = 2.303B\sigma$;$M_0$ 为峰值位置对应的分子量。各种平均分子量为

$$\overline{M}_w = M_0 \exp\left(-\frac{\sigma'^2}{2} \right) \tag{16}$$

$$\overline{M}_n = M_0 \exp\left(\frac{\sigma'^2}{2} \right) \tag{17}$$

$$M_0 = (\overline{M}_w \cdot \overline{M}_n)^{1/2} \tag{18}$$

$$\frac{\overline{M}_w}{\overline{M}_n} = \exp(-\sigma'^2) \tag{19}$$

【主要仪器和试剂】

Waters 公司生产的 Viscotek GPC max 凝胶渗透色谱仪,配备色谱柱以及四合一检测器(TDA 302 triple detector array 和 Model 2501 UV detector);聚四氟乙烯滤膜、聚苯乙烯、四氢呋喃(THF)等。

【实验步骤】

用分析天平称取试样,配制浓度为 0.2% 的聚苯乙烯/四氢呋喃溶液,用聚四氟乙烯滤膜过滤到专用样品瓶中。

开启电源,设置分析时间、进样量、流速等测试条件,将流速调至 1 mL/min,待仪器稳定后进样,开始测试。具体的实验程序按仪器说明书的提示操作。

测试结束后,并闭电源,清洗注射器、容量瓶等。

【数据记录和处理】

打开 Omni SEC 软件,调出标定曲线和试样的谱图,计算 $\overline{M}_n$、$\overline{M}_w$ 以及 $\dfrac{\overline{M}_w}{\overline{M}_n}$。

仪器型号:　　　　　　　　　　　　样品:

聚苯乙烯的 GPC 数据填入表 39-1。

表 39-1　　　　　　　　　　　**PS 的 GPC 数据**

样品参数	$\overline{M}_n$	$\overline{M}_w$	$\dfrac{\overline{M}_w}{\overline{M}_n}$
阴离子聚合聚苯乙烯			
自由基聚合聚苯乙烯			

【思考题】

(1)GPC 法是测定聚合物平均分子量的绝对方法吗? 为什么?

(2)选用 k、α 值时应注意什么?

(3)若有一单分散性样品,得到的 GPC 谱图是一直线还是一单峰? 为什么会出现这种情况?

实验四十　基质辅助激光解吸电离-飞行时间质谱测定聚合物的分子量及分布

【实验目的】

(1)了解基质辅助激光解吸电离-飞行时间质谱(MALDI-TOF-MS)的原理。

(2)掌握 MALDI-TOF-MS 测定聚合物的分子量及分布的方法。

【实验原理】

基质辅助激光解吸电离-飞行时间质谱是一种软电离技术,不产生或产生较少的碎片离子。MALDI 方法是将某一波长的脉冲激光束辐射于基质和样品溶液表面,基质分子共振吸收激光能量并传递到晶格中,使晶格瞬时强烈扰动,产生样品分子离子。基质的存在不仅可使样品有效电离,且能增加对杂质的耐受性。飞行时间质谱(TOF-MS)的基本原理是离子在无场区(飞行管)飞行一定距离,其所需时间与离子质量方根成正比,即

$$t = a + bm^{1/2}$$

式中,t 为飞行时间;m 为离子质量;a 和 b 为常数。

TOF-MS 结构简单,价格便宜,且具有极高的灵敏度和无可比拟的大分子量分析能力,与 MALDI 结合,已逐渐成为分析大分子物质的有效方法。和传统渗透压法、黏度法、光散射法等相比,MALDI-TOF-MS 测定聚合物的分子量及分布具有以下特点:①可测定的质量范围宽;②灵敏度高;③分辨率高;④质量测定的准确度高;⑤分析速度快,可实现纳秒级的瞬间记录。

MALDI 的基质选择非常重要,直接关系到聚合物结构分析的准确度。通常,选择基质主要考虑以下两点:一是基质能否有效吸收激光能量;二是基质与待测样品是否相容,能否形成稳定的均相溶液。

在聚合物的检测中,离子化(或质子化)也是一个非常关键的过程。生物大分子通常以质子化的形式被检测,而合成高分子的主要离子化途径则是在其中添加金属盐。

由于 MALDI-TOF-MS 可以解析并电离非常大的分子而不产生离子碎片,就能够直接表征完整的聚合物链,并直接测定聚合物的绝对分子量,而传统分子量表征技术(如黏度法、GPC 等)直接测定的是聚合物的相对分子量。MALDI-TOF-MS 还可以测定任一分布的平均分子量,无须分辨单一的低聚物。

表征聚合物的分子量及其分布的四个参数如下:

最可几分子量 M_p

数均分子量 $\overline{M}_n = \sum (M_i N_i) / \sum N_i$

重均分子量 $\overline{M}_w = \sum (M_i^2 N_i) / \sum (M_i N_i)$

多分散指数 $D = \overline{M}_w / \overline{M}_n$

式中,M_p 是 MALDI-TOF-MS 谱中最高峰所对应的分子量;M_i 和 N_i 分别代表聚合物的分子量和摩尔数;N_i 也可看作峰强度或峰高度。

中性大分子是在 MALDI-TOF-MS 的电离过程中通过捕获一个质子或一个金属离子(通常为 Li^+、Na^+、K^+ 等)形成一个加和离子的,因此,质谱检测器检测到的电荷加合物的数量必定反映样品中真实存在的高分子链的数目。然而,合成聚合物样品具有不同的分子量分布;当分子量分布较窄时,MALDI-TOF-MS 测定的分子量与 GPC 法得到的结果吻合得较好;当分子量分布较宽时,MALDI-TOF-MS 不能给出可靠的分子量数值。多分散指数 D 达到 1.2 时,两种方法测定的分子量差别在 20% 左右。原因是分子量小的分子在 MALDI 过程中更容易解析和被离子化,分子量大的分子很难解析和被离子化,这在一定程度上限制了 MALDI-TOF-MS 在测定聚合物的分子量及其分布中的应用。但随着质谱技术的发展,MALDI-TOF-MS 正逐步成为表征合成聚合物的有效手段。

【主要仪器和试剂】

基质辅助激光解吸电离-飞行时间质谱(MALDI micro MX)。

阴离子聚合和自由基聚合的聚苯乙烯,$\overline{M}_n = 152\,000$(GPC)、全反式维 A 酸、硝酸银、乙醇等。

【实验步骤】

(1)准备待测试样

采用无水四氢呋喃(THF)作为溶剂,配制浓度为 5～50 mg/mL 的聚苯乙烯溶液,浓度为 0.15 mol/L 的全反式维 A 酸溶液作为基质。向基质中加入等体积的待测溶液和少量饱和硝酸银乙醇溶液,配好的待测溶液中聚苯乙烯的浓度约为 50 nmol/L。

(2)质谱分析

设定适当的仪器参数,取 0.3～0.5 μL 样品点在 MALDI 的枪靶上,启动测量,采集谱图数据。具体实验程序按仪器说明书的提示操作。

【数据记录和处理】

仪器型号:　　　　　　　　　　样品:

聚苯乙烯的 GPC 和 MALDI 数据填入表 40-1:

表 40-1　　　　　　　　　**PS 的 GPC 和 MALDI 数据**

样品	GPC				MALDI			
	$\overline{M}_n$	$\overline{M}_w$	M_p	D	$\overline{M}_n$	$\overline{M}_w$	M_p	D
阴离子聚合聚苯乙烯								
自由基聚合聚苯乙烯								

【思考题】

与 GPC 法相比,MALDI-TOF-MS 测定的分子量偏大还是偏小,为什么?

实验四十一　差示扫描量热法测定聚合物的热转变

【实验目的】

(1)了解差示扫描量热仪的基本工作原理及其应用。

(2)了解 DSC 的基本操作步骤及相关注意事项。

(3)学会使用 DSC 测定聚合物的玻璃化温度、结晶温度、熔融温度及结晶度。

【实验原理】

热分析是在规定的气氛中测量样品的性质随温度或时间变化的一类技术,广泛用于研究物质的各种物理转变与化学反应。当物质的物理状态发生变化,如结晶、熔融或晶型转变等,或者发生化学反应时,其热、焓、比热容、导热系数等性质也发生变化。差热分析方法(Differential thermal analysis,DTA)和差示扫描量热法(Differential scanning calorimetry,DSC)通过测定这些性质的变化来表征物质的物理或化学变化过程。DTA 是使试样和参比物在程序升温或降温的相同环境中,测量两者的温度差随温度或时间而变化的一种技术。DSC 是在程序控温下,测量维持试样和参比物温度一致的情况下,输入到试样和参比物之间的功率差与温度关系的一种技术。常用的 DSC 分为功率补偿型和热流型两种,分别如图41-1 和图 41-2 所示。

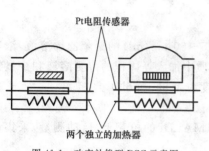

图 41-1　功率补偿型 DSC 示意图

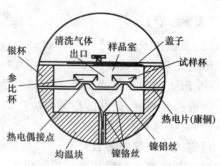

图 41-2　热流型 DSC 示意图

功率补偿型 DSC 是内加热式,试样和参比物分别放在两个独立的炉中,当样品发生热效应时,系统立即调整两个加热炉的功率,以维持试样和参比物的温度始终一致。参比物在所选定的扫描温度范围内不具有任何热效应。测定输入试样与参比物之间的功率差 ΔW,直接作为信号输出,同时记录试样和参比物的平均温度(通称为炉温或试样温度)。

热流型 DSC 是外加热式,试样和参比物放在同一个炉中,其基本工作原理是向试样和参比物输入相同的功率,当试样状态发生变化,放热(如结晶)或吸热(如晶体融化、脱结晶水等)或发生化学反应时,试样的温度将高于或低于参比物的温度。测定试样和参比物之间的温度差 ΔT,然后根据热流方程,将温差换算为热量差,并作为信号输出。

DSC 在聚合物测试与研究中应用较多,常用于研究聚合物的结晶行为、聚合物液晶的多重转变、共混物组分的相容性、聚合物剖析等方面。

聚合物在降温过程中发生了结晶,放出结晶热,谱图上出现一个转折,据此可通过 DSC 来测定结晶温度 T_c。如果测试试样是已结晶的聚合物,等速升温到熔点 T_m 附近时,其中的结晶部分开始熔化,伴随吸热现象,在谱图上出现一个吸热峰(熔融峰)。分析吸热峰就可以确定聚合物的熔点 T_m 和熔融过程的焓变 ΔH_m(熔融热),还可进一步确定试样的结晶度 f_c。

结晶度是指结晶聚合物中结晶部分的含量。由于聚合物的晶区和非晶区的界限不明确,存在不同程度的有序结构,给准确定量结晶度带来困难。而且各种方法涉及的有序结构不同,得到的结晶度的数值也会略有差异。在量热法中,结晶度是指结晶聚合物熔融所吸收的热量 ΔH_m 与形成 100% 结晶的同一聚合物熔融所吸收的热量 $\Delta H_{m(100\%)}$ 之比。考虑到有些聚合物在 DSC 热分析过程(升温过程)中发生结晶,因此热分析前聚合物的结晶度由下式计算:

$$f_{c,\mathrm{DSC}} = \frac{\Delta H_m - \Delta H_c}{\Delta H_{m(100\%)}} \times 100\%$$

玻璃化转变是聚合物的一种普遍现象。对非晶态聚合物,玻璃化转变是指从玻璃态到高弹态的转变,对晶态聚合物则是指其中非晶部分的这种转变。用 DSC 分析聚合物,在发生玻璃化转变时,由于热容有突变,在谱图上出现基线的突变,由此确定玻璃化温度 T_g。需要注意的是,聚合物发生玻璃化转变,链段运动被激发,而链段运动是一个弛豫过程,因此 T_g 值依赖于升温速率等测试条件。

【主要仪器和试剂】

耐驰 DSC 204 美国 TA-Q20、坩埚和坩埚卷盘器、分析天平,聚丙烯(PP)、聚乙烯(PE)、聚对二甲酸乙二醇酯(PET)。

【实验步骤】

(1)校正

仪器在刚开始使用或使用一段时间后需进行校正。

①基线校正

在所测的温度范围内,当样品池和参比池都未放任何东西时,进行温度扫描,得到的谱图应是一条直线,如果有曲率或斜率甚至出现小吸热或放热峰,则需要进行仪器的调整和炉子的清洗,使基线平直。

②温度和热量校正

做一系列标准纯物质的 DSC 曲线,然后与理论值进行比较,并进行曲线拟合,以消除仪器误差。

(2)测试

①取 3～10 mg 样品放在铝皿中,盖上盖子,用卷进压制器冲压即可。除气体外,固态、液态或黏性样品均可用于测定。装样时尽可能使样品均匀、密实地分布在样品皿中,以提高传热效率,降低热阻。

②打开 N$_2$ 保护,启动 DSC 仪和仪器控制器的电源,稳定 10 min 后,将样品放在样品室中。

③启动 DSC 测试软件。

④打开参数设置对话框,填入样品的编号、名称和质量,双击对话框中的仪器校正文件DSC-204,进行温度和灵敏度校正后,进入程序,在程序中按测试要求编程(输入起始温度、终止温度和升温速率),运行。采集测试曲线。

⑤测试结束后,保存文件。

⑥取出坩埚,及时清理实验室台面。

⑦按顺序依次关闭软件和退出操作系统,关闭电脑主机和测量单元电源、显示器、仪器控制器。关闭气瓶的高压总阀。

【数据记录和处理】

在谱图中标出所有聚合物的转变点、外延起始温度、拐折温度和峰温,详细记录测试条件、试样来源及热历史等。对原始图谱进行考查,如有必要需进行补充说明。

【思考题】

(1)结合本实验的试样讨论分子结构对聚合物 T_g、T_c、T_m 转变的影响。

(2)DSC 曲线中,用不同点来表示转变温度有何不同?

(3)如果某聚合物的热效应 T_g 很小,如何增加这个转变的强度?

实验四十二　聚合物的热重分析

【实验目的】

(1)了解热重分析的工作原理及操作方法。

(2)掌握采用热重分析法测定聚合物的热分解温度 T_d。

【实验原理】

热重分析法(Thermo Gravimetric Analysis,TGA)是在程序控温下,测量物质的质量与温度关系的一种技术。应用 TGA 可以研究各种气氛下高聚物的热稳定性和热分解作用,测定水分、挥发物和残渣,增塑剂的挥发性,水解和吸湿性,吸附和解吸,气化速度和气化热;升华速度和升华热,氧化降解,缩聚高聚物的固化程度,有填料的高聚物或掺和物的组成,还可以研究反应动力学。

现代热重分析仪一般由四部分组成,即电子天平、加热炉、程序控温系统和数据处理系统。TGA 原始记录得到的谱图是以试样的质量 m 对温度 T 的曲线,称为 TG 曲线,如图42-1 所示,或者是试样的质量残余率 $Y(\%)$ 对温度 T 的曲线(也称为热重曲线,TG),也可以是试样的质量残余率随时间的变化率 $dY/dt(\%/min)$ 对温度 T 的曲线(称为微商热重法,DTG)。

在图 42-1 中,开始阶段试样有少量的质量损失,主要由残余小分子的热分解引起的,损失率为 $(100-Y_1)\%$。如果发生在 100 ℃附近,则可能是失水导致的。试样大量分解从 T_1 开始,直至 T_2,损失率为 $(Y_1-Y_2)\%$。在 T_2 到 T_3 阶段存在着其他的稳定相。然后随温度升高再进一步分解。图 42-1 中,T_1 称为分解温度,也可以取 C 点的切线与 AB 延长线相交处的温度 T_1' 作为分解温度,后者数值偏高。

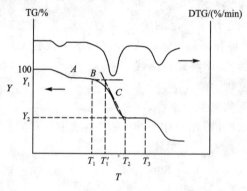

图 42-1 TGA 谱图

【主要仪器和试剂】

美国 TA-Q500 热重分析仪。

聚苯乙烯、聚异戊二烯。

【实验步骤】

(1)依次打开气源(氮气或空气)、热重分析仪主机电源、电脑及操作软件。

(2)确定实验用的气体,在软件上调节相应的流量,样品吹扫气流量为 60 mL/min,平衡吹扫气流量为 40 mL/min。

(3)在自动进样器任一盘号上摆好空坩埚,在主机触摸屏上操作使坩埚去皮重。

(4)称取 5~10 mg 样品,将样品装入坩埚中,放回自动进样器原盘号位置。

(5)在操作软件中输入样品的名称、盘号和文件存储目录,设定测试程序,包括温度范围和升温速率,开始测试。

(6)测试结束后待炉体温度冷却至 100 ℃以下后,降下炉体,取出坩埚。

(7)使用操作软件关闭热重分析仪主机,关闭主机电源,关闭气源。

(8)清理坩埚和实验室台面。

【数据记录和处理】

打印 TGA 谱图,求出试样的分解温度 T_d。

【思考题】

(1)TGA 实验结果的影响因素有哪些?

(2)研究聚合物的 TG 曲线有什么实际意义?

实验四十三　动态热机械分析仪测定聚合物的动态力学性能

【实验目的】

(1)了解聚合物动态力学分析的原理和方法。

(2)了解聚合物黏弹特性,学会从分子运动的角度来解释高聚物的动态力学行为。

(3)学会使用动态热机械分析仪测定聚合物的动态力学温度谱图。

【实验原理】

动态力学试验是在交变应力或交变应变作用下,观察材料的应变或应力随时间的变化,在理论和实践方面都具有重要意义。例如,机电工业中使用的塑料齿轮、阀片、凸轮等大多在周期性动载荷下工作,橡胶轮胎更是不停地承受交变载荷的作用,交变应力的作用普遍存在,动态力学试验是一种接近材料实际使用条件的试验。动态力学试验能得到聚合物的储能模量 E'、损耗模量 E'' 和力学损耗 $\tan\delta$。这些物理量是决定聚合物使用特性的重要参数。同时,动态力学试验可以十分灵敏地反映聚合物的分子运动状态,通过考察模量和力学损耗随温度、频率以及其他条件变化的特性,可得到聚合物结构和性能的许多信息,如模量、阻尼、玻璃化温度、软化温度、固化速率和固化度、黏度、凝胶点、吸声性和抗冲击性、蠕变、应力松弛、聚合反应动力学等。因此,动态力学试验也是研究聚合物固体分子运动的有力工具。

聚合物材料的动态力学测试方法很多,按应力波长 λ 与聚合物试样尺寸 b 的相互关系,可分为三大类:①$\lambda \geqslant b$,在 2 h 内试样受到的力在不同部位是各不相同的,常见的是扭摆、扭辫、振簧和动态黏弹谱仪。②$\lambda \approx b$,应力波在聚合物试样中形成驻波,测量驻波极大点、驻波节点位置可计算得到杨氏模量 E 和损耗角正切 $\tan\delta$,适用于合成纤维力学行为的测定。③$\lambda \leqslant b$,应力波(常为声波)在试样中传播,测定应力波的传播速度和波长的衰减可求得聚合物材料的模量 E 和损耗角正切 $\tan\delta$,也适合测定合成纤维的力学行为。

在正弦应力 $\sigma(t) = \sigma_0 \sin\omega t$ 作用下,虎克弹性体的应变也是正弦函数:$\varepsilon(t) = \varepsilon_0 \sin\omega t$,没

有任何相位差。牛顿流体则不同,应变与应力有 $\pi/2$ 的相位差,用来变形的能量全部损耗成热。聚合物黏弹体介于这两种极端状态之间,应变也是一个具有相同频率的正弦函数,但与应力之间有一个相位差,即

$$\varepsilon(t) = \varepsilon_0 \sin(\omega t - \delta)$$

式中,δ 为相位差,负号表示应变的变化在时间上落后于应力。这样,一部分能量变为位能储存起来,另一部分则变成热损耗,损耗的能量就是力学阻尼。

把上式展开,可得

$$\varepsilon(t) = \varepsilon_0 \sin(\omega t - \delta) = \varepsilon_0 (\cos\delta\sin\omega t - \sin\delta\cos\omega t)$$

$$= \varepsilon_0 \cos\delta\sin\omega t - \varepsilon_0 \sin\delta\sin(\omega t - \pi/2)$$

式中,第一项与应力同相,反映材料的普弹性,第二项比应力落后 $\pi/2$,是材料黏性的反映。

定义 E' 为同相的应力和应变的比值,E'' 为相差 $\pi/2$ 的应力和应变的比值,即

$$E' = (\sigma_0/\varepsilon_0)\cos\delta$$

$$E'' = (\sigma_0/\varepsilon_0)\sin\delta$$

则复数模量如下:

$$E^* = E' + iE''$$

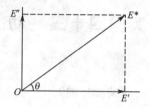

E'、E'' 和 δ 的关系如图 43-1 所示,显然 $\tan\delta = E''/E'$。

通常,力学损耗 $\tan\delta$ 也称为力学阻尼或损耗角正切。

图 43-1　复数模量示意图

【主要仪器和试样】

美国 TA INSTRUMENTS 公司生产的动态热机械分析仪 DMA Q800。

长方形聚合物样条,尺寸要求:长 $l = 35 \sim 40$ mm;宽 $w \leqslant 15$ mm;厚 $t \leqslant 5$ mm。

【实验步骤】

(1)接通 Q800 主机电源预热。

(2)打开计算机,双击图标"TA instruments explorer",待出现对话框后双击图标"Q800-0953",启动 Q800 软件。等待约 15 min 后,对话框上方显示"Furnace temp OK",仪器预热完成。

(3)启动空气压缩机,对话框上方显示"Air bearing OK",仪器进入工作状态。

(4)仪器校正

包括主机位置校正、主机仪器校正(电子校正、力学校正、动态校正)和夹具位置校正。受实验时间限制,校正已提前完成。

(5)实验具体内容(以双悬臂梁为例)

①准确测量试样的宽度、长度和厚度,各测量三次取平均值。

②在"Summary"窗口输入样条尺寸、样品信息以及数据的存档路径与文件名,点击"Apply"图标。

③在"Procedure"窗口选择工作模式和实验方法,输入振幅和频率。

④安装样品:放松夹具固定部分的紧固螺丝,按 Q800 主机液晶屏的"Float"键让夹具运动部分处于自由状态。将试样插入夹具固定部分,并调整以使样品处于正中;手动拧紧固定

部位和运动部位的紧固螺丝。按 Q800 主机液晶屏的"Lock"键以固定样品的位置。取出标准附件木盒内的扭力扳手,用力锁紧紧固螺丝直到听到"咔"声。对热塑性材料建议扭力值为 0.8～1.0 N·m。

⑤按 Q800 液晶屏的"Furnace"键关闭炉体。

⑥点击"Measure"图标,进行预测量,观察设置的参数是否合适。如不合适,点击"Stop"图标,重复步骤③,调整振幅。反复调整直到参数合适。

⑦点击"Start"图标开始测试。

⑧实验结束后,炉体与夹具会依据设定的"End conditions"回复其状态,取出试样。

(6)关机

点击"Control"图标,在下拉菜单中点击"Stop instruments",在弹出窗口中点击"Start",待 Q800 液晶屏显示"Shutdown complete",依次关闭 Q800 主机电源、空气压缩机和计算机。

【实验结果】

仪器型号:　　　　　　样品尺寸:

打开数据处理软件"Universal analysis",进入数据分析界面。打开需要记录的数据文件,应用界面上各功能键处理曲线上获得的相关数据,包括各个选定频率和温度下的储能模量 E'、损耗模量 E'' 以及力学损耗 $\tan\delta$,列表记录数据。

【思考题】

(1)什么是聚合物的力学内耗? 聚合物力学内耗产生的原因是什么?

(2)为什么聚合物在玻璃态、高弹态时内耗小,而在玻璃化转变区内耗出现极大值?

(3)试从分子运动的角度来解释动态力学曲线上出现的各个转变峰的物理意义。

实验四十四　聚合物蠕变曲线的测定

【实验目的】

(1)了解聚合物蠕变的现象和原理。

(2)掌握聚合物蠕变的测试方法,测定聚合物的本体黏度。

【实验原理】

蠕变是聚合物最基本的力学松弛现象之一,是在一定的温度和较小的恒定外力(拉力、压力或扭力等)作用下,材料的形变随时间的增加而逐渐增大的现象。

典型的蠕变曲线如图 44-1 所示。从分子运动和变化的角度看,蠕变过程通常包括三种形变。

(1)普弹形变 ε_1,主要是分子链内部键长和键角发生变化引起的,这种形变变形量很小,施加外力立即发生,除去外力则立刻完全回复,ε_1 服从虎克定律。

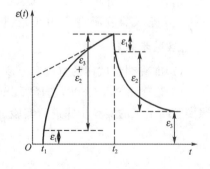

图 44-1　聚合物的蠕变曲线

$$\varepsilon_1 = \frac{\sigma}{E_1} \tag{1}$$

式中，σ 为所施加的应力；E_1 为弹性模量，为 $10^9 \sim 10^{11}$ Pa。

(2)高弹形变 ε_2，产生于链段运动，其值比普弹形变大得多，具有明显的松弛性质，形变与时间呈指数关系。

$$\varepsilon_2 = \left(\frac{\sigma}{E_2}\right)(1 - e^{\frac{-t}{\tau}}) \tag{2}$$

式中，τ 是松弛时间（或推迟时间），与链段运动的黏度 η_2 和高弹模量 E_2 的关系为 $\tau = \frac{\eta_2}{E_2}$，$E_2$ 为 $10^5 \sim 10^{17}$ Pa。

达到平衡时，高弹形变是普弹形变的几万倍。由式(2)可知，形变的产生与应力的作用时间不一致：当 $t = 0$ 时，$\varepsilon_2 = 0$；当 $t \to \infty$ 时，形变达到最大值 σ/E_2。

(3)塑性形变 ε_3，为不可逆形变，来源于分子间的相对滑移，应力与应变关系与液体流动类似，服从牛顿定律。

$$\varepsilon_3 = \left(\frac{\sigma}{\eta_3}\right)t \tag{3}$$

式中，η_3 为聚合物的本体黏度，数量级为 $10^9 \sim 10^{11}$ Pa·s，其值依赖于温度，远大于小分子的黏度（$10^{-3} \sim 10$ Pa·s）。

受到外力作用时，聚合物的总形变为

$$\varepsilon = \varepsilon_1 + \varepsilon_2 + \varepsilon_3 = \sigma\left[\frac{1}{E_1} + \frac{1}{E_2}(1 - e^{\frac{-t}{\tau}}) + \frac{t}{\eta_3}\right] \tag{4}$$

在蠕变过程中，三种形变的相对比例依具体条件不同而不同。当时间足够长，即 $t \geqslant \tau$ 时，高弹形变已充分发展达到了平衡，因而蠕变曲线的最后部分可以看作纯粹的黏流形变，由这段曲线的斜率 $\frac{\Delta \varepsilon}{\Delta t} = \frac{\sigma}{\eta_3}$ 可计算材料的本体黏度。或者根据回复曲线得到 ε_3，计算 η_3：

$$\eta_3 = \frac{\sigma(t_2 - t_1)}{\varepsilon_3} \tag{5}$$

聚合物蠕变性能反映了材料尺寸的稳定性。精密的机械零件就不能采用易蠕变的塑料制作。作为纤维使用的聚合物，要在常温下具有不易蠕变的性能，否则不能保证纤维织物的形态稳定性。因此，研究聚合物的蠕变具有重要意义。

【主要仪器和试样】

动态热机械分析仪 DMA Q800。

长方形聚合物薄膜，尺寸要求：长 $l = 30 \sim 50$ mm；宽 $w \leqslant 8$ mm；厚 $t \leqslant 2$ mm。

【实验步骤】

(1)准确测量试样的宽度和厚度，各测量三次取平均值。

(2)启动 DMA Q800，选择"Film tension"夹具，Creep 模式，按照仪器说明书的提示，参照实验四十三的实验步骤进行实验。典型的蠕变实验曲线如图 44-2 所示。

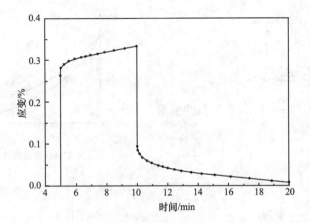

图 44-2　PET 薄膜的 DMA Q800 蠕变实验数据

【实验结果】

依据所记录的蠕变曲线的直线部分的斜率以及施加的应力计算本体黏度。

【思考题】

(1)形变到达恒稳流动后,蠕变曲线在不同形变值下除去负荷会发生怎样的变化?

(2)对于交联的网状结构聚合物,形变-时间曲线是怎样的?

(3)研究聚合物的蠕变有什么重要意义?

实验四十五　聚合物应力松弛曲线的测定

【实验目的】

(1)了解聚合物应力松弛现象。

(2)掌握使用动态热机械分析仪测定聚合物应力松弛曲线的方法。

【实验原理】

应力松弛是在恒定温度和应变保持不变的情况下,聚合物内部的应力随时间的增加而逐渐衰减的现象,如图 45-1 所示,其根源在于聚合物的黏弹性质。对于线型聚合物,由于外力作用被拉长的分子链顺着外力方向舒展,以减少或消除内部应力并逐渐过渡到新的平衡构象。当所有分子链的构象完全以新的平衡状态来适应应变时,应力松弛到零。对于交联聚合物,网络结构限制分子的滑移,聚合物不能发生塑性形变,应力衰减到某一平衡值后维持不变,而不会减小到零。

应力松弛受温度影响较大。当温度远高于样品的玻璃化温度时,链段运动能力较强,应力很快就松弛掉,甚至快到几乎察觉不到的程度。而当温度远低于玻璃化温度时,链段运动能力极差,应力松弛极缓慢,不容易觉察到,只有在玻璃化温度附近的几十度范围内应力松弛现象比较明显,强烈依赖于时间。应力松弛过程可由 Maxwell 模型近似描述:

$$\frac{d\varepsilon}{dt} = \frac{1}{E}\frac{d\sigma}{dt} + \frac{\sigma}{\eta} \tag{1}$$

应力松弛过程中形变率为零,则

$$\frac{1}{E}\frac{d\sigma}{dt}+\frac{\sigma}{\eta}=0 \tag{2}$$

整理,得

$$\frac{d\sigma}{\sigma}=-\frac{E}{\eta}dt=-\frac{1}{\tau}dt \tag{3}$$

式中,τ 为松弛时间,即 $\tau=\eta/E$,E 为弹性模量。

初始条件为

$$t=0,\sigma=\sigma_0$$

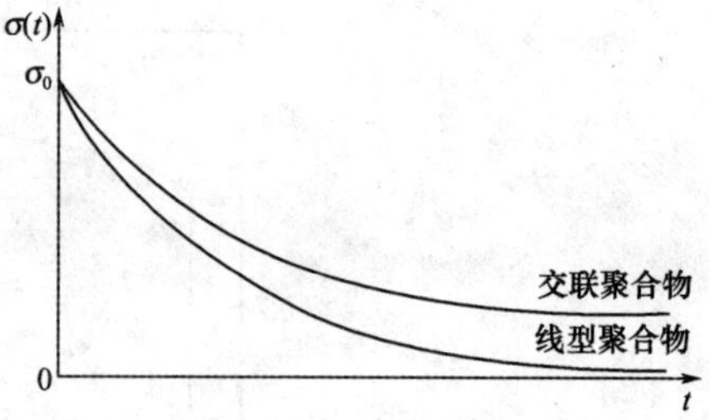

图 45-1　聚合物的应力松弛曲线

积分式(3),可得

$$\sigma=\sigma_0 e^{-\frac{t}{\tau}} \tag{4}$$

当 $t=\tau$ 时,则应力 σ_τ 为

$$\sigma_\tau=\sigma_0 e^{-1}=0.37\sigma_0 \tag{5}$$

所谓应力松弛时间,是在应力松弛过程中,应力衰减到起始值的 $1/e$ 所需的时间。因此 τ 是衡量物体受力自然衰减快慢的尺度。

由于实际聚合物属于非线性黏弹体,应力和应变不仅与时间有关,还与应力和应变的方式、切变速率有关。黏度不是一个常数,所以实际的应力松弛要比式(5)的形式复杂得多。

【主要仪器和试样】

美国 TA INSTRUMENTS 公司生产的动态热机械分析仪 DMA Q800。

长方形聚合物样条,尺寸要求:长 $l=35\sim40$ mm;宽 $w\leqslant15$ mm;厚 $t\leqslant5$ mm。

【实验步骤】

(1)准确测量试样的宽度和厚度,各测量三次取平均值。

(2)启动 DMA Q800,选择"Dual cantilever"夹具,Stress relaxation 模式,按照仪器说明书的提示,参照实验四十三的实验步骤进行实验。分别测定温度为 25 ℃、50 ℃、75 ℃时的应力松弛曲线。

【数据记录和处理】

依据所记录的应力松弛曲线,计算并比较不同温度下的应力松弛时间。

【思考题】

(1)为什么聚合物会产生应力松弛?

(2)一般塑料的松弛时间比橡胶的长还是短?试解释其原因。

实验四十六　平衡溶胀法测定交联聚合物的溶度参数和交联度

【实验目的】

(1)了解溶胀法测定聚合物溶度参数及 $\overline{M}_c$ 的基本原理。

(2)掌握质量法测定交联聚合物溶胀度的实验技术。

(3)测定交联聚合物的溶度参数、$\overline{M}_c$ 及 χ_1。

【实验原理】

溶度参数是与物质的内聚能密切相关的热力学参数,也是表征分子间作用力大小的物理量。在高分子溶液性质的研究以及生产实际中,常根据溶度参数来判断非极性体系的相容性。聚合物的溶度参数不能像小分子化合物可通过测量汽化热直接得到,因为聚合物分子之间的相互作用能很大,无法汽化。因此,只能用间接的方法测定,如黏度法和平衡溶胀法。

交联聚合物不能被溶剂溶解,但可吸收大量的溶剂而溶胀。溶胀过程中,溶剂分子渗入聚合物内部使其体积膨胀,导致三维分子网络的伸展,而网络受到应力产生了弹性回缩力,阻止溶剂进入网络。二者相互抵消时,溶剂分子进入交联网的速度与排出速度相等,就达到了溶胀平衡状态。

溶胀的凝胶实际上是聚合物的浓溶液,发生溶胀的条件与线型聚合物形成溶液相同。依据热力学原理,聚合物能够在溶剂中溶胀的必要条件是混合吉布斯自由能 ΔG_m 小于零,即

$$\Delta G_m = \Delta H_m - T\Delta S_m < 0 \tag{1}$$

式中,ΔH_m、ΔS_m 分别为混合过程中热和熵的变化值。混合过程中使分子排列趋于混乱,故 $\Delta S_m > 0$。要满足 $\Delta G_m < 0$,必须使 $\Delta H_m < T\Delta S_m$。

对于非极性聚合物与非极性溶剂的混合,如不存在氢键,则 ΔH_m 总为正值。如混合过程没有体积变化,则 ΔH_m 服从以下关系:

$$\Delta H_m = \phi_1 \phi_2 (\delta_1 - \delta_2)^2 V \tag{2}$$

式中,ϕ_1 和 ϕ_2 分别为溶胀体中溶剂和聚合物的体积分数,δ_1 和 δ_2 分别为溶剂和聚合物的溶度参数;V 为溶胀体的总体积。

由式(2)可知,要满足 $\Delta G_m < 0$,必须使 δ_1 和 δ_2 数值接近,使 ΔH_m 越小越好。当 δ_1 和 δ_2 相等时,交联网的溶胀度可达到极大值。

平衡溶胀法就是根据上述原理,把称量后的交联聚合物放在一系列溶度参数不同的溶剂中,在恒温中充分溶胀。当达到溶胀平衡时,称重,按下式求出交联聚合物在各种溶剂中的溶胀度 Q。

$$Q = \left(\frac{w_1}{\rho_1} + \frac{w_2}{\rho_2}\right) \Big/ \left(\frac{w_2}{\rho_2}\right) \tag{3}$$

式中,w_1 和 w_2 分别为溶胀体中溶剂和聚合物的质量;ρ_1 和 ρ_2 分别为溶剂和溶胀前聚合物的密度。

将聚合物在一系列不同溶剂中的平衡溶胀度 Q 对相应溶剂的溶度参数 δ 作图,得到的曲线有一极大值 Q_{max}。Q_{max} 对应的 δ 值可作为聚合物的溶度参数,用 δ 表示(图 46-1)。

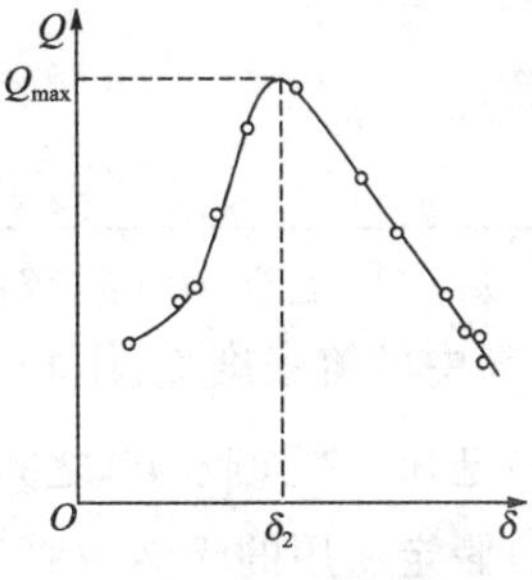

在交联聚合物的溶胀过程中,吉布斯自由能的变化 ΔG 由两部分组成:聚合物与溶剂的混合自由能 ΔG_m 和分子网络的弹性自由能 ΔG_{el}。

$$\Delta G = \Delta G_m + \Delta G_{el} \tag{4}$$

溶胀平衡时,

$$\Delta G = \Delta G_m + \Delta G_{el} = 0 \tag{5}$$

图 46-1　平衡溶胀度 Q 和溶度参数 δ 的关系曲线

由液体的晶格模型理论和橡胶交联网的高弹性统计理论,可推导出溶胀度 Q 与有效链平均分子量 $\overline{M}_c$ 之间的关系:

$$\overline{M}_c = -\rho_2 V_1 \phi_2^{1/3} / \left[\ln(1-\phi_2) + \phi_2 + \chi_1 \phi_2^2 \right] \tag{6}$$

式中,ϕ_2 是聚合物在溶胀体中的体积分数,即溶胀度的倒数($\phi_2 = 1/Q$);V_1 是溶剂的摩尔体积;χ_1 是高分子/溶剂相互作用参数(Huggins 参数)。

如果 χ_1、ρ_2 和 V_1(或 ρ_1)已知,即可据测得的 Q,由式(6)计算出 $\overline{M}_c$。也可由式(6)导出交联聚合物与溶剂的相互作用参数 χ_1。

【主要仪器和试剂】

溶胀计、分析天平、恒温水浴、称量瓶、镊子等。

交联天然橡胶、正庚烷、环己烷、四氯化碳、苯、正庚醇等。

【实验步骤】

(1)分析天平分别称量五只洁净的空称量瓶,然后各放入一粒交联天然橡胶试样(20~30 mg),再称重一次,得到各试样的质量。

(2)向每个称量瓶中各加入 10~15 mL 一种溶剂,盖紧瓶盖,放入(25±0.1)℃恒温水浴中恒温溶胀。

(3)2~5 天后,溶胀基本接近平衡,取出溶胀后试样,迅速用滤纸吸干表面吸附的多余溶剂,立即放入称量瓶内盖上磨口盖后称量,然后再放回原溶胀称量瓶中使之继续溶胀。

(4)每隔 3 h,用同样方法再称一次溶胀体的质量,直至溶胀体两次称量结果之差不超过 0.01 g 为止,即认为溶胀达到平衡。

【实验结果】

(1)将实验相关数据记入表 46-1。

表 46-1 实验数据表

序号	称量瓶质量/g	干胶质量/g	溶胀后试样质量/g				平衡时溶胀体内溶剂质量/g
			1	2	3	4	
1							
2							
3							
4							
5							

(2)从手册上查出天然橡胶的 ρ_2 和各种溶剂的 ρ_1 及 δ_1,由式(3)计算交联天然橡胶在各种溶剂中的溶胀度 Q,作 Q-δ 曲线图,求出交联天然橡胶 Q_{max} 所对应的溶度参数 δ_2。

(3)已知天然橡胶与苯之间的相互作用参数 $\chi_1 = 0.44$,根据式(6)计算交联天然橡胶的 $\overline{M}_c$。

(4)假定所用的天然橡胶试样的 $\overline{M}_c$ 都相同,由式(6)计算出天然橡胶与另外几种溶剂之间的相互作用参数。

【思考题】

(1)溶胀法测定交联聚合物的交联度有什么优点和局限性?

(2)溶胀度和哪些因素有关?

（3）从高分子结构和分子运动角度讨论线型聚合物、交联聚合物在溶剂中溶胀后的情况有何区别？

实验四十七　紫外光谱法测定聚合物含量

【实验目的】

（1）了解紫外分光光度计的基本原理。

（2）掌握紫外光谱仪分析聚合物组分含量的方法。

【实验原理】

物质对光的吸收是有选择性的，光谱法就是利用被测物质对某一波长的光的吸收，对物质进行定性分析、定量分析和结构鉴定。所依据的光谱是分子或离子吸收入射光中特定波长的光产生的吸收光谱。紫外光谱是当光照射样品分子或原子时，外层电子吸收一定波长的紫外光，引起电子由基态跃迁至激发态所产生的光谱。根据波长的范围，紫外光分为远紫外区（又称真空紫外区）、近紫外区。通常使用的紫外光谱的波长范围是 200～400 nm，属近紫外区。

有机化合物分子吸收紫外光引起的跃迁一般有 $\sigma \rightarrow \sigma^*$、$n \rightarrow \sigma^*$、$\pi \rightarrow \pi^*$、$n \rightarrow \pi^*$ 几种类型，电子的能级和跃迁如图 47-1 所示。由图 47-1 可知，$\sigma \rightarrow \sigma^*$ 跃迁所需能量最大，最不易激发，跃迁主要发生在远紫外区，一般可在波长小于 200 nm 观察到吸收光谱。而饱和碳氢化合物只有 σ 键电子，所以在近紫外区没有饱和碳氢化合物的光谱。$n \rightarrow \sigma^*$ 跃迁所需能量小于 $\sigma \rightarrow \sigma^*$ 跃迁，吸收波长一般为 150～250 nm。杂原子如 O、N、S 等都含 n 电子，所以一些含杂原子的碳氢化合物在紫外区有吸收峰，主要在 200 nm 以下，大部分还是在远紫外区有吸收。n 电子和 π 电子较易激发，$\pi \rightarrow \pi^*$ 和 $n \rightarrow \pi^*$ 跃迁所需能量都较小，吸收峰都出现在大于 200 nm 的区域。因此，分子中同时存在杂原子和双键的有机化合物在近紫外区有吸收（图 47-2）。

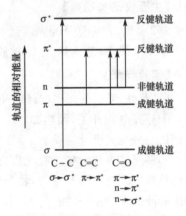

图 47-1　轨道能级变化示意图

紫外分光光度法定量分析的依据是郎伯-比尔（Lambert-Beer）定律：

$$A = \varepsilon c l$$

即吸光度 A 与吸光系数 ε 和浓度 c 的乘积成正比。当样品池厚度 l 一定时，对于一定的物质，用一定波长测定时，吸光系数 ε 值一定。那么，所测得的吸光度 A 和待测溶液的浓度成正比。配制一系列浓度的标准溶液，在最大吸收波长 λ_{max} 处分别测定吸光度，以标准溶液的浓度为横坐标，吸光度为纵坐标绘制标准曲线。测定未知浓度试样的吸光度值，即可从标准曲线查得试样的浓度值。

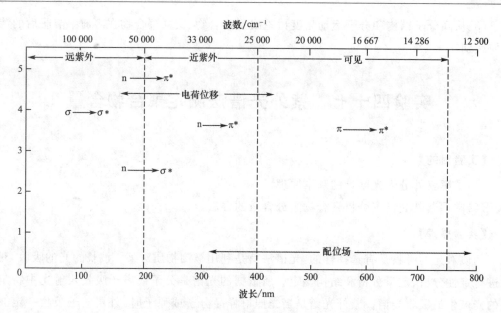

图 47-2　能级跃迁与吸收波长

【主要仪器和试剂】

752 型紫外-可见分光光度计,容量瓶。

聚丁二烯、聚苯乙烯、丁苯橡胶、氯仿、聚乙烯吡咯烷酮等。

【实验步骤】

(1)紫外-可见分光光度计的使用

①打开电源开关,预热 20 min,打开计算机,运行紫外光谱应用软件,点击连接按钮,使计算机与分光光度计连接。

②将测试方式设置为吸光度方式,设定波长为 260 nm。将参比溶液和待测溶液分别倒入比色皿中。打开样品室盖,将装有溶液的比色皿分别插入比色皿槽中,盖上样品室盖。将参比溶液推入光路中,按"100％T"调零。将被测溶液拉入光路,此时显示被测样品的吸光度。将波长设定为 275 nm,将参比液推入光路,调零后,将被测样品拉入光路,测定样品的吸光度。

③测试完毕后,将比色皿取出,断开与计算机连接,关闭应用软件,关闭分光光度计电源。

(2)丁苯共聚物中苯乙烯含量的测定

①分别配制浓度约为 6 g/L 的聚丁二烯/氯仿溶液、聚苯乙烯/氯仿溶液。波长为 260 nm 时,氯仿溶液中丁二烯的吸收很弱,其 ε 值为苯乙烯的 1/50,可忽略不计。但为了消除防老剂的影响,选定 260 nm 和 275 nm 两个波长进行测定,得到 $\Delta\varepsilon = \varepsilon_{260} - \varepsilon_{275}$。将配制的聚苯乙烯和聚丁二烯溶液以不同比例混合后稀释十倍,测定已知苯乙烯含量所对应的 $\Delta\varepsilon$ 值,做出标准曲线。

②配制浓度约为 0.6 g/L 的丁苯共聚物/氯仿溶液,测定待测样品丁苯共聚物在 260 nm 和 275 nm 的吸光度。

(3)聚乙烯吡咯烷酮(PVP)浓度的测定

①称取一定量的 PVP 于容量瓶中加入蒸馏水,配成不同浓度 C 的 PVP 水溶液,在 190~500 nm 范围测定其紫外吸收光谱,做出聚合物浓度 C 与吸光度 A 的标准工作曲线。

②测定未知浓度 PVP 水溶液的紫外吸收光谱图,得到其吸光度,在标准曲线上即可获得 PVP 浓度。

【注意事项】

比色皿中溶液高度不低于 25 mm,溶液不能有气泡和漂浮物,比色皿的透光部分不能有指印和溶液痕迹。

【数据记录和处理】

仪器:　　　　　　　　　　　　　　试样:

标准曲线数据记入表 47-1。

表 47-1　　　　　　　　　　　　　　标准曲线数据表

试样编号	聚丁二烯溶液/mL	聚苯乙烯溶液/mL	吸光度 A	
			265 nm	270 nm
样品一	0.0	2.5		
样品二	0.5	2.0		
样品三	1.0	1.5		
样品四	1.5	1.0		
样品五	2.0	0.5		
样品六	2.5	0.0		
丁苯共聚物	—	—		

绘制标准曲线,计算丁苯共聚物中苯乙烯的含量。

【思考题】

(1)紫外光谱测定中,能否使用玻璃比色皿?为什么?

(2)为什么随苯乙烯含量增大,丁苯共聚物在氯仿中的 λ_{max} 发生红移?

实验四十八　聚合物材料的维卡软化点的测定

【实验目的】

(1)了解热塑性塑料的维卡软化点的测试原理。

(2)掌握聚丙烯、聚乙烯等试样的维卡软化点的测定方法。

【实验原理】

聚合物的耐热性能通常是指它在温度升高时保持其物理机械性质的能力。为了测量塑料随温度升高而发生的形变,确定塑料的使用温度范围,设计了各种各样的仪器,规定了许多实验方法来表征塑料的耐热性能。最常用的是维卡(Vicat)耐热实验、马丁(Martens)耐热实验以及热变形温度实验。这些方法所测定的温度是依照相应标准(如 GB/T 1633—2000),在其规定的载荷、施力方式、升温速率下达到规定形变值的温度,而不是材料的使用温度上限,物理意义也不像玻璃化转变温度那样明确。因此,不同方法的测试结果之间并没有定量关系,但可用来对不同塑料作相对比较。

维卡软化点是在特定液体传热介质中,在一定负荷、一定等速升温条件下测定热塑性塑料试样被 1 mm² 针头压入 1 mm 时的温度。本方法仅适用于大多数热塑性塑料。实验测得的维卡软化点可用于质量控制或作为鉴定新品种塑料热性能的一个指标,但不代表材料的使用温度。

【主要仪器和试样】

XRW-300 系列热变形、维卡软化点温度测定仪。负载杆压针针头长 3～5 mm,横截面积为(1.000 ± 0.015) mm²,压针针头平端与负载杆成直角,不允许带毛刺等缺陷。加热浴槽选择对试样无影响、室温黏度较低的传热介质,如硅油、变压器油、液体石蜡、乙二醇等。本实验选用变压器油为传热介质。可调等速升温速度为(5 ± 0.5) ℃/6 min 或(12 ± 1.0) ℃/6 min。试样承受的静负载 $G=W+R+T$,其中 W 为砝码质量,R 为压针及负载杆的质量(本实验装置负载杆和压针质量为 60 g),T 为变形测量装置附加力。负载有两种选择:$G_A=1$ kg,$G_B=5$ kg。装置测量形变的精度为 0.01 mm。

试样的厚度应为 3～6 mm,长和宽至少为 10 mm(或直径大于 10 mm)。试样的两面应平行,表面平整光滑,无气泡,无锯齿痕迹、凹痕或裂痕等缺陷。每组试样为 2～3 个。模塑试样厚度为 3～4 mm。板材试样厚度取板材厚度,但厚度超过 6 mm 时,应在试样一面加工成 3～4 mm。如厚度不足 3 mm 时,则可由不超过 3 块试样叠合成厚度大于 3 mm。

【实验步骤】

(1)打开设备的电源开关,让系统启动并预热 10 min。

(2)按主机面板上的"上升"按钮,将支架升起,选择维卡测试所需的压针装在负载杆底端,安装时压针上标有的编号印迹应与负载杆的印迹相对应。抬起负载杆,将试样放入支架,然后放下负载杆,使压针针头位于试样中心位置,并与试样垂直接触,试样另一面紧贴支架底座。

(3)按"下降"按钮,将支架小心浸入油浴槽中,使试样位于液面 35 mm 以下。浴槽的起始温度应低于材料的维卡软化点 50 ℃。

(4)按测试需要选择砝码,使试样承受 1 kg(10 N)或 5 kg(50 N)的负载。本实验选择940 g 砝码,小心将砝码凹槽向上平放在托盘上,并在其上面中心处放置百分表作为位移传感器。

(5)试样浸入油浴 5 min 后,上下移动位移传感器托架,使百分表指针直接垂直紧密接触砝码,指针处于"0"位。设定上限温度、升温速率为(5 ± 0.5) ℃/6 min。

(6)当达到预设的变形量或温度时,停止实验,打开冷却水源进行冷却。然后向上移动托架,将砝码移开,升起试样支架,将试样取出。

(7)实验完毕后,依次关闭主机、电源。

【数据记录和处理】

(1)记录实验条件如试样名称、起始温度、砝码重、传热介质等。

(2)记录位移间隔 0.1 mm 的温度,以温度为横坐标,位移为纵坐标,做出位移-温度曲线,给出试样的维卡软化点温度。

【思考题】

(1)影响维卡软化点测试的因素?升温速度如何影响测试值?

(2)材料的不同热性能测定数据是否具有可比性?

实验四十九　塑料熔体质量流动速率的测定

【实验目的】

(1)了解塑料熔体质量流动速率与分子量及分子量分布的关系。

(2)掌握测定塑料熔体质量流动速率的原理及操作。

【实验原理】

熔体质量流动速率(MFR)是指在一定温度和负荷下,熔体每 10 min 通过标准毛细管口模的质量,单位是 g/10 min。MFR 在较早的文献中被称为熔融指数 MI。

在塑料成型加工中,MFR 是用来衡量塑料熔体流动性的一个重要指标,由塑料熔体流动速率测试仪(或熔融指数仪)测得。对于同一类聚合物,可由此来比较分子量的大小。一般地,对于同类聚合物,如果测得的 MFR 值越大,说明平均分子量越小,成型时流动性相应好一些。流动性的好坏与加工性能密切相关,但 MFR 是在低剪切速率下获得的,与实际加工条件相差较大。MFR 主要用来表征由同一工艺流程制成的聚合物性能的均匀性,进行质量控制,简便地给出聚合物熔体流动性的度量,作为加工性能的指标,对材料的选择和成型工艺条件的确定具有重要的实用价值。

【主要仪器和试样】

(1)仪器

XNR-400 型熔体流动速率仪。它是一种在低剪切速率下工作的简易毛细管黏度计,由试样挤出系统和加热控制系统组成。如图 49-1 所示,熔体流动速率仪主要由活塞 4,料筒 7,标准口模 9 组成。料筒内径在 9.5~10.0 mm,料筒与活塞头直径之差(筒隙)要求为(0.075±0.015) mm。毛细管口模的外径稍小于料筒内径,以便能在料筒中自由落到底部,毛细管口模高度为(8.000±0.025) mm,中心孔径为(2.095±0.005) mm。加热控制系统由控温热电偶、继电器及加热器组成。

(2)试样

低密度聚乙烯、高密度聚乙烯、超高分子量聚乙烯。

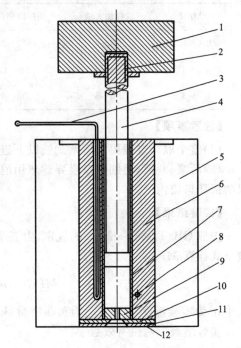

图 49-1　熔体流动速率仪示意图

1—砝码;2—砝码托盘;3—温度计;

4—活塞;5—隔热套;6—炉体;7—料筒;

8—控温元件;9—标准口模;10—隔热层;

11—隔热垫;12—托盘

【实验步骤】

(1)查看仪器各部分,确认无异常现象后打开电源。

(2)升温:按"1"键设定测试条件,装好标准口模。

(3)称样:按实验需求称取适量干燥的试样(精确至 0.1 g)。

(4)装料:升温至实验温度(190 ℃),恒温 10 min。然后将活塞取出,往料筒中装入称好的试样,装料时应用加料棒压实,以防产生气泡,然后将活塞插入料筒,恒温 6~8 min,加上砝码(负荷质量是砝码、砝码托盘和活塞质量之和,为 2.16 kg,精度为±0.5%),开始计时。

(5)取样:按"切料"键,试样即从毛细管挤出。切取五段,待冷却后分别称量(精确至0.001 g)。舍弃含有气泡的切割段。

试样加入量与切样时间间隔见表 49-1。

表 49-1   **试样加入量与切样时间间隔**

MFR	试样加入量/g	切样时间间隔/s	MFR	试样加入量/g	切样时间间隔/s
0.1~0.5	3~4	120~240	3.5~10	6~8	10~30
0.5~1.0	3~4	60~120	>10	6~8	5~10
1.0~3.5	4~5	30~60			

【注意事项】

(1)整个取样过程要在活塞刻线以下进行。测定完毕后,余料应趁热挤出,以防凝结。

(2)活塞、料筒、毛细管口模要趁热用尼龙布或玻璃布清理干净,切忌用粗砂纸等摩擦,以防损坏料筒内壁。

【实验结果】

按照 GB/T 3682—2000 的规定,由五个切割段的平均质量 W(g)及切样时间间隔 t(s),按下式计算 MFR。

$$MFR(\theta, m_{nom}) = \frac{600 \times W}{t} \tag{1}$$

式中,θ 为实验温度,℃;m_{nom} 为负荷质量,kg;MFR 为熔体质量流动速率,g/10 min。

实验结果取两位有效数字。

【思考题】

(1)聚合物的 MFR 与分子量有何关系?

(2)改变温度和负荷质量对同一聚合物试样的 MFR 有何影响?

实验五十 门尼黏度的测定

【实验目的】

(1)理解门尼黏度的物理意义。

(2)了解门尼黏度仪的结构及工作原理。

(3)掌握门尼黏度仪的操作。

【实验原理】

　　门尼黏度实验是用转动的方法来测定生胶和未硫化胶流动性的一种方法。在橡胶加工过程中，从塑炼开始到硫化完毕，都与橡胶的流动性有密切关系，而门尼黏度正是衡量此项性能的指标。门尼黏度仪的设计原理如图50-1所示。

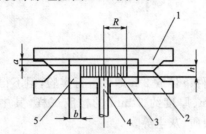

图 50-1　门尼黏度仪设计原理示意图

1—上模座；2—下模座；3—转子；4—转子轴；5—装试样的模腔；

R—转子半径；h—转子厚度；a—转子上、下表面至上、下模壁的垂直距离；b—转子圆周至膜腔圆周的距离

　　工作时，电机依次驱动小齿轮—大齿轮—蜗杆—蜗轮—转子，使转子在充满橡胶试样的模腔中旋转，对腔料产生力矩的作用，推动贴近转子的胶料层流动，模腔内其他胶料将会产生阻止其流动的摩擦力，其方向与胶料层流动方向相反，此摩擦力即是阻止胶料流动的剪切力。单位面积上的剪切力为剪切应力，与切变速率、黏度之间的关系通常符合幂律公式：

$$\tau = K \cdot \dot{\gamma}^n \tag{1}$$

式中，τ 为剪切应力；$\dot{\gamma}$ 为剪切速率；K 为稠度系数；n 为流动行为指数（在一定的切变速率和温度下是常数）。

　　为了方便叙述，将式（1）改写为

$$\frac{\tau}{\dot{\gamma}} = K \cdot \dot{\gamma}^{n-1} \tag{2}$$

　　令 $\eta_a = \dfrac{\tau}{\dot{\gamma}}$，则

$$\tau = \eta_a \cdot \dot{\gamma} \tag{3}$$

　　在模腔内各处胶料的表观黏度 η_a 以及切变速率 $\dot{\gamma}$ 随转动半径不同而不同，故需采用统计平均的方法来描述 η_a、τ、$\dot{\gamma}$。由于转子的转速、转子和模腔尺寸都是定值，因此，对相同规格的门尼黏度仪来说，$\dot{\gamma}$ 的平均值就是一个常数。所以，平均表观黏度 η_a 和平均剪切应力 τ 成正比。

　　在平均剪切应力 τ 作用下，胶料产生的阻碍转子转动的转矩为

$$M = \tau \cdot S \cdot L \tag{4}$$

式中，M 为转矩；τ 为平均剪切应力，MPa；S 为转子表面积，mm^2；L 为平均力臂长，mm。

　　转矩 M 通过蜗轮、蜗杆推动弹簧板，使它变形并与弹簧板产生的弯矩和刚度相平衡。从材料力学可知，存在以下关系：

$$M = F \cdot e = \omega \cdot \sigma = \omega \cdot E \cdot \varepsilon \tag{5}$$

式中，F 为弹簧板变形产生的反力，N；e 为弹簧板力臂长，mm；ω 为抗变形断面系数；σ 为弯曲应力，MPa；ε 为弯曲变形量；E 为杨氏模量，MPa。ω 和 E 都是常数，所以 M 与 ε 成正比。

　　综上所述，由于 $\eta_a \propto \tau \propto M \propto \varepsilon$，可以采用差动变压器或百分表测量弹簧板变形量来表征胶料黏度的大小。

【主要仪器和试样】

(1)仪器

MV-3000VS 型可变速门尼黏度仪。

(2)试样

顺丁橡胶;丁苯橡胶。

【实验步骤】

(1)准备试样

胶料加工后在实验室条件下停放 2 h 即可进行实验,但不得超过 10 天。从无气泡的胶料上裁取两块直径约 45 mm、厚度约 3 mm 的橡胶试样,其中一个试样的中心打直径约 8 mm 的圆孔。要求试样无杂质、灰尘等。

(2)测试

①将主机电源及马达电源开启,打开电脑,启动测试软件。

②设定测试条件,如实验温度为 100 ℃。

③将实验胶料放入模腔内,按下合模按钮至上模下降,开始实验。

④测试完毕,按下开模按钮,打开模腔取出试样,打印实验数据。

⑤实验完毕,关闭软件、电源,清洁现场。

【实验结果】

仪器: 试样:

实验条件:

(1)通常以 ML_{1+4}^{100} 表示门尼黏度,其中 M 表示门尼,L_{1+4}^{100} 表示用大转子(直径 38.10 mm,转速 2.00 r/min)在 100 ℃ 预热 1 min,转动 4 min 所测得的剪切应力值(GB/T 1232.1—2000)。

(2)读数精确到 0.5 个门尼黏度值,实验结果精确到整数位。

(3)用不少于两个试样的实验结果的算术平均值表示样品的门尼黏度(两个试样结果的差不得大于 2,否则应重复实验)。

(4)分析记录的门尼黏度与时间的关系曲线。

【思考题】

分析影响实验结果的因素。

实验五十一　　氧指数法测定聚合物的燃烧性

【实验目的】

(1)熟悉氧指数仪的组成和结构。

(2)掌握氧指数仪的工作原理及使用方法。

(3)测定塑料的燃烧性并计算氧指数。

【实验原理】

氧指数是在规定的实验条件下[(23±2) ℃],在氧、氮混合气流中,刚好维持燃烧所需的最低氧浓度,以混合气中氧含量的体积百分数表示。

　　氧指数仪的工作原理示意图如图 51-1 所示,主要由燃烧筒、试样夹、流量测量和控制系统、气源、点火器、排烟系统以及计时装置等构成。其中燃烧筒是内径为 70~80 mm、高度为450 mm 的耐热玻璃管,其下部填充高度为 100 mm、直径为 3~5 mm 的玻璃珠,在玻璃珠上方有一遮挡塑料燃烧时产生的滴落物的金属网;试样夹是安装在燃烧筒轴心位置上,用来垂直夹住试样的构件;流量测量和控制系统由压力表、稳压阀、调节阀、管路和转子流量计等组成,计量后的氧气、氮气经气体混合室混合后由燃烧筒底部的进气口进入燃烧筒;点火器由装有丁烷的小容器瓶、气阀和内径为 1 mm 的金属导管喷嘴组成,金属导管能从燃烧筒上方伸入筒内,以点燃试样,当喷嘴处气体点着时其火焰高度为 6~25 mm。

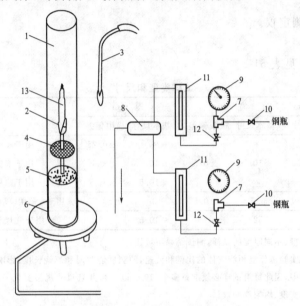

图 51-1　氧指数仪的工作原理示意图

1—燃烧筒;2—试样夹;3—点火器;4—金属网;5—玻璃球;6—底座;7—三通;
8—气体混合室;9—压力表;10—稳压阀;11—转子流量计;12—调节阀;13—试样

　　点燃燃烧筒内试样的方法有顶端点燃法或扩散点燃法。

　　(1)顶端点燃法:使火焰的最低可见部分接触试样顶端并覆盖整个顶表面,勿使火焰碰到试样的棱边和侧表面。在确认试样顶端全部点燃后,立即移开点火器,开始计时或观察试样烧掉的长度。点燃试样时,火焰作用的时间最长为 30 s,若在 30 s 内不能点燃,则应增大氧浓度,继续点燃,直到 30 s 内点燃为止。

　　(2)扩散点燃法:充分降低和移动点火器,使火焰可见部分施加于试样顶表面,同时施加于垂直侧表面距顶部约 6 mm 内。点燃试样时,火焰作用时间最长为 30 s,每隔 5 s 左右稍移开点火器观察试样,直到垂直侧表面稳定燃烧或可见燃烧部分的前锋到达上标线处,立即移开点火器,开始计时或观察试样燃烧长度。若 30 s 内不能点燃试样,则应增大氧浓度,再次点燃,直到 30 s 内点燃为止。

　　扩散点燃法适用于 Ⅰ、Ⅱ、Ⅲ、Ⅳ 型试样,标线应划在距点燃端 10 mm 和 60 mm 处。

　　需要说明的是,点燃试样是指试样的有焰燃烧,不同点燃方法的实验结果不具可比性。燃烧部分包括任何沿试样表面淌下的燃烧滴落物。

　　氧指数法测定塑料燃烧行为的评价准则见表 51-1。

表 51-1　　　　　　　　　　塑料燃烧行为的评价准则

试样类型	点燃方式	评价准则(两者取一)	
		燃烧时间/s	燃烧长度
Ⅰ、Ⅱ、Ⅲ、Ⅳ	顶端点燃法	180	燃烧前锋超过上标线
Ⅰ、Ⅱ、Ⅲ、Ⅳ	扩散点燃法	180	燃烧前锋超过下标线
Ⅴ	扩散点燃法	180	燃烧前锋超过下标线

【主要仪器和试样】

(1)仪器

JYC-75 氧指数测定仪。

(2)试样

试样类型和尺寸见表 51-2。

表 51-2　　　　　　　　　　试样类型和尺寸

类型	长/mm	宽/mm		厚/mm		用　途
	基本尺寸	基本尺寸	极限偏差	基本尺寸	极限偏差	
Ⅰ				4	±0.25	用于模塑材料
Ⅱ	80~150	10	±0.5	10	±0.5	用于泡沫塑料
Ⅲ				<10.5	±0.5	用于原厚片材
Ⅳ	70~150	6.5	±0.5	3	±0.25	用于电器用模塑料材料和片材
Ⅴ	14	52		≤10.5		用于软片和薄膜等

注　(1)不同类型、不同厚度的试样,测试结果不可比。

(2)由于该实验需反复预测气体的比例和流速,预测燃烧时间和燃烧长度,影响测试结果的因素比较多,因此每组试样必须准备多个(10 个以上),并且尺寸规格要统一,特别要求内在质量密实度、均匀度一致。

(3)试样表面清洁,无影响燃烧行为的缺陷,如应平整光滑、无气泡、飞边、毛刺等。

(4)对Ⅰ、Ⅱ、Ⅲ、Ⅳ型试样,标线画在距点燃端 50 mm 处;对Ⅴ型试样,标线画在框架上或距点燃端 20 mm 和 100 mm 处。

【实验步骤】

(1)取标准试样至少 15 根,分别在试样的宽面上距点火端 50 mm 处画一标线。

(2)取下玻璃管(燃烧筒),将试样垂直装在试样夹上,装上玻璃管,要求试样的上端至筒顶的距离不少于 100 mm。如果不符合这一尺寸,应调节试样的长度,玻璃管的高度是定值。

(3)根据经验或试样在空气中点燃的情况,估计开始时的氧浓度值。对于在空气中迅速燃烧的试样,氧指数可估计为 18% 以上;对于在空气中不燃烧的试样,氧指数估计在 25% 以上。

(4)打开氧气瓶和氮气瓶,调整气体压力,减压到仪器允许的压力范围。

(5)分别调整氧气和氮气的流量阀,使流入燃烧筒内的氧、氮混合气体达到预计的氧浓度,并保证燃烧筒中的气体的流速为(4±1) cm/s。

(6)让调整好的氧、氮混合气体流动 30 s,以清洁燃烧筒。然后用点火器点燃试样的顶部,在确认试样顶部全部点燃后,移去点火器,立即开始计时,并观察试样的燃烧情况。

(7)若试样(长 50 mm)燃烧时间超过 3 min 或燃烧前锋超过标线时,就降低氧浓度。反之,增加氧浓度。如此反复,直到所得氧浓度之差小于 0.5%,该氧气流量用于计算材料的氧指数。

【实验结果】

(1)氧指数 OI 为

$$OI = \frac{[O_2]}{[O_2]+[N_2]} \times 100\%$$

式中,$[O_2]$和$[N_2]$分别为氧气和氮气的流量,L/min。

(2)试样重复测试三次,取三次氧浓度的算术平均值作为该材料的氧指数,有效数字保留到小数点后一位。

【思考题】

(1)影响氧指数的因素有哪些?

(2)氧指数法最大的缺陷是什么?

实验五十二　旋转黏度计测量聚合物溶液黏度

【实验目的】

(1)了解旋转黏度计的结构和测量黏度的工作原理和方法。

(2)掌握旋转黏度计的使用方法。

【实验原理】

在工业技术和科研应用技术领域中,聚合物液体黏度的测量具有很重要的实用价值。旋转黏度计是液体黏度测量的常用仪器,它可以对树脂、油漆、涂料、乳胶、胶黏剂、石油、洗涤剂等物质的绝对黏度或表观黏度进行测量。旋转黏度计主要有旋转圆筒黏度计和旋转锥板黏度计,其结构分别如图 52-1 和图 52-2 所示。

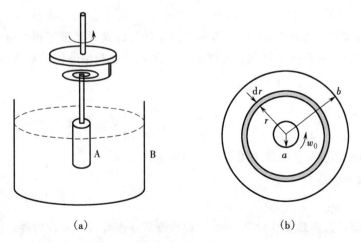

图 52-1　旋转圆筒黏度计结构示意图

旋转圆筒黏度计的检测原理是:把待测液体置于烧杯中(液面与转子细颈下沿平齐),当电动机主轴以一定转速 w_0 旋转时,转子 A 通过游丝带动旋转。稳定时,转子 A 受到的黏性力矩与游丝恢复力矩平衡,此时转子 A 也以转速 w_0 旋转,而转子 A 与电动机主轴相对错移了一个角度 θ(游丝旋紧了 θ 角)。转速不太高的条件下,液体保持很好的分层转动,液体处于稳定旋转状态,各层都以各自稳定的角速度旋转,液层间相互作用的力矩都相等,而且都等于转子 A 所受的游丝弹性恢复力矩 D_θ(D 为游丝的扭转系数),考虑到转子 A 的上、下两端面也必定有黏性力矩作用,所以做一定的修正,于是被测液体黏度为

$$\eta = k\theta$$

式中,k 为仪器系数,由游丝扭转系数、转子结构及转速等决定。

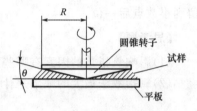

图 52-2　旋转锥板黏度计结构示意图

旋转锥板黏度计的检测原理是:电机通过变速齿轮包和齿型带传动机构驱动刻度盘旋转,测量弹簧将刻度盘与圆锥转子相连,当电机带动刻度盘旋转时,转子也以相同的速度旋转,如果转子没受到液体的黏性阻力,弹簧就保持初始状态。一旦转子因被测物料的内摩擦而产生了阻力扭矩,弹簧便因受到扭力而扭转,直至两种扭力达到平衡,此时刻度盘和转子偏转一个相应角度并同步旋转。在转子上安装指针,就可根据指针相对于刻度盘的偏转角测出弹簧的扭角,弹簧的扭角与液体的黏度(或表观黏度)成正比。用合适的传感器将已知转速下的扭角转换成电信号,经微电脑处理后就可直接用数码管显示出黏度(或表观黏度)值。

在圆锥转子与平板之间充满试样,平板保持静止,圆锥状转子绕轴心旋转。设图 52-2 中转子的半径为 R,单位为 cm;圆锥的角度为 θ,单位为 rad。如果选择的 θ 足够小,使公式 $\theta = \sin\theta = \tan\theta$ 成立,那么,任意半径为 r 的圆周上的点都具有剪切速率:

$$D = \frac{2\pi n}{60} \times \frac{1}{\theta}$$

式中,n 为转子的转速,r/min。

剪切应力 τ 与作用在锥体表面的总扭矩有关,其数学关系为

$$\tau = \frac{3M}{2\pi R^3}$$

式中,M 是测量弹簧复原扭矩,N·m,可根据测量弹簧的满刻度扭矩和扭角求出。

借助这些关系,可根据牛顿黏性定律求得黏度 η(非牛顿型液体为表观黏度 η_a):

$$\eta(\text{或 } \eta_a) = \frac{\pi}{D}$$

剪切应力 τ 为

$$\tau = \eta D \quad \text{或} \quad \tau = \eta_a D$$

式中,$D = 3.84n$,其中 n 表示所采用的转子的转速,r/min。

【主要仪器和试样】

(1)仪器

NDJ-1 型旋转圆筒黏度计;NXE-1B 型旋转锥板黏度计;2 mL 注射器。

(2)试样

聚乙烯醇水溶液。

【实验步骤】

(1)旋转圆筒黏度计测量黏度

①调节仪器实验架底座上的 3 个螺钉使仪器后面水平仪的气泡处于圈中央。

②将被测液体倒入烧杯里,为保持液体测量时温度恒定,应用恒温浴槽控制温度,测不同温度下的液体黏度。

③估计被测流体黏度范围,选择转子编号与转子转速,欲测的黏度尽可能处于所选量程上限的 30%～90%,此为最佳测量范围,如果难以达到,则必须使欲测黏度大于所选量程上限的 20%。

④徐徐下降仪器,将转子浸入烧杯中的液体内,调整转子浸入深度(短距离可用升降螺母调节),使液面达到转子细颈下沿。此时应检查水平仪气泡是否仍处于圈中央。

⑤启动电源开关,接通电机开关,转子以预选的转速开始旋转。待仪器显示稳定以后,即可开始读取显示值,显示值为该量程的百分刻度值。使用中如需更换转子,必须停机后进行,将仪器升起,让转子完全离开液体表面,然后再更换转子。

(2)旋转锥板黏度计测量黏度

①启动循环恒温浴槽,从主机上取下试样杯(装卸试样杯时,一定注意不要使杯体与转子相碰)。用微量加样器或刻度吸管抽取一定量的被测试样液体,然后将试样液体注入试样杯中(注意不要有气泡),注入量为 1.2 mL。将试样杯装上主机。

②将转速锁紧把手置于释放位置。开启电源开关,数码显示"0000",电源指示灯发光,电机转子的转速预置于 6 r/min。

③开机使马达旋转,使之进入合适的量程。本仪器有超量程指示。如果转速过高(装有试样时)仪器将显示"EEEE",表示溢出,此时应把转速降低。一般只要指针在刻度盘的 10～95 刻度内,均符合量程。在量程内选择高一些的速度,以使指针尽可能接近满量程刻度,这样有利于减小相对误差。但如果不要求±2%的绝对精度也可在低于量程的范围内使用,以获得更低的剪切速率。

④测量结束后按以下程序操作:

a.当刻度盘的"0"进入观察窗后关掉启动开关和电源开关,停止电机转动,此时指针静静地回到"0"点。若指针回"0"慢,可稍放松试样杯使指针回"0"。

b.等指针回到"0"点,再将转轴锁紧把手旋到锁紧位置。

c.取下试样杯。

d.用冲洗瓶冲洗试样杯和转子,冲洗后擦干(可用高级卫生纸或面巾纸,擦后用绸布清理,以免留下纤维)。

e.若不继续测量,则关掉恒温浴槽,拔掉电源插头。

f.若要依次测量多组样品,就要反复地装试样和洗涤转子及试样杯。

【数据记录和处理】

记录测试条件,计算所测试聚乙烯醇溶液黏度,剪切速率和剪切应力。

【思考题】

影响聚合物溶液黏度的影响因素有哪些?测试时应如何避免?

实验五十三　聚合物流动特性的测定

【实验目的】

(1) 了解旋转流变仪的工作原理。

(2) 掌握流动曲线的测试方法。

(3) 测定聚合物熔体的流动曲线。

【实验原理】

旋转流变仪依靠旋转运动产生简单剪切流动,可快速确定材料的黏性、弹性等流变学性质。旋转流变仪一般是通过一对夹具的相对运动驱使样品产生流动,夹具通常由同轴圆筒、锥板和平行板构成三种测量系统。现代旋转流变仪通常采用高级非接触式感应马达在样品上施加应力,高灵敏度光学编码器测量应变,可根据测试需要在控制应力或控制应变模式下工作。从本质上讲,旋转流变仪施加和检测的物理量分别为扭矩 M、角偏移 ϕ 和角速率 ω。在层流条件下,可通过如下数学关系换算成流变学参数,即

$$\tau = k_\tau \cdot M \tag{1}$$

$$\gamma = k_\gamma \cdot \phi \tag{2}$$

$$\dot{\gamma} = k_\gamma \cdot \omega \tag{3}$$

式中,τ 为剪切应力;γ 为剪切应变;$\dot{\gamma}$ 为剪切速率;k_τ 和 k_γ 分别为依赖于夹具几何特征的常数。

流体的流动特性可由流动曲线来表征,即以剪切应力 τ 为纵坐标,剪切速率 $\dot{\gamma}$ 为横坐标的 τ-$\dot{\gamma}$ 关系曲线。由于涉及的剪切应力和剪切速率的变化范围通常很宽,因而 τ-$\dot{\gamma}$ 的流动曲线常采用双对数坐标,即 $\lg\tau$-$\lg\dot{\gamma}$ 曲线。

绝大多数聚合物熔体和浓溶液的流动行为符合幂律方程:

$$\tau = K\dot{\gamma}^n \tag{4}$$

式中,K 为稠度系数;n 为流动行为指数或非牛顿指数。那么,可由双对数坐标系中的流动曲线的斜率求得 n 值。其中,牛顿流体 $n=1$;假塑性流体 $n<1$;胀塑性流体 $n>1$。

定义表观黏度 η_a 为

$$\eta_a = \frac{\tau}{\dot{\gamma}} = K\dot{\gamma}^{n-1} \tag{5}$$

表观黏度必须指明剪切速率才有意义。显然,当 $n=1$ 时,K 转变为 η_a,式(2)可描述牛顿流体的流动行为。n 值偏离 1 越大,流体的非牛顿性越强,表观黏度与剪切速率的相关性越大。

图 53-1 是普适流动曲线,大致分为三个区域:

(1) 在低剪切速率下斜率为 1,符合牛顿流体定律,称为第一牛顿区。该区的黏度通常为零剪切黏度 η_0,即剪切速率趋于 0 时的黏度。

(2) 随剪切速率的增大,流动曲线斜率 $n<1$ 时,称为假塑性区。该区的黏度为表观黏度 η_a。剪切黏度增大,表观黏度减小。

（3）剪切速率继续增大，在高剪切速率区，流动曲线为另一斜率为 1 的直线，也符合牛顿流体定律，称为第二牛顿区。此时的黏度为极限黏度 η_∞。

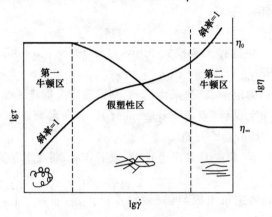

图 53-1　聚合物熔体的普适流动曲线

绝大部分聚合物熔体和溶液的零剪切黏度、表观黏度、极限黏度大小关系为

$$\eta_0 > \eta_a > \eta_\infty \tag{6}$$

实际仪器很难准确给出较大剪切速率范围下的流变数据，因此实际聚合物的流动曲线通常是普适曲线中的一部分。利用流动曲线可以得出聚合物熔体和浓溶液的许多流变性能，例如分子量和分子量分布等。流动曲线可作为样品的流变"指纹"进行鉴定和比较。

需要注意的是，由于 Weissenberg 效应的影响，大多数情况下不能使用锥板或平行板夹具在高于 $50\ \text{s}^{-1}$ 的剪切速率下测试聚合物熔体和浓溶液。此时，较为简便易行的方法是采用动态实验测试复合黏度，利用 Cox-Merz 关系获得稳态剪切黏度，即

$$\eta(\dot{\gamma}) = \eta^*(\omega) \quad (\dot{\gamma} \approx \omega) \tag{7}$$

Cox-Merz 关系对于许多聚合物熔体和浓溶液都有效，但对于悬浮液，需要仔细鉴别结果。

【主要仪器和试样】

（1）仪器

AR2000ex 旋转流变仪。

（2）试样

聚乙烯、聚丙烯。

【实验步骤】

（1）开机

打开空气压缩机电源，上推气压阀，待气压达到 206.84 kPa 后，取下轴承保护锁，开启主机电源，稳定 30 min。（请严格按照开机顺序开机。）

（2）仪器校正

①开启计算机，打开 AR2000ex 控制软件"Rheology advantage"，在 Geometry—Open 里面选择所需要的夹具。

②安装夹具：提起螺杆，上推夹具到底，拧螺杆固定夹具。

③关闭炉子，在 2000ex-11D4659@not_set 的 Temperature—Required value 中设定实验温度，待温度稳定后进行间隙归零，接着进行 2～3 次旋转映射。

（3）加载试样

将夹具上升到合适位置，加载适量样品。待达到所需温度后，设定 Gap 值为 1 000 μm，清理夹具周围溢出的试样。

（4）测试

①在 Procedure-New 中选择实验模式 Flow，打开 Flow procedure，选择 Flow step，设定模式为 Steady state flow。

②设定剪切速率扫描的范围、数据采集模式、测试温度及取点平衡时间。

③实验参数设定完整无误后，点击 Experiment-Run，命名测试样品及文件名并选择存储位置，测试次数选择 1，点击 OK 开始测试。

④测试完毕降至室温后，将夹具升至上止点，取下样品，将夹具清理干净。

（5）关机

先关闭软件，然后关闭主机电源，再安装轴承保护锁，下推气压阀，关闭空压机电源。（请严格按照关机顺序关机。）

【实验结果】

（1）打开数据处理软件"Rheology advantage data analysis"，进入数据分析界面。双击文件名，打开需要处理的文件。

（2）以剪切速率为横坐标，剪切应力为纵坐标，绘制流动曲线。

（3）数据分析：点击"Analysis"图标打开下拉式菜单，选择合适的流变模型（如 Power law）拟合处理数据，得到稠度系数 K 和流动行为指数 n。

【思考题】

（1）解释聚合物普适流动曲线的物理意义。

（2）$\tau = K\dot{\gamma}^n$ 中 n 的取值范围及意义？

实验五十四　聚合物拉伸实验

【实验目的】

（1）掌握聚合物的静载荷拉伸实验方法。

（2）观察结晶聚合物的拉伸行为特征。

（3）测定聚乙烯或聚丙烯材料的拉伸屈服应力、拉伸断裂应力和拉伸断裂应变（或拉伸断裂应变标称应变）。

【实验原理】

拉伸实验是力学性能中最常用的一种测试方法，是在规定的实验温度、湿度下，沿试样纵向主轴方向恒速拉伸，直到试样断裂或其应力（负荷）或应变（伸长）达到某一预定值，测量在这一过程中试样承受的负荷及其伸长。

典型的拉伸试样如图 54-1 所示。

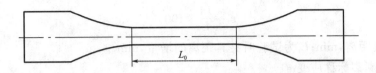

图 54-1　拉伸样条形状示意图

国家标准 GB/T 1040 涉及的主要术语和定义如下：

(1)标距 L_0

试样中间部分两标线之间的初始距离，以 mm 为单位，由 GB/T 1040 规定。

(2)截面积 A

试样中间部分矩形截面的初始宽度和初始厚度的乘积，以 mm^2 为单位。

(3)夹具距离 L

夹具间试样部分的初始长度，以 mm 为单位。

(4)拉伸应力

在试样标距内，每单位原始截面积上所受的法向力，以 MPa 为单位。

(5)拉伸屈服应力 σ_y

屈服应变时的应力，

$$\sigma_y = F_y/bd \tag{1}$$

式中，σ_y 为拉伸屈服应力，MPa；F_y 为屈服点的拉伸载荷，N；b 和 d 分别为试样的原始宽度和厚度，mm。

(6)拉伸强度 σ_m

在拉伸试验过程，观测到的最大初始应力，以 MPa 为单位。

(7)拉伸断裂应力 σ_b

试样破坏时的拉伸应力，

$$\sigma_b = F_b/bd \tag{2}$$

式中，σ_b 为拉伸断裂应力，MPa；F_b 为断裂时的拉伸载荷，N。

(8)拉伸应变 ε

原始标距单位长度的增量，以无量纲的比值或百分数(%)表示。适用于脆性材料或韧性材料屈服点之前的应变。

$$\varepsilon = \frac{\Delta L_0}{L_0} \times 100\% \tag{3}$$

式中，L_0 为试样的标距，mm；ΔL_0 为试样标距间长度的增量，mm。

(9)拉伸断裂应变 ε_b

对断裂发生在屈服之前的试样，应力下降至小于或等于强度的 10% 之前最后记录的数据点对应的应变，以无量纲的比值或百分数(%)表示。

(10)拉伸标称应变 ε_t

横梁位移除以夹持距离，以无量纲的比值或百分数(%)表示。只适用韧性材料屈服点后的应变，表示沿式样自由长度总的伸长率。

$$\varepsilon_t = \frac{L_t}{L} \times 100\%$$

式中，L 为夹具距离，mm；L_t 为试验时夹具距离的增量，mm。

(11)拉伸断裂标称应变 ε_{tb}

对断裂发生在屈服之后的试样，应力下降至小于或等于强度的 10% 之前最后记录的数据点对应的标称应变，以无量纲的比值或百分数（%）表示。

从拉伸实验测定的应力-应变曲线可以得到评价材料性能极为有用的指标，如杨氏模量、拉伸强度、拉伸屈服应力、拉伸断裂应力、断裂（标称）应变等。

【主要仪器和试样】

(1)仪器

伺服控制拉力试验机 AI-7000 M。

(2)试样

符合国家标准 GB/T 1040—2006 的哑铃型试样，要求试样无扭曲，表面和边缘无划痕、空洞、凹陷和毛刺。试样数量最少 5 个。

【实验步骤】

(1)熟悉伺服控制拉力试验机的结构、操作规程和注意事项。

(2)试样中部标距范围内取左、中、右三点，用游标卡尺和厚度计分别测量试样的宽度和厚度，准确至 0.02 mm。

(3)启动计算机，开启伺服控制拉力试验机电源，打开控制软件，调出预设的测试方法，输入试样的几何尺寸（宽度和厚度）。

(4)将试样放到夹具中，务必使试样的长轴线与试验机的轴线成一直线。平稳而牢固地夹紧夹具。

(5)将引伸计固定在试样的标距的标线上并调正。

(6)点击控制软件的"测试"按钮，伺服控制拉力试验机以 50 mm/min 的试验速度拉伸试样直至断裂，试样所承受的负荷（load）及与之对应的标线间或夹具距离的增量（stroke）由计算机采集并保存为 txt 文件。

(7)取下试样，点击"确定"按钮，夹具自动回到初始位置。

(8)重复测试 5 个试样。

【数据记录和处理】

(1)由 txt 文件记录的数据分别计算每个试样的拉伸应力和拉伸应变（或拉伸标称应变），并做出应力-应变曲线。

(2)分别计算每个试样的拉伸屈服应力、拉伸断裂应力以及拉伸断裂应变（或拉伸断裂标称应变），取平均值作为待测聚合物材料的拉伸力学性能参数。按照国标要求，应力保留三位有效数字，应变保留两位有效数字。

【思考题】

(1)改变试验速度，拉伸应力将如何变化？

(2)同样实验条件下，厚、薄不同的同一种高聚物的试样，哪个试样的拉伸应力更高？说明原因。

实验五十五　聚合物冲击实验

【实验目的】

(1)了解冲击试验的基本原理、仪器构造。

(2)掌握摆锤式冲击仪测定聚合物冲击强度的试验方法。

(3)测定聚合物的悬臂梁缺口冲击强度和简支梁缺口冲击强度。

【实验原理】

冲击试实验可表征材料在快速载荷下力学性能,如材料的韧性和对断裂的抵抗能力。测量冲击强度的方法一般有摆锤式冲击实验、落球式冲击实验、高速拉伸冲击实验等。我国经常使用的是摆锤式冲击实验,又分为简支梁式和悬臂梁式两种。摆锤式冲击实验所测得的冲击强度是指试样破断时单位面积上所消耗的能量。基本原理是把摆锤从垂直位置挂于机架的扬臂上,扬角为 α,如图 55-1 所示。摆锤获得了一定的位能,自由下落则位能转化为动能,冲击试样。试样发生破坏吸收一部分动能,剩余动能使摆锤升到某一高度,即升为 β。

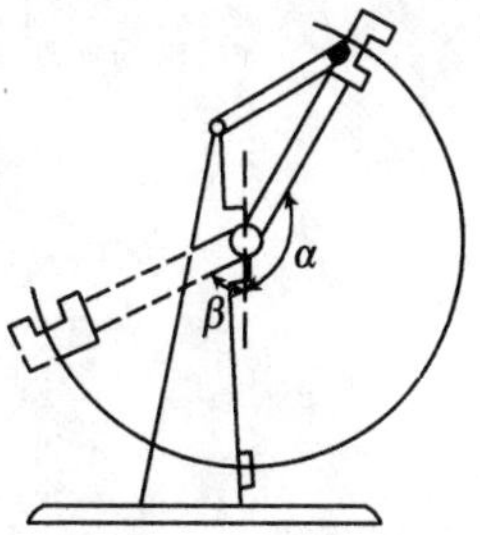

图 55-1　摆锤式冲击试验仪示意图

在整个冲击实验中,依照能量守恒的关系可写出下式:

$$A = m(h_0 - h) = ml(\cos \beta - \cos \alpha) \tag{1}$$

式中,m 为冲击锤质量,kg;l 为冲击锤之摆长,m;α 为冲击锤冲击前的扬角;β 为冲击锤冲击冲断试样之后的升角;A 为冲断试样所消耗的功,J。式(1)中除 β 外均为已知数,故可根据摆锤冲断试样后的升角的大小从刻度盘上直接读出冲断试样所消耗的功。将此功 A 除以试样的横截面积,即为试样的冲击强度。

无缺口试样的冲击强度由式(2)计算,

$$\sigma = \frac{A}{h \cdot b} \times 10^3 \tag{2}$$

式中,σ 为冲击强度,kJ/m^2;h 和 b 分别为试样厚度和宽度,mm。

缺口试样的冲击强度由式(3)计算,

$$\sigma = \frac{A}{h \cdot b_N} \times 10^3 \tag{3}$$

式中,σ 为冲击强度,kJ/m^2;h 和 b_N 分别为试样厚度和剩余宽度,mm。

对于缺口试样,悬臂梁冲击试验仪和简支梁冲击试验仪的摆锤冲击方向分别如图55-2和图 55-3 所示。

冲击的四种类型由以下字符命名:

C——完全破坏,试样断开成两段或多段;

H——铰链破坏,试样没有刚性的很薄表皮连在一起的一种不完全破坏;

P——部分破坏,除铰链破坏之外的不完全破坏;

N——未发生破坏,只是弯曲变形,可能有应力发白的现象产生。

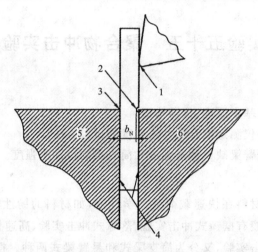

1—冲击刃;2—缺口;3—夹具棱圆角;4—与试样接触的夹具面;5—固定夹具;
6—活动夹具;b_N—缺口底部的剩余宽度

图 55-2 缺口试样的悬臂梁冲击

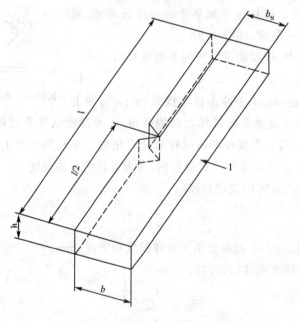

1—冲击方向;l—试样长度

图 55-3 缺口试样的简支梁冲击

【主要仪器和试样】

(1)仪器

悬臂梁冲击试验仪(UJ-4),简支梁冲击试验仪(XCJ-4),冲击试件削角机(GT-7016-A3),游标卡尺。

（2）试样

符合国家标准的试样。要求试样不翘曲，相对表面相互平行，相邻表面相互垂直，所有表面和边缘应无划痕、麻点、凹陷和飞边。每组试样不少于 10 个。

【实验步骤】

（1）熟悉摆锤式冲击试验仪。

（2）使用冲击试件削角机将试样铣出符合国标规定的缺口。

（3）用游标卡尺和厚度计，测量试样中间部分的宽度和厚度，准确至 0.02 mm，测量三次，取算术平均值。

（4）悬臂梁冲击试验：调零。抬起并锁住摆锤，试样的缺口面向摆锤，固定一端。指针拨至满量程位置，轻按按钮释放摆锤，冲击试样，从表盘读取指针所指的数值即为 A 值。记录试样的破坏类型。

（5）简支梁冲击试验：根据试样尺寸，按国家标准调节支座跨度，调零。抬起并锁住摆锤，试样的宽面紧贴在支座上，试样的缺口背向摆锤并处于支座的中心，以保证摆锤正好冲击在缺口的背面(图 55-3)。指针拨至满量程位置，轻按按钮释放摆锤，冲击试样，从表盘读取指针所指的数值即为 A 值。记录试样的破坏类型。

【数据记录和处理】

（1）对缺口试样，按式（2）计算冲击强度。

（2）结果表示

选出最常出现的破坏类型，计算此破坏类型的冲击强度的平均值（取两位有效数字），用字母 C（铰链破坏也归于此类）或 P 记录破坏类型。若最常见破坏类型是"不破坏"，则只记录字母 N。

【思考题】

（1）冲击试验得到的冲击强度数值与哪些条件有关？

（2）同一聚合物，为什么薄的试样常比厚的试样的冲击强度高？

实验五十六　聚合物弯曲强度的测定

【实验目的】

（1）掌握弯曲强度的实验方法。

（2）学会使用 Instron 电子万能材料试验机。

（3）观察聚合物材料在弯曲实验过程中的现象。

【实验原理】

弯曲实验主要用来检验材料在经受弯曲负荷作用时的性能，生产中常用弯曲实验来评定材料的弯曲强度和塑性变形的大小，这两者是质量控制和应用设计的重要参考指标。弯曲实验常常采用简支梁法，把试样放在两个支点上，在其跨度中心施加集中载荷，使其以恒定速度弯曲，直到试样断裂或变形达到预定值，以测定其弯曲性能。依照 GB/T 9341—2008 中三点加荷实验(三点弯曲实验)将横截面为矩形的试样跨于两个支座上，通过一个加载压头对试样施加载荷，压头着力点与两支点间的距离相等，如图 56-1 所示。

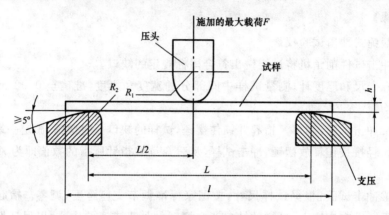

图 56-1　实验开始时的试样位置

在弯曲载荷的作用下，试样将产生弯曲变形。变形后试样跨度中心的顶面或底面偏离原始位置的距离称为挠度 s，单位为 mm。随载荷增加，试样的挠度增大。弯曲强度 σ_f 是试样在弯曲过程中承受的最大弯曲应力，单位为 MPa，可由下式计算：

$$\sigma_f = \frac{3FL}{2bh^2} \tag{1}$$

式中，F 为施加的最大载荷，N；L 为试样的跨度，mm；b 和 h 分别为试样的宽度和厚度，mm。

弯曲应变 ε_f 是试样跨度中心外表面上单元长度的微量变化，用量纲一的量的比值或百分数表示：

$$\varepsilon_f = \frac{6sh}{L^2} \times 100\% \tag{2}$$

根据给定的弯曲应变 $\varepsilon_{f_1} = 0.0005$、$\varepsilon_{f_2} = 0.0025$，可求得相应的挠度 s_1 和 s_2 为

$$s_i = \frac{\varepsilon_{f_i} L^2}{6h} \quad (i = 1, 2) \tag{3}$$

弯曲模量 E_f(单位为 MPa)为

$$E_f = \frac{\sigma_{f_2} - \sigma_{f_1}}{\varepsilon_{f_2} - \varepsilon_{f_1}} \tag{4}$$

式中，σ_{f_1} 和 σ_{f_2} 分别是挠度为 s_1 和 s_2 时的弯曲应力。

聚合物弯曲强度测定的影响因素主要包括：

(1)试样尺寸

横梁抵抗弯曲变形的能力与跨度和横截面积有很大关系，尤其是厚度对挠度影响更大。同理，弯曲实验如果跨度相同但试样的横截面积不同，则结果是有差别的。所以标准方法中特别强调(规定)了试样跨度与厚度比和实验速度等几方面的关系，目的是使不同厚度的试样外部纤维变形速率相同或相近，从而使各种厚度之间的结果有一定可比性。在《塑料弯曲性能试验方法》(GB/T 9341—2008)中规定了跨度 L 应符合：

$$L = (16 \pm 1) \cdot h \tag{5}$$

同时规定若选用推荐试样,则尺寸为:长度 $l = (80 \pm 2)$ mm;宽度 $b = (10.0 \pm 0.2)$ mm;厚度 $h = (4.0 \pm 0.2)$ mm。当不可能或不希望采用推荐试样时,须符合下面的要求:

试样长度和厚度之比应与推荐试样相同,如:

$$l/h = 20 \pm 1 \tag{6}$$

试样宽度应采用表 56-1 给出的规定值。

表 56-1 　　　　　　　　　　　　　与厚度相关的宽度 　　　　　　　　　　　　(mm)

公称厚度 h	$b \pm 0.5^*$	
	热塑性模塑料和挤塑料以及热固性板材	织物和长纤维增强的塑料
$1 < h \leqslant 3$	5.0	15.0
$3 < h \leqslant 5$	10.0	15.0
$5 < h \leqslant 10$	15.0	15.0
$10 < h \leqslant 20$	20.0	30.0
$20 < h \leqslant 35$	35.0	50.0
$35 < h \leqslant 50$	50.0	80.0

＊　含有粗粒填料的材料,其最小宽度应在 20~50 mm。

(2)试样的机械加工面

有必要时尽量采用单面加工的方法来制作。实验时加工面对着加载压头,使未加工面受拉伸,加工面受压缩。

(3)加载压头圆弧半径和支座圆弧半径

加载压头圆弧半径是为了防止剪切力和对试样产生明显压痕而设定的,一般只要不是过大或过小,对结果影响较小。但对于支座圆弧半径的大小,要保证支座与试样接触为一条线(或较窄的面),如果表面接触过宽,则不能保证试样跨度的准确。

(4)应变速度

试样受力弯曲变形时,横截面上部边缘处有最大的压缩变形,下部边缘处有最大的拉伸变形。所谓应变速率是指在单位时间内,上、下层相对形变的改变量,以每分钟形变百分率表示,实验中可控制加载速度来控制应变速率。随着应变速率和加载速度的增加,弯曲强度也增加,为了消除其影响,在实验方法中对实验速度做出统一的规定,例如符合推荐试样的实验速度应为 2 mm/min。一般说来应变速率较低时,其弯曲强度偏低。

(5)试样跨度

弯曲实验大多采用"三点式"方式进行。这种方式在受力过程中,除受弯矩作用外,还受剪切力的作用。故采用"三点式"方式进行测试,对于反映塑料的真实性能是存在一定问题的。因此,国内外有人提出采用"四点式"方式进行测试。目前进行工作较多的还是采用"三点式"方式,用合理的选择试样跨度与厚度比(L/h)来消除剪切力的影响。

试样跨度与厚度比目前基本上有两种情况,一种是 $L/h = 10$;另一种是 $L/h = 16$。从理论上讲,最大剪切应力与最大正应力的关系是 $\tau_{max}/\sigma_{max} = 1/(2L/h)$,由此可以看到随着跨度与厚度比的增大,剪切应力应减小。从式中看出,L/h 愈大,剪切应力所占的比愈小,当 $L/h = 4 \sim 10$ 时,其剪应力分配为 5%~12.5%。可见剪切应力效应对试样弯曲强度的影响是随着试样所采用跨度与厚度比值的增大而减小的。但是,跨度太大则挠度也增大,且试样两个支点的滑移也会影响实验结果。

(6)环境温度

和其他力学性能一样,弯曲强度也与温度有关。实验温度无疑对塑料的抗弯曲性能有很大影响,特别是对耐热性较差的热性塑料。一般地,各种材料的弯曲强度都随着温度的升高而下降,但下降的程度各有不同。

(7)试样要求

不可扭曲,表面应相互垂直或平行,表面和棱角上应无刮痕、麻点。

【主要仪器和试样】

(1)仪器

Instron 电子万能材料试验机;游标卡尺。

(2)试样

聚乙烯、聚丙烯试样。

尺寸按照 GB/T 9341—2008 标准选取。要求试样表面应平整,无气泡、裂纹、分层和明显杂质,缺口处无毛刺。每组试样不少于 5 个。

【实验步骤】

(1)用游标卡尺和厚度计,测量试样中间部分的宽度和厚度,精确至 0.02 mm,测量 3 次取算术平均值。

(2)启动 Instron 试验机主机电源,完成机器自检。

(3)打开计算机,双击"Instron bluehill"图标,进入主控制页面。

(4)点击"方法"图标,打开方法,编辑测试方法或创建新的测试方法并保存。

(5)打开测试界面,创建新试样,依提示输入测试日期、温度、湿度等。

(6)将试样对称安放在两个支座上,并于跨度中心施加力,如图 56-1 所示。输入试样的尺寸,点击"开始"图标进行测试。

(7)重复步骤(6),直到完成所有试样的测试。

【实验结果】

(1)双击"Instron bluehill"图标,进入主控制页面,点击"报告"图标,生成报告。

(2)计算试样的弯曲强度、弯曲应变和弯曲模量。

【思考题】

如何提高测试的准确性?

实验五十七　聚合物的电性能实验

【实验目的】

(1)了解测定聚合物材料的介电强度、耐电压值和电阻率的基本原理和方法。

(2)测定聚合物材料的介电强度、耐电压值和电阻率。

【实验原理】

聚合物的电性能是指聚合物在外加电压或电场作用下的行为以及表现出的各种物理现象。如交变电场中的介电性质、强电场中的击穿现象等。

(1)介电强度和耐电压值

采用连续均匀升压或逐级升压的方法，对试样施加交流电压，直至击穿。测出击穿电压值 U_b，单位为 kV，计算试样的介电强度 E_b，单位为 kV/mm。

$$E_b = \frac{U_b}{h} \tag{1}$$

式中，h 为试样厚度，mm。

用迅速升压的方法，将电压升到规定值，保持试样在一定时间内不击被穿，记录电压值和时间，即为此试样的耐电压值，其中电压单位为 kV，时间单位为 min。

该方法适用于固体电工绝缘材料（如绝缘漆、树脂和胶、浸渍纤维制品、层压制品、云母及其制品、塑料、薄膜复合制品、陶瓷和玻璃等）在工频电压下的击穿电压值、介电强度和耐电压、电阻率的测定。对某些绝缘材料如橡胶及橡胶制品、薄膜等，可按照有关标准进行上述性能实验。

(2)电阻率

聚合物的导电性通常采用与尺寸无关的体积电阻率 ρ_v 和表面电阻率 ρ_s 来表示。把两个电极与试样接触或嵌入试样内，加于两电极上的直流电压和流经电极间的全部电流之比，称为绝缘电阻。高阻计法测量绝缘电阻是直读式。测试时，被测试样与高阻抗直流放大器的输入电阻 R 串联，并连接于直流测试电压上，高阻抗直流放大器将其输入电阻上的分压讯号，经放大后输出至指示仪表，由指示仪表直接得到被测绝缘电阻值。

主要工作原理：根据欧姆定律，被测电阻 R_x 等于施加电压 U 除以通过的电流 I，即 $R_x = U/I$。传统高阻计的工作原理是测量电压 U 固定，通过测量电流流过被测物体的电流 I 以标定电阻的刻度来读出电阻值。EST121 型数字超高阻微电流测量仪是同时测出电阻两端的电压 U 和流过电阻的电流 I，通过内部的集成电路完成电压除以电流的计算，然后以数字显示出电阻值，电阻两端的电压 U 和流过电阻的电流 I 同时变化，测试时仪器显示的电阻值随被测电压 U 和电流 I 的变化而变化。

【主要仪器和试样】

(1)仪器

DJC-50 kV 电击穿仪；EST121 型数字超高阻微电流测量仪；厚度测量仪。

(2)试样

注塑成型的聚乙烯或聚丙烯圆片试样，直径 100 mm，厚度 3 mm。

要求试样表面平整、均匀、无裂纹、无气泡和机械杂质等缺陷。试样数量不得少于 3 个。

【实验步骤】

(1)试样处理

①试样的清洁处理：用蘸有溶剂（对试样不起腐蚀作用）的绸布擦洗试样。

②试样的预处理：为减小储存条件对实验的影响，使实验结果有较好的重复性和可比性，按照表 57-1 所列条件进行预处理。

表 57-1	试样预处理条件	
温度/℃	相对湿度/%	处理时间/h
20±5	65±5	≥24
70±2	<40	4
105	<40	1

③条件处理:实验前,将试样在规定的温度下,放置于一定相对湿度的大气中或完全浸于水(或其他液体)中,达到规定时间后进行实验,以考核该材料耐受温度、湿度等各种因素影响的程度。处理条件和方法按产品标准规定。

④试样的正常化处理:一般情况下,经过加热预热处理或高温处理后的试样,应在温度为(20 ± 5)℃和相对湿度为(65 ± 5)%的条件下放置不少于24 h,方能进行常态实验。

(2)厚度测量

用厚度测量仪在试样测量电极面积下沿直径测量不少于3个点,取其算术平均值作为试样厚度,测量误差为±0.01 mm。

(3)介电强度和耐电压实验

①将试样置于DJC-50 kV电击穿仪的样品池中。

②连续均匀升压法:测试条件见表57-2。

表57-2　　　　　　　　连续均匀升压法测试条件

试样击穿电压/kV	升压速度/(kV/s)
<1.0	0.1
1.0~5.0	0.5
5.1~20	1.0
>20	2.0

1 min逐级升压法:第一级加电压值为标准规定击穿电压的50%,保持1 min;以后每级升压后保持1 min,直至击穿;级间升压时间不超过10 s,升压时间应计算在1 min内,每级电压采用表57-3规定的电压值。如果击穿发生在升压过程中,则以击穿前开始升压的那一级电压作为击穿电压,如果击穿发生在保持不变的电压级上,则以该级电压作为击穿电压。

表57-3　　　　　　　　逐级升压法测试条件

击穿电压/kV	每级升压电压/kV
<5	0.5
5~25	1
26~50	2
51~100	5
>100	10

③耐电压实验

在试样上连续均匀升到一定的实验电压后保持一定的时间,试样若不击穿则定此电压为耐电压值。实验电压和时间由产品标准规定。

(4)电阻率实验(用于电阻率实验的试样不经试样处理步骤的②③处理)

①准备

a.通电前检查仪器面板上各开关及调整器,使其在如下位置:测试电压选择开关置于"100伏"处;量程选择开关置于"10^2"处。

b.检查接地线:由电源或用仪器的接地螺钉接地线。

c.将电源开关拨向"通"位置,指示灯亮,进行测试。

d.将处理过的试样装在电极中,置于电极箱内,准备测试。

②测量

a.调零：在 R_x 两端开路的情况下调零使电流表显示"0000"。在 R_x 两端不开路的情况下接在电阻箱或被测量物体上时，调零后测量会产生很大的误差。一般一次调零后在测试过程中不需再调零。

b.测量时从低挡位逐渐拨往高挡位，每拨一次稍停留 $1\sim2$ s 以观察显示数字。

当被测电阻大于仪器测量量程时，电阻表显示"1"，此时应继续将仪器拨到量程更高的位置。当测量仪器有显示值时应停下，当前的数字乘以挡位即是被测电阻值。当有显示数字时不要再往更高挡位拨，否则仪器会超过量程。

c.每测量一次均应将量程开关拨回到"101"挡。

d.测量电流为"10^1 Ω"以上超高电阻时，可以通过测量电流的方法，然后用欧姆定律求出超高电阻值。测量电流与测量电阻的方法基本相同。

例如：电流表显示读数为"1.234×10^{-3}"，则电流为 $I=1.234\times10^{-3}$ A，利用欧姆定律可以计算出电阻值。利用测量电流的方法可测量超过 10^{14} Ω 以上的超高电阻。

e.测量完毕，将量程开关拨到"101"挡后，关闭电源。

【实验结果】

(1)打印介电强度和耐电压实验曲线，计算介电强度，取 5 次实验的平均值作为实验结果。

(2)依据测得的体积电阻 R_v 和表面电阻 R_s，分别计算体积电阻率和表面电阻率，单位为 Ω·cm。

$$\rho_v=R_v\ \frac{\pi d_1^2}{0.4h}$$

$$\rho_s=R_s\ \frac{2\pi}{\ln(d_2/d_1)}$$

式中，d_1 和 d_2 分别是主电极的直径和高压电极的内径，cm。

【思考题】

(1)试样中的含水量对测试结果有何影响？

(2)实验条件对实验有何影响？

实验五十八　接触角的测量

【实验目的】

(1)了解液体在固体表面的润湿过程及接触角的含义。

(2)掌握用静滴法测量接触角。

【实验原理】

所谓接触角是指在一个固体的水平平面上滴一滴液滴，在固-液-气三相交界点处，自固-液界面经液体内部到其气-液界面的夹角，如图 58-1 所示。假定界面间力可由作用在界面方向的界面张力来表示,则液滴在固体表面处于平衡时,这些界面张力在水平方向上的分力之和等于零,即著名的 Young 方程(或称为润湿方程):

$$\sigma_{GS} = \sigma_{LS} + \sigma_{GL}\cos\theta \tag{1}$$

式中,σ_{GS} 为气-固界面张力;σ_{LS} 为液-固界面张力;σ_{GL} 为固-液界面张力;θ 为接触角。

也可写为

$$\cos\theta = \frac{\sigma_{GS} - \sigma_{LS}}{\sigma_{GL}} \tag{2}$$

显然,接触角 θ 是润湿程度的量度。

(1)当 $\theta = 0°$,即 $\cos\theta = 1$ 时,液体在固体表面铺展,为完全润湿。

(2)当 $0 < \theta < 90°$,即 $0 < \cos\theta < 1$ 时,液体可以润湿固体,且 θ 越小,润湿越好。

(3)当 $90° < \theta < 180°$,即 $\cos\theta < 0$ 时,液体不润湿固体。

(4)当 $\theta = 180°$,即 $\cos\theta = -1$ 时,完全不湿润,液体在固体表面凝成小球。

接触角的测量方法有很多,按照直接测量物理量的不同可分为量角法、长度法等;按照测量时三相接触线的移动速率可分为静态接触角法、动态接触角法和低速动态接触角法;按照测试原理可分为静滴法、转落法、插入法等。上述方法各有适用范围及优缺点,需要根据实际需要选择。

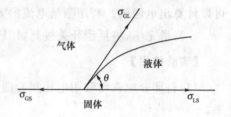

图 58-1　接触角示意图

【主要仪器和试样】

(1)仪器

JY-82 型接触角测定仪。由主机、显微镜(备有三个物镜)、照明系统、试样工作台、控制箱、液滴调整器组成;可测量各种液体对各种板材、丝、粉末的接触角。

(2)试样

聚丙烯片。

【实验步骤】

(1)首先通过仪器中间的水平仪找好仪器水平。

(2)根据不同实验,选用不同倍数的显微镜,一般做液滴试样,以 30 倍为宜。

(3)将试样置于工作台上,用弹簧压板压紧并把装有需测液体的液滴调节器装在主机上,用螺钉固定。

(4)旋转测微头,调整液滴的量使其在针头形成液滴,向上移动工作台,使试样表面与液滴接触,再向下移动工作台,在试样上留下液滴。

(5)水平移动工作台,使液滴处于显微镜目镜中心。

(6)读数:接触角的读取有三种方法:

方法一:如图 58-2 所示,移动目镜中十字线作液滴的切线,目镜中的角度就是接触角 θ。

方法二:如图 58-3 所示,移动目镜中十字线过液滴圆弧上的中心点读取这个角,这个角的 2 倍就是接触角 θ。

方法三：如图 58-4 所示，首先转动目镜刻线的两条十字线与液滴都相切；其次工作台上移，使目镜中的圆心与液滴的顶点重合；最后转动目镜的十字线，使它通过液滴的顶点及圆弧和平面的两个交点。这时在目镜中所读角度的 2 倍即为接触角 θ。

 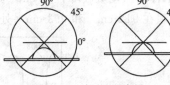

图 58-2 方法一示意图　　　　图 58-3 方法二示意图　　　　图 58-4 方法三示意图

（7）每个试样测试 5 次。

【实验结果】

记录试样的接触角测定值，计算平均值作为试样的接触角 θ。

实验五十九　红外光谱法鉴定聚合物的结构特征

【实验目的】

（1）了解红外光谱分析法的基本原理。

（2）初步掌握红外光谱样品的制备和红外光谱仪的使用。

（3）初步学会红外吸收光谱的分析方法。

【实验原理】

红外光谱与有机化合物、高分子化合物的结构之间存在密切的关系，是研究结构与性能关系的基本手段之一。红外光谱分析具有速度快、取样少、灵敏度高的特点，并能分析各种状态的样品，广泛应用于聚合物领域，如分析聚合物的主链结构、顺反结构、共聚物的序列分布等。

红外光谱属于振动-转动光谱，其光谱区域可进一步分为近红外区（12 800～4 000 cm^{-1}）、中红外区（4 000～200 cm^{-1}）和远红外区（200～10 cm^{-1}）。其中最常用的区域是 4 000～400 cm^{-1}，大多数化合物的化学键振动能级的跃迁发生在这一区域。

分子中存在着许多不同类型的振动，其振动与原子数有关。含 N 个原子的分子有 $3N$ 个自由度，除去分子的平动和转动自由度外，振动自由度应为 $3N-6$（线性分子是 $3N-5$）。这些振动可分为两类。一类是原子沿键轴方向伸缩使键长发生变化的振动，称为伸缩振动，用 ν 表示。这种振动又分为对称伸缩振动 ν_s 和不对称伸缩振动 ν_{as}。另一类是原子垂直于键轴方向振动，此类振动会引起分子内的键角发生变化，称为弯曲（或变形）振动，用 δ 表示，这种振动又分为面内弯曲振动（包括平面及剪式两种振动）和面外弯曲振动（包括非平面摇摆及弯曲摇摆两种振动）。

对应每种振动方式有一种振动频率，一般用"波数"表示，单位为 cm^{-1}。当多原子分子获得足够的激发能量时，情况非常复杂。所有原子核彼此做相对振动，也对整个分子做相对振动,出现很多振动频率组。每种化学键、基团都有特殊的吸收频率组,就像人的指纹一样。因此,利用红外光谱可鉴别出分子中存在的基团、双键位置以及顺反异构等结构特征。图 59-1 是聚丁二烯的红外光谱图。2 945 cm^{-1} 和 2 854 cm^{-1} 归属为亚甲基的顺式伸缩振动吸收峰;2 918 cm^{-1} 和 2 864 cm^{-1} 归属为亚甲基的反式伸缩振动吸收峰;3 008 cm^{-1} 归属为 =C—H 伸缩振动吸收峰;723 cm^{-1} 归属为顺式 C—H 弯曲振动吸收峰;乙烯基组分的强吸收峰出现在 912 cm^{-1} 和 993 cm^{-1} 处;反式 C—H 弯曲振动吸收峰出现在 966 cm^{-1} 处。

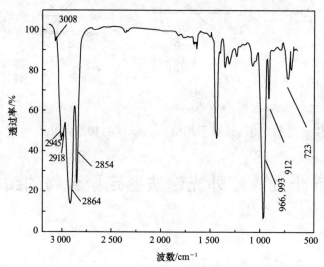

图 59-1　聚丁二烯的红外光谱图

【主要仪器和试样】

(1)仪器

德国布鲁克 EQUINOX55 傅立叶变换红外光谱仪。

(2)试样

聚乙烯;聚丙烯;聚丁二烯;聚异戊二烯等。

【实验步骤】

(1)制样

①溶液制膜:将聚合物样品溶于适当的溶剂中,然后均匀地浇涂在溴化钾晶片或洁净的载玻片上,待溶剂挥发后,形成的薄膜可以用手或刀片剥离后进行测试。若在溴化钾或氯化钠晶片上成膜,可不必揭下薄膜,直接测试。在玻璃片上成膜的样品若不易剥离,可连同玻璃片一起浸入蒸馏水中,待水把其润湿后,就容易剥离了,但样品薄膜需要彻底干燥后方可进行测试。

②热压薄膜法:将样品放入压模中加热软化,液压成片,如果是交联及含无机填料较高的聚合物,可以用裂解法制样,将样品置于丙酮和氯仿体积比为 1:1 的混合溶液中抽提 8 h 后,放入试管中裂解,取出试管壁液珠涂片。

③溴化钾压片法:适用于不溶性或脆性树脂,如橡胶或粉末状样品。分别取 1~2 mg 的样品和 20~30 mg 干燥的溴化钾晶体,于玛瑙研钵中研磨成粒度约为 2 μm 且混合均匀的细粉末,装入模具内,在油压机上压制成片测试。对压片有特殊要求的样品,可用氯化钾

晶体代替溴化钾晶体进行压片。

除以上三种主要的制样方法外,还有切片法、溶液法、石蜡糊法等。

(2)放置样品

打开红外光谱的电源,待其稳定后(约 30 min),把制备好的样品放入样品架,然后放入仪器样品室的固定位置。

(3)测试

运行光谱仪程序,进入操作软件界面设定各种参数,进行测定。具体步骤如下:

①运行程序。

②参数设置:打开参数设置对话框,选取适当方法、测量范围、存盘路径、扫描次数和分辨率。

③测试:参数设置完成后,进行背景扫描,然后将样品固定在样品夹上,放入样品室,开始样品扫描。

④测定结束后,取出样品,复原仪器。

【实验结果】

(1)记录实验条件:包括仪器型号、生产厂家、实验参数和试样制样方法等。

(2)谱图处理:处理文件,如基线拉平、曲线平滑、取峰值等。

(3)谱图解析:标出特征吸收谱带并归属,注意吸收峰的位置、强度。与文献标准谱图对照或根据所提供的结构信息,初步确定产物的主要官能团。

【思考题】

(1)阐述红外光谱法的特点和产生红外吸收的条件。

(2)样品的用量对检测精度有无影响?

(3)溴化钾压片制样过程中应注意哪些事项?

实验六十　聚合物微观结构的核磁共振氢谱分析

【实验目的】

(1)了解核磁共振波谱法的基本原理。

(2)掌握核磁共振液体样品的制备方法。

(3)掌握简单的核磁共振氢谱解析方法。

【实验原理】

核磁共振波谱法是表征、分析、鉴定有机化合物结构极为重要的方法。脉冲傅立叶变换核磁共振波谱仪一般包括 5 个主要组成部分,即射频发射系统、探头、磁场系统、信号接收系统和信号控制、处理与显示系统。核磁共振谱是具有磁矩的原子核受电磁辐射发生跃迁所形成的吸收光谱。同一种原子核处于不同的化学环境(不同官能团),其核磁共振谱线的位置不同。一般采用某一标准物质作为基准,以基准物质的谱峰位置作为核磁谱图的坐标原点。不同官能团的原子核谱峰位置相对于原点的距离,反映了它们所处的化学环境,称为化

学位移 δ。化学位移 δ 按下式计算：

$$\delta = \frac{\nu_{样品} - \nu_{标准}}{\nu_{标准}} \times 10^6$$

δ 所表示的是距离原点的相对距离，是量纲一的量。四甲基硅烷（TMS）是常用的测量化学位移的基准，规定 $\delta_{TMS} = 0$。

核磁共振氢谱可以提供重要的结构信息，如化学位移、耦合常数及峰的裂分情况、峰面积等。峰面积能够定量反映氢核的信息，在核磁共振氢谱中，氢的峰面积与氢的数目成正比，这是核磁共振氢谱的独特优势。核磁共振氢谱中峰的化学位移和相对强度可用来确定聚合物的微观结构。顺式聚丁二烯和反式 1,4-聚丁二烯的—CH₂—中的两个氢的化学位移分别是 2.12 和 2.04；1,2-聚丁二烯的 =CH—、=CH₂、—CH₂—、 CH— 的化学位移分别是 5.55、4.80～5.01、2.10、1.20；1,2-结构单元和 1,4-结构单元的含量分别为

$$1,2\ 结构单元\% = \frac{I_{(4.80\sim5.01)}}{I_{(5.40)} + I_{(4.80\sim5.01)}}$$

$$1,4\ 结构单元\% = \frac{I_{(5.40)}}{I_{(5.40)} + I_{(4.80\sim5.01)}}$$

【主要仪器和试样】

（1）仪器

Varian INOVA 400 MHz 核磁共振波谱仪，NMR 样品管（直径为 5 mm）。

（2）试样

氘代氯仿；聚丁二烯等。

【实验步骤】

（1）试样配制

将 20 mg 聚合物装入核磁共振试样管中，然后加入 0.5 mL 氘代氯仿，盖好盖子，振动使试样完全溶解。

（2）按仪器说明书的提示操作，进行核磁共振氢谱表征，获得核磁共振吸收谱以及相对内置四甲基硅烷的化学位移。

【实验结果】

（1）在谱图上记录实验条件。

（2）谱图解析

①写出试样的结构式，并用英文字母标注每一种 ¹H。

②在试样谱图上将各组峰按化学位移从小到大的顺序用英文字母编号，读出各组峰的化学位移；判断耦合裂分峰形，积分峰面积，归属各峰；计算微观结构含量。

【思考题】

（1）产生核磁共振的必要条件是什么？

（2）化学位移是否随外加磁场强度的改变而改变？为什么？

实验六十一 相差显微镜法表征共混物的结构形态

【实验目的】

(1)学会熔融法制备共混物样品。

(2)了解相差显微镜的基本原理。

(3)掌握相差显微镜研究共混物结构形态的方法。

【实验原理】

"高分子合金"是高分子材料开发的主要途径之一,是采用物理或化学方法对高分子材料进行共聚、共混,制成含有两种或多种聚合物的复合材料。从热力学上讲,绝大多数高分子共混体系是不相容的,即各组分之间没有分子水平相容性。例如在熔融状态下进行共混,不同的高分子组分受到应力场的作用,混合成宏观上均一的共混材料,但在亚微观尺度(几微米至几十微米)上,共混材料则是相分离的。共混材料的性能,特别是力学性能与共混聚合物的结构形态密切相关。在共混体系中分散相与连续相的相容性,分散相的分散程度和颗粒大小,以及分散相与连续相的比例都直接影响材料的性能。由于共混体系的各组分在普通光学显微镜下均为无色透明,所以普通光学显微镜不能分辨出相分离结构。但共混体系中各组分的折射率不同,可以通过相差显微镜观察共混物各分离相结构。其基本原理是:光波在进入同一厚度但折射率不同的共混物薄膜(透明)样品后,因光程不同而产生一定的相位差δ:

$$\delta = \frac{2\pi}{\lambda}(n_A - n_B)l \tag{1}$$

式中,λ为光波波长;n_A和n_B分别为组分A和B的折射率;l为光波在薄膜内传播的距离。

相位差不能被眼睛所识别,也不能形成照相材料上的反差,可通过一定的光学装置把相位差转换为振幅差。利用光的干涉和衍射现象,相差显微镜中可把相位差转换为振幅差,使得两种组分间有明暗的区别,从而可以研究共混物的结构形态。

相差显微镜的种类很多,很多普通光学显微镜带有相差附件(如环状光阑和相板)。相差显微镜的原理如图61-1所示。图中的实线表示通过光阑的两个光束,它们基本上会聚在f所在的平面上,因为f所在的平面为物镜的焦平面。图中虚线表示被检物(样品)所衍射的光线,它们以很广的面通过相板,这些衍射光束包含全部相位差的信息。通过相板的作用,相位差通过光的干涉形成视场中的明暗差别。

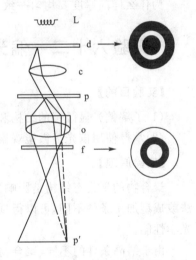

图 61-1 相差显微镜的原理图

L—光源;d—环状光阑;c—聚光镜;p—样品;
o—物镜;f—物镜后焦点,此处放置有相棉线;
p′—被检物所呈现的像

【主要仪器和样品】

(1)仪器

普通倒置光学显微镜,相差附件(环状光阑和相板)。

(2)试样

聚丙烯 PP；SBS。

【实验步骤】

(1)样品制备

切片法：调整好切片机的切刀，将条状共混物固定在切片机的样品夹上，切得厚度为 10 μm 以下的薄片，仔细选择厚薄均匀的薄片，小心将其置于载玻片和盖玻片之间固封起来，蒸馏水是方便实用的固封剂。用切片法可制成厚度为 $1\sim2$ μm 的切片，在显微镜下其图像较清晰，且适于拍摄照片。

压片法：用刀片切下少许共混物材料，放在加热台上已预热好的恒温载玻片上，待样品熔融后，加上盖玻片，均匀用力压成适当厚度的薄膜(约 10 μm)，取下自然冷却至室温即可。此方法较为简便快捷，但较难保持分散相原有的真实形态，样品制作依赖于操作经验。但在一定条件下，压片法作为表征聚合物共混形态的一种手段还是十分有效的。本实验采用压片法制样。

(2)相差显微镜观察共混物的形态

将相差显微镜合轴调整好，将样品置于载物台上，准焦后，即可观察共混物形态。使用显微镜时应注意光亮调节。

【实验结果】

简要绘制所观察到的样品形态，标出各组分。

【思考题】

为什么样品厚度要均匀一致？如果样品较厚能否观察到相分离结构？

实验六十二　偏光显微镜法表征聚合物的结晶形态

【实验目的】

(1)了解偏光显微镜的结构和使用方法。

(2)掌握使用偏光显微镜观察聚合物结晶形态的方法。

【实验原理】

聚合物的聚集态结构是影响聚合物性能的重要因素。同一种结构的聚合物由于聚合方法或成型加工条件不同，可以得到结晶和非结晶的聚合物材料，表现出不同的力学、热学和光学性能。

由于结晶条件的不同，聚合物的结晶可有不同的形态，如单晶、球晶、纤维晶等，其中球晶是聚合物结晶时最常见的晶体形式。从溶液析出或熔体冷却结晶时，聚合物倾向于生成球状的多晶聚集体，称为球晶。球晶可以长得很大，直径甚至可以达到厘米级。球晶是从一个晶核在三维方向上一齐向外生长而形成的径向对称结构，是各向异性的，具有产生双折射的性质。因此，利用普通的偏光显微镜就可以对球晶进行观察。聚合物球晶在偏光显微镜的正交偏振片之间呈现出特有的黑十字消光图形。

光是电磁波，属于横波，其传播方向与振动方向垂直。如果定义光的传播方向和振动方

向所组成的平面为振动面,那么自然光的振动方向永远垂直于其传播方向,但振动面时刻在
变。在任一瞬间,自然光的振动方向均匀分布,没有任何方向占优势。自然光通过反射、折
射或选择吸收后,可以转变为只在一个方向上振动的光波,即偏振光。一束自然光经过两片
偏振片,如果两个偏振轴相互垂直,光线就无法通过了。光波在各向异性的介质中传播时,
其传播速度随振动方向不同而变化,折射率也随之改变,一般都发生双折射,分解成振动方
向相互垂直、传播速度不同、折射率不同的两束偏振光。而这两束偏振光通过第二个偏振片
时,只有在与第二偏振轴平行方向的光线可以通过,通过的两束光由于光程差将会发生干涉
现象。图 62-1 是自然光和偏振光的光路图。

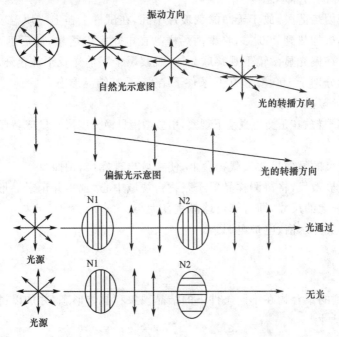

图 62-1　自然光和偏振光的光路图

　　在正交偏光显微镜下,非晶体聚合物因为其各向同性,没有发生双折射现象,光线被正交的偏振镜阻碍,视场黑暗;各向异性的球晶则会呈现出特有的黑十字消光现象,黑十字的两臂分别平行于两偏振轴的方向,除了偏振片的振动方向外,其余部分就出现了因折射而产生的光亮。图 62-2 是共聚聚丙烯球晶照片。在偏振光条件下,还可以观察晶体的形态,测定晶粒大小和研究晶体的多色性等。

图 62-2　共聚聚烯球晶照片

【主要仪器和试样】

(1)仪器

尼康 NiKON LV100NPOL 型偏光显微镜一台及照相附件;擦镜纸;镊子;加热板;控温仪;恒温水浴;电炉;盖玻片;载玻片。

（2）样试

聚乙烯、聚丙烯薄膜试样。

【实验步骤】

（1）调整显微镜

①预先打开汞弧灯 10 min，以获得稳定的光强。

②安装显微镜目镜、起偏片和检偏片。起偏片和检偏片要置于 90°，调整起偏片角度以获得完全消光（视野尽可能暗）。

（2）观察聚丙烯的结晶形态

①切一小块聚丙烯薄膜，放于干净的载玻片中间，在试样上盖上一块盖玻片。

②预先把电热板加热到 200 ℃，将聚丙烯样品在电热板上熔融，然后迅速转移到 50 ℃的热台使之结晶。在偏光显微镜下观察球晶体，观察黑十字消光及干涉色环，并拍照。把同样的样品再熔融后分别于 100 ℃和 0 ℃条件下结晶，观察结晶形态。

（3）测定聚丙烯球晶尺寸

将聚合物薄膜试样放在正交显微镜下观察，用显微镜目镜分度尺测量球晶直径，测定步骤如下：

①将带有分度尺的显微尺放入载物台上，使视域出现标尺，拍照。

②取走载物台显微尺，将待测样品置于载物台视域中心，观察并记录晶形，拍照；洗出照片，读出球晶在照片上的尺寸，即可算出球晶直径大小。

（4）实验完毕，关掉水浴、电炉电源。

（5）关闭汞弧灯。

【实验结果】

（1）记录观察到的聚合物在不同条件下的结晶现象和晶体形态，并加以讨论。

（2）估算球晶尺寸。

【思考题】

（1）聚合物结晶过程有何特点？形态特征如何（包括球晶大小和分布、球晶的边界、球晶的颜色等）？结晶温度对球晶形态有何影响？

（2）利用晶体光学原理解释正交偏光系统下聚合物球晶的黑十字消光现象。

（3）用偏光显微镜能否观测聚合物其他形态的结晶？

实验六十三　透射电子显微镜观察聚合物的形态

【实验目的】

（1）了解透射电子显微镜的基本结构与原理。

（2）掌握透射电子显微镜观察样品的基本操作。

（3）观察聚合物的球晶初态。

【实验原理】

与光学显微镜相比，透射电子显微镜的分辨率更高，可用于研究高分子共聚物或共混物的两相结构、结晶聚合物的形态、非晶态聚合物的分子聚集形态等。利用透射电子显微镜的电子衍射功能，还可研究聚合物晶体的结构。

　　透射电子显微镜是以电子束为光源，利用电磁透射成像，结合特定的机械装置和高真空技术而组成的一种精密电子光学仪器。它主要由照明、成像、真空、记录和电源系统组成。其中，真空系统和电子系统是保证透射电子显微镜正常工作的重要部件。真空系统为镜体提供 1.33×10^{-3} Pa以上的真空度。电子系统又分为使电子加速的高压电源以及使电子束聚焦和电磁透镜成像的低压电源，对稳定性有很高的要求。电子显微镜的照明、样品成像、记录等工作由成像系统完成。镜体中的光路与光学显微镜非常相似，如图 63-1 所示。

　　图 63-2 是透射电子显微镜镜筒的剖面图。在高真空的镜体中，由电子枪发射出来的电子束，在真空通道中沿着镜体光轴穿越聚光镜，会聚成一束尖细、明亮而又均匀的光斑，照射在样品室内的试样上。透过试样后的电子束携带有试样内部的结构信息，试样内部致密处透过的电子量少，稀疏处透过的电子量多。经过物镜的会聚调焦和初级放大后，电子束进入下级的中间透镜和投影镜进行综合放大成像，最终被放大了的电子影像投射在荧光显示屏上，由显示屏将电子影像转化为可见光影像，以供观察记录。使用透射电子显微镜时，通过调节电子枪阳极正电压的大小来选择电子束的波长；通过调节中间镜电流的大小来选择放大倍数；通过调节电磁透镜电流的大小实现聚焦。

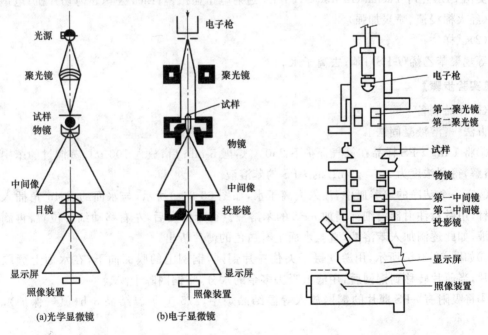

　　图 63-1　电子显微镜和光学显微镜的光路比较图　　　　图 63-2　透射电子显微镜镜筒剖面图

　　透射电子显微镜是利用高速电子流作为光源照射在样品上，通过电子和样品发生各种相互作用使样品成像的，因此对样品有特殊要求，样品的制备比较复杂。由于电子束的穿透能力相对较弱，因此要求样品要薄，一般厚度需在 $0.1~\mu m$ 以下。制备薄样品的方法有在稀溶液中直接培养聚合物的单晶、溶液浇铸薄膜、超薄切片、复型技术等。较为常用的是超薄切片法，由专门的超薄切片机完成，适用于硬度合适的聚合物。聚合物样品被固定在超薄切片机的样品架上，一般选用玻璃刀来进行切片，所得的样品切片将漂浮在玻璃刀背面的水槽里,然后转移至专用铜网上。此外,形成电子像反差的主要原因是样品的组成不同对电子的散射能力有差异。由于聚合物的成分一般为碳、氢等轻元素,这些元素对电子的散射能力相差无几。因此,为得到聚合物样品清晰的电子像,必须设法提高样品的反差,如染色和重金属投影。染色的试剂一般是重金属的盐类或氧化物,如四氧化锇(OsO_4)等。这些重金属化合物与聚合物样品的一些组分发生选择性吸附,从而固定在样品的一些特定区域。由于重金属对电子散射能力很强,所以含有重金属的区域表现为暗区,其他区域则为亮区,由此形成反差。投影技术的原理是让重金属(如金、铂等)在真空中熔化,使金属粒子蒸发,以较小角度投影到样品上,在凹凸不平的表面上形成数量不等的重金属沉积,从而提高反差。对于有一定高度的样品,在投影后总有一部分没有重金属沉积,因此存在一个特别的亮面,根据这一亮面的长度和投影的角度可以计算出样品的高度。

需要注意的是,聚合物样品在高速电子束下都存在较大的辐射损伤,会造成样品的破坏、消失。因此,采用透射电子显微镜观察聚合物时,需要选择适当的加速电压和束流强度,并尽量缩短观察时间。

【主要仪器和试样】

(1)仪器

美国 FEI 公司 Tecnai G2 F30 S-TWIN 透射电子显微镜;Lica 公司超薄切片机;电镜用铜网(经火棉浸渍、喷炭加强)。

(2)试样

等规聚苯乙烯(i-PS);苯;去离子水。

【实验步骤】

(1)样品制备

方法一:溶液凝固法

①将 1 mg i-PS 样品在氮气保护下 250 ℃熔融 5 min 后,放入 100 mL 蒸馏过的苯中淬冷、溶解,得到浓度为 10^{-5} g/mL 的 i-PS 的苯溶液

②在一个洁净的培养皿中,注入去离子水,如图 63-3(a)所示,与水面约成 45°角插入一根细针,用微量注射器沿细针滴加 i-PS 的苯溶液。待苯挥发后,左右移动细针位置,再滴加苯溶液,如此逐滴加入苯溶液,直至水面上有白色的薄片析出。

③如图 63-3(b)所示,用游丝镊子夹住一片铜网,铜网上的膜面向下,在水面上蘸取白色薄片,当薄片转移到铜网后,用滤纸吸去多余的水分,将铜网晾干。

④将吸附有 i-PS 薄片的铜网放入等温结晶炉中,175 ℃等温结晶 3 h(氮气保护),备用。

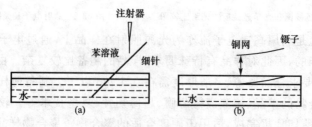

图 63-3　样品制备

方法二：超薄切片法

（2）电镜观察

①开启电子显微镜高压电源的冷却水。

②接通真空系统电源开关，按中间室、镜筒的顺序抽真空。

③达到规定真空度后，加灯丝电流，加高压。

④通过调节电流，进行电子束的预聚焦操作。

⑤旋转取出样品机械手，将待观察的铜网夹在铜网座中。

⑥聚焦使样品在荧光屏上呈现出对比度较好的图像，存储图像。

【实验结果】

根据存储的图像描述 i-PS 球晶初态的形态。

【思考题】

（1）透射电子显微镜用的聚合物样品制备方法有哪几种？

（2）透射电子显微镜的成像机理与普通光学显微镜有什么不同？

（3）i-PS 等温结晶为什么要在 175 ℃氮气保护下进行？

实验六十四　　小角激光光散射法观察聚合物的结晶形态

【实验目的】

（1）了解小角激光光散射法的基本原理。

（2）掌握小角激光光散射仪的使用方法。

（3）观察聚合物的结晶状态。

【实验原理】

小角激光光散射法（Small angle light scattering，SALS）出现于 20 世纪 60 年代，适合研究尺度在几百纳米至几十微米之间的形态结构，目前广泛应用于研究聚合物的结晶过程、结晶形态以及聚合物薄膜拉伸过程中形态结构的变化。

小角激光光散射法的原理如图 64-1 所示，一束准直性和单色性很好的激光光束，经过起偏镜照射到聚合物薄膜样品上，因样品内部的密度和极化率不均匀而产生光散射现象。散射光经过检偏镜后记录到照相底片上，供直接测量。图 64-1 中 θ 为散射角，定义为某一束散射光与入射光之间的夹角；μ 为方位角，即某一束散射光与记录面的交点 P 和中心点 O 的连线 OP 与 Z 轴之间的夹角。

如果起偏镜和检偏镜的偏振方向平行，得到 V_v 散射图；如果起偏镜和检偏镜的偏振方向垂直，则得到 H_v 散射图。研究结晶性聚合物的结构形态时，多采用 H_v 散射图，借助"模型法"光散射理论研究聚合物球晶。

实验证实：球晶中聚合物分子链总是垂直于球晶半径方向，分子链的这种排列使得球晶在光学上呈各向异性，即球晶的极化率或折射率在径向方向和切向方向有不同的数值。假设聚合物球晶是一个均匀而各向异性的圆球，考虑光与圆球体系的相互作用，根据 Rayleigh-Debge-Gans 散射模型可得到用模型参数表示的散射强度计算公式：

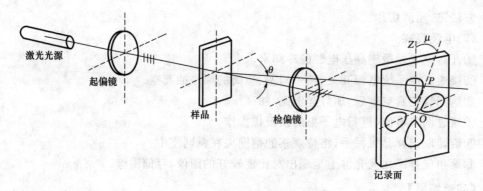

图 64-1　小角激光光散射法的原理图

$$I_{H_v} = KV^2 \left[\left(\frac{3}{U^3}\right)^2 (\alpha_r - \alpha_i) \sin\mu\cos\mu\cos^2\left(\frac{\theta}{2}\right)(4\sin U - U\cos U - 3SiU) \right]^2 \qquad (1)$$

$$U = \frac{4\pi R}{\lambda}\sin\left(\frac{\theta}{2}\right) \qquad (2)$$

式中，I_{H_v} 为散射光强度；K 为比例系数；V 为球晶体积；α_r、α_i 为球晶的径向及切向极化率；θ 为散射角；μ 为方位角；U 为形态因子；R 为球晶半径；λ 为光在介质中的波长。

定义 SiU 为正弦积分：

$$SiU = \int_0^\mu \frac{\sin x}{x}dx \qquad (3)$$

从式(1)可以看出，散射光强度 I_{Hv} 与球晶的光学各向异性项($\alpha_r - \alpha_i$)有关，还与散射角 θ 和方位角 μ 有关。当 $\mu = 0°$、$90°$、$180°$、$270°$时，$\sin\mu\cos\mu = 0$，这四个方位上的散射光强度 $I_{H_v} = 0$；而当 $\mu = 45°$、$135°$、$225°$、$315°$时，$\sin\mu\cos\mu$ 有极大值，散射光强度也出现极大值。这四强四弱相间排列一周就形成了 H_v 散射图的四叶瓣形态。

当方位角 μ 固定时，散射光强度是散射角 θ 的函数。当取 $\mu = \frac{2n-1}{4}\pi$(n 为整数)时，理论和实验都证明，I_{H_v} 出现极大值，则形态因子 U 值恒等于 4.09，即

$$U_{max} = \frac{4\pi R}{\lambda}\sin\left(\frac{\theta_m}{2}\right) = 4.09 \qquad (4)$$

因此

$$R = \frac{4.09\lambda}{4\pi\sin\left(\frac{\theta_m}{2}\right)} \qquad (5)$$

实验中所用光源为 He-Ne 激光器，其工作波长 λ 为 0.633 μm，如果再考虑到测得的聚合物球晶半径实际上是一种平均值，则式(5)可写为

$$\bar{R} = \frac{0.206}{\sin\left(\frac{\theta_m}{2}\right)} \qquad (6)$$

式中，θ_m 为入射光与最强散射光之间的夹角(图 64-2)，即散射光强度极大时的散射角，

$$\theta_m = \arctan\frac{d}{L} \qquad (7)$$

式中，L 为样品到记录面之间的距离(图 64-2)；d 为记录面上 H_v 散射图中心到散射光强度最大的点的距离。实验测得 L 和 d 后，就可以计算出 θ_m。

理论上对于不同的 μ,可测得相同的 θ_m。但是,当 $\mu=45°$、$135°$、$225°$、$315°$时,散射最强,在这些方向上测量的误差较小。

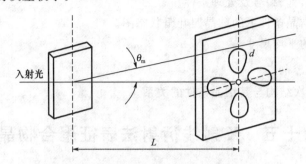

图 64-2　入射光与最强散射光之间的夹角

【主要仪器和试样】

（1）仪器

He-Ne 小角激光光散射仪。

（2）试样

低密度聚乙烯;等规聚丙烯。

【实验步骤】

（1）制样

①热台升温至 200 ℃左右恒温。

②将盖玻片置于热台上。

③用刀片切少许样品置于热台上,待样品熔融后,盖上一片盖玻片,稍用力压成薄膜。

④选择不同的结晶条件(热结晶、自然冷却或快速冷却等)制成样品,以备观察和测量。

（2）小角激光光散射观测

①接通总电源开关及小角激光光散射仪电源。

②把快门打开,把样品放在样品台上,在毛玻璃上观察散射图形。

③起偏镜偏振方向是固定的,检偏镜的偏振方向可以调节。调节检偏镜使散射光强度或中心亮点达到最暗时,起偏镜与检偏镜的偏振方向垂直。

④根据散射光强,选择适当的曝光时间照相,记录散射光图像。

⑤可用光探头在亮叶瓣对称线方向上移动,读出与中心点对称的两光强最大点的位置 X_1,X_2。

⑥记录载样台的位置 H。

⑦关闭小角激光光散射仪电源及总电源。

【注意事项】

（1）使用小角激光光散射仪之前应检查接地是否良好,必须保证高压输出端接好及小角激光光散射仪完好后,方能接通小角激光光散射仪电源。必须在证实电流放大器的输入端与检测探头间连接可靠后,才能接通电源放大器开关。

（2）电流放大器严禁在输入端开路下工作,需要预热 30 min 后才能工作。

（3）照相时,调节曝光时间及按动快门时,注意手要尽量远离激光器电极,高压危险。

【数据记录和处理】

(1)记录样品名称、编号及处理条件。

(2)绘制不同结晶条件下的球晶四叶瓣状态图。

(3)计算球晶的平均尺寸。

【思考题】

讨论聚合物高次结构与其结晶条件的关系。

实验六十五　X射线衍射法表征聚合物晶体结构

【实验目的】

(1)了解广角X射线衍射分析的基本原理。

(2)掌握广角X射线衍射仪的操作与使用。

(3)对聚丙烯进行广角X射线衍射测定,并计算其结晶度和晶粒度。

【实验原理】

大多数无机和有机晶体的晶面间距$d<1.5$ nm,当采用CuKα作为X射线源时,$\lambda_{CuK\alpha}=0.154\,18$ nm,由布拉格公式计算的衍射角2θ为$5°53'$。因此,习惯上把2θ从$5°\sim180°$的衍射称为广角X射线衍射(WAXD),而$2\theta<5°$的衍射称为小角X射线衍射(SAXD)。广角X射线衍射可用来进行相分析、测定结晶度和结晶的择优取向、大分子的微结构(包括晶胞参数,空间群,分子的构型、构象、立体规整度等)以及晶粒度与晶格畸变等,在聚合物研究中占有重要地位。

当一束单色X射线入射到晶体时,由于晶体是由原子有规则排列的晶胞所组成,而这些有规则排列的原子间距离与入射X射线波长具有相同数量级,迫使原子中的电子和原子核变为新的发射源,向各个方向散发X射线,这是散射。不同原子散射的X射线相互干涉叠加,可在某些特殊的方向上产生强的X射线衍射。衍射方向和晶胞的形状及大小有关,衍射强度则与原子在晶胞中的排列方式有关。

设有等同周期的原子面,入射X射线与原子面的夹角为θ,从图65-1可知,从原子面衍射出来的X射线产生衍射的条件是相邻的衍射X射线之间的光程差等于入射X射线的波长的整数倍,即

$$2d\sin\theta=n\lambda \tag{1}$$

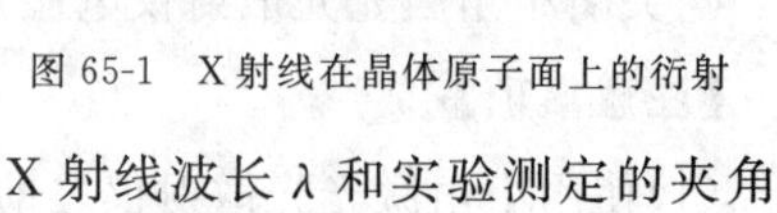

图65-1　X射线在晶体原子面上的衍射

这就是布拉格公式。式中,n为整数。依据已知的入射X射线波长λ和实验测定的夹角θ,即可计算出晶面间距d。

如图65-2所示,某一晶面以夹角θ绕入射线旋转一周,其衍射线即形成连续的半圆锥角为2θ的圆锥体。虽然不同方向的d值不同,但只要夹角θ符合式(1),就能产生圆锥形的衍射线组。实验中不是将具有各种d值的被测面以夹角θ绕入射线旋转,而是将被测样品磨成粉末,则粉末样品中的晶体完全无规则排列,存在着各种可能的晶面取向。由粉末衍射

法可得到一系列的衍射数据,采用德拜照相法或衍射仪法记录下来。本实验采用 X 射线衍射仪,直接测定和记录晶体所产生的衍射线的方向 θ 和强度 I。当衍射仪的辐射探测器——计数管绕样品扫描一周时,就可以依次记录各个衍射峰。

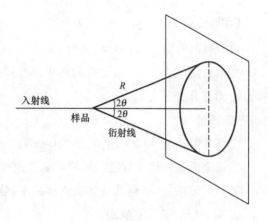

结晶聚合物中,结晶和非结晶两种结构对 X 射线衍射的贡献不同。结晶部分的衍射只发生在特定的 θ 角方向上,此时衍射光有很高的强度,出现很窄的衍射峰,其峰位置

图 65-2 X 射线衍射示意图

由晶面间距 d 决定。非晶部分则会在全部角度内发生散射。把衍射峰分解为结晶和非结晶两部分,结晶峰面积与总面积之比就是结晶度 f_c:

$$f_c = \frac{I_c}{I_0} = \frac{I_c}{I_c + I_a} \tag{2}$$

式中,I_c 和 I_a 分别为结晶衍射和非结晶散射的积分强度;I_0 为总面积。

结晶聚合物大都是多晶体,晶胞的对称性不高,衍射峰的宽度较大,还和非结晶的弥散峰夹杂在一起,难以测定晶胞参数。聚合物结晶的晶粒较小,当晶粒小于 10 nm 时,晶体的 X 射线衍射峰就开始弥散变宽。随着晶粒变小,衍射峰愈来愈宽,晶粒大小和衍射峰宽度之间的关系可由谢乐(Scherrer)方程计算:

$$L_{hkl} = \frac{K\lambda}{\beta_{hkl} \cos\theta_{hkl}} \tag{3}$$

式中,L_{hkl} 为晶粒垂直于 $[hkl]$ 晶面方向的平均尺寸,即晶粒度,nm;β_{hkl} 为该晶面衍射峰的半峰高的宽度,rad;K 为常数,$K=0.89\sim1$,其值取决于结晶形状,通常取 1;θ 为衍射角。根据式(3)可由衍射数据计算出晶粒度。

【主要仪器和试样】

(1)仪器

Rigaku rA-200 型 CuKα 靶 X 射线衍射仪。

(2)试样

①无规聚丙烯。

②高温淬火结晶聚丙烯:将等规聚丙烯在 240 ℃热压成厚度为 1～2 mm 的试样,在冰水中急冷。

③160 ℃退火结晶聚丙烯:取(2)的样品在 160 ℃油浴中恒温 30 min。

④105 ℃退火结晶聚丙烯:取(2)的样品在 105 ℃油浴中恒温 30 min。

⑤高温结晶聚丙烯:将等规聚丙烯在 240 ℃热压成 1～2 mm 厚,恒温 30 min 后,以每小时 10 ℃的速率冷却。

【实验步骤】

(1)制样(片状样品、薄膜、纤维)

选取合适的夹具,根据夹具的尺寸裁取样品,将样品固定在样品架的窗孔内,注意应使样品待测部分置于夹具中心位置。

(2)测量

①调节电压至 40 kV,电流至 150 mA。

②设定测量角度 2θ 范围,可根据需要改变,一般为 $10°\sim90°$;设定测试时间。

③打开玻璃门,将样品夹具插入样品架,装好 X 射线准直器。

④X-ray 打到"ON"状态。

⑤打开 Position analyzer power,打开 HV。

⑥设置样品名称:输入样品名称及保存文件名。

⑦点击"Start"开始测试,显示相应的角度和强度峰值,等待扫描结束。

⑧样品测试结束后,关闭 HV,关闭 Position analyzer power,X-Ray 打到"OFF"状态,取出样品。

【注意事项】

(1)每次打开玻璃门前需要确认 X-Ray 处于"OFF"状态。

(2)小心开门、关门,轻推轻拉,避免猛力碰撞。

(3)升降电压和电流时,采用电压和电流交替调节的方式,期间注意等待仪器稳定,不能调节太快,避免影响仪器寿命。

(4)不要随意改动设置条件。每次实验尽可能采用相同参数,否则无法比较。

(5)如有任何问题,不要擅自处理,请及时联系仪器管理人员。

【数据记录和处理】

记录两个不同结晶条件的等规聚丙烯样品和一个无规聚丙烯样品的衍射谱图,并作如下处理:

(1)计算结晶度

对于 α 晶型的等规聚丙烯,近似地把(110)(040)两峰间的最低点的强度值作为非晶散射的最高值,由此分离出非晶散射部分(图 65-3)。那么,曲线下的总面积就相当于总的衍射强度 I_0。I_0 减去非晶散射线下面的面积 I_a 就是结晶衍射的积分强度 I_c,由式(2)计算结晶度 f_c。

(2)计算晶粒度

由衍射谱读出(hkl)晶面的衍射峰的半高宽 β_{hkl} 及峰位 θ,由式(3)计算该晶面方向的晶粒度。

(3)讨论不同结晶条件对结晶度、晶粒度的影响。

【思考题】

(1)影响结晶度的主要因素有哪些?

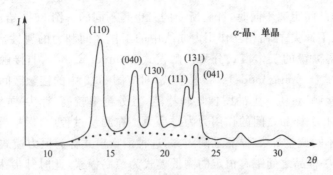

图 65-3 等规聚丙烯 X 射线衍射

(2)除了 X 射线衍射法外,测定聚合物结晶度的方法还有哪些?

(3)除去仪器因素外,X 射线图上峰位置产生偏移可能由哪些因素造成?

实验六十六 原子力显微镜原位观测聚合物结晶过程

【实验目的】

(1)了解原子力显微镜的基本原理。

(2)掌握原子力显微镜的使用方法。

(3)利用原子力显微镜原位观测聚合物结晶过程。

【实验原理】

原子力显微镜(AFM)是利用一个极为尖锐的针尖与样品间的相互作用力进行材料表面的形貌、物理和化学信息探测的一种技术。原子力显微镜的关键部件是一端固定而另一端装有纳米级针尖的弹性微悬臂(图 66-1)。微悬臂的大小在数十至数百微米,通常由硅或者氮化硅构成。探针针尖的长度约几微米,尖端的曲率半径则在 0.1 nm 数量级。如图66-2所示,针尖在样品表面扫描时,针尖和样品之间会发生相互作用,同距离密切相关的针尖-样品相互作用力使微悬臂产生形变,由照射在微悬臂上的激光束反射至光电探测器检测形变量,由此获取样品表面形貌的三维信息。

图 66-1 原子力显微镜探针的 SEM 照片

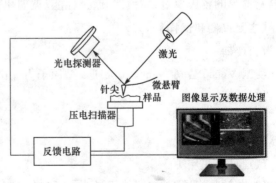

图 66-2 原子力显微镜原理图

当尖针与样品间距离不同时,针尖所受的力也是不同的。图 66-3 给出了原子力显微镜在不同操作模式下针尖-样品相互作用力曲线中的工作区间和力的属性。根据力-距离的关系,可将原子力显微镜的工作模式分为接触模式(contact mode)、非接触模式(non-contact mode)和轻敲模式(tapping mode)。接触模式,对应图 66-3 中的接触区间,针尖在扫描样品时始终同样品"接触"。所产生的图像比较稳定,且分辨率较高,针尖-样品之间的距离小于零点几个纳米,针尖-样品之间的作用力为排斥力。在测量过程中,保持针尖-样品之间的相互作用力不变,不断调整针尖-样品之间距离,这种测量模式称为恒力模式;如果样品表面比较平滑,保持针尖-样品之间距离恒定的测量模式为恒高模式,此时针尖-样品相互作用力的大小直接反映了表面的高低。当被测物体的弹性模量较低时,同基底间的吸附接触也很弱,针尖-样品之间的相互作用力容易使样品发生变形,降低图片质量。非接触模式则是针尖在样品上方振动,但始终不和样品表面接触,对样品没有破坏作用,针尖-样品距离在几到几十纳米的吸引力区域,如图 66-3 所示的非接触区间。针尖检测的是范德华吸引力和静电力等长程力,比接触模式小几个数量级,其力梯度为正,随着针尖-样品距离减小而增大。由于针尖-样品距离较大,分辨率较接触模式低,不适合在液体中成像,在生物样品的研究中也不常见。轻敲模式是介于上述两种模式之间的扫描方式,利用一个小压电陶瓷元件驱动微悬臂振动,在悬臂梁共振频率附近以更

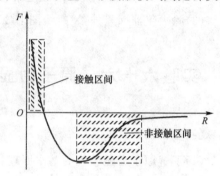

图 66-3 针尖与样品间的作用力

大的振幅(>20 nm)驱动悬臂梁,使得针尖与样品间断的接触。当针尖没有接触到表面时,微悬臂以一定的大振幅振动,当针尖接近表面直至轻轻接触表面时,振幅将减小;而当针尖反向远离时,振幅又恢复到原值。反馈系统通过检测该振幅来不断调整针尖-样品间的距离进而控制微悬臂的振幅,使得作用在样品上的力保持恒定。由于针尖-样品接触,分辨率几乎与接触模式一样好,又因为接触非常短暂,剪切力引起的样品破坏几乎完全消失,特别适合于分析柔软、黏性和脆性的样品,并适合在液体中成像。

随着原子力显微镜的广泛应用,其技术也在不断发展。目前,原子力显微镜在高分子材料领域的应用已不再局限于聚合物表面形貌的研究,还可观察非均相聚合物体系(如嵌段共聚物和共混聚合物)的相分离结构、聚合物结晶形貌和结晶过程、单链高分子结构,甚至测定聚合物薄膜的杨氏模量、黏弹性、摩擦性能、玻璃化转变等。

【主要仪器和试样】

(1)仪器

美国 Veeco 公司 NanoScope Ⅲa 型原子力显微镜,配备控温热台附件。

(2)试样

等规聚丙烯(i-PP)。

【实验步骤】

(1)制样:切片法。

(2)在教师指导下,按照使用说明书开启仪器。

（3）调整激光位置，放置样品。注意观察，不要碰到样品或针尖，操作时，尽量避免直接用手接触。

（4）调零点和扫描力，进针扫描。

（5）调整扫描参数，样品在热台上熔融后原位观察动态结晶过程及结晶的动态熔融过程，获得需要的图像并保存。

（6）关机：提升针尖，关闭软件，取出样品，卸下针尖，整理好仪器。依次关闭主机和计算机电源。

【实验结果】

记录实验的高度图、相位图、针尖工作频率、弹性常数及扫描参数。

【思考题】

（1）和光学显微镜、扫描电子显微镜相比较，利用原子力显微镜观察聚合物结晶态结构有何优点和缺点？

（2）扫描图像的影响因素有哪些？如何减少其影响？

实验六十七　扫描电子显微镜观察聚合物的形貌

【实验目的】

（1）了解扫描电子显微镜（SEM）的工作原理。

（2）利用扫描电子显微镜观察聚合物样品的形貌。

【实验原理】

和光学显微镜一样，扫描电子显微镜也是直接观察物质微观形貌的重要工具，但其放大倍数和分辨能力均远高于光学显微镜。当一束聚焦的高速电子沿一定方向轰击样品时，电子与样品原子核的核外电子发生作用，产生很多信息，如二次电子、背散射电子、俄歇电子等。二次电子是扫描电子显微镜所利用的最重要的信号。二次电子的产生实际上是一个电离过程，入射电子轰击样品后，使样品原子的外层电子受激发逸出。二次电子的能量较小，仅在 $0 \sim 50$ eV 之间，但产额很高。在检测器上施加正电场，即可收集大部分二次电子，形成图像。二次电子从样品表面 $5 \sim 10$ μm 深度内发出来，这时电子束在样品中尚未扩展，图像的分辨率较高，对研究表面的微观形态十分有效。用扫描电子显微镜观察样品表面形态时，成像的立体感强，景深大，分辨率高，应用十分广泛。现代扫描电子显微镜的分辨率可达 1 nm 左右，其基本结构原理如图 67-1 所示。

扫描电子显微镜的样品制备比透射电子显微镜简单一些。为了得到样品结构形态的真实情况，必须保护好样品原有状态。聚合物样品的导电性大多较差，为防止产生电荷积累（即充电），聚合物样品在用扫描电子显微镜观察前必须在真空中喷镀金属膜，增强其导电性。样品制备是获得清晰图像的重要条件之一。

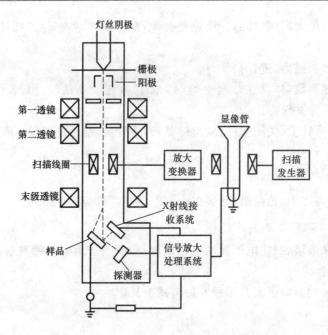

图 67-1　扫描电子显微镜结构原理示意图

【主要仪器和试样】

(1)仪器

韩国 COXEM EM-30Plus 型台式扫描电镜。

(2)试样

聚乙烯;聚丙烯。

【实验步骤】

(1)样品的制备

采用压片法制备结晶聚乙烯及聚丙烯薄片,具体制备方法可参考实验六十一。

(2)样品的蚀刻

①配制蚀刻剂:称取 50 g 三氧化铬溶于 20 mL 去离子水中,再加入 20 mL 浓硫酸,搅拌均匀。

②样品的蚀刻:将聚乙烯和聚丙烯结晶薄片在温度为 80 ℃ 的蚀刻剂中蚀刻 5～15 min。取出水洗、干燥。蚀刻剂对样品的晶区与非晶区具有不同的选择性蚀刻作用,蚀刻处理可更清晰地显露样品的形貌。

(3)真空镀膜

经蚀刻处理的样品用导电胶固定在样品座上,待导电胶干燥后,放入真空镀膜机中镀上约 10 nm 厚的金属膜。

(4)样品形貌的观察

①在教师指导下,按照扫描电子显微镜使用说明书开启仪器。

②调节物镜粗、细调旋钮,进行聚焦,并同时调节"对比度""亮度"以得到清晰的图像。

③先在低倍数下观察样品的形态全貌,然后提高放大倍数,观察聚乙烯、聚丙烯晶体的细微结构。

④记录图像:将"工作方式"转向"拍照"位置,记录每个样品的不同区域在不同放大倍数下的形貌。

⑤实验结束后,取出样品,并依仪器说明书的要求关闭仪器。

⑥打印记录的聚乙烯、聚丙烯形貌的扫描电子显微镜图像。

【实验结果】

结合实验条件,讨论聚乙烯和聚丙烯结晶形貌的特点。

【思考题】

(1)聚乙烯、聚丙烯的球晶结构有什么异同?

(2)比较光学显微镜、扫描电子显微镜和小角激光光散射法在聚合物聚集态结构研究中的作用和特点。

实验六十八　　乳胶漆和漆片漆膜性能检测及质量评价

【实验目的】

(1)了解白色乳胶漆膜和聚氨酯树脂漆膜性能检测的相关标准。

(2)学习掌握白色乳胶漆膜和聚氨酯树脂漆膜性能检测和仪器操作方法。

【实验原理】

涂料借某种特定的施工方法被涂覆在物体表面,经干燥固化形成连续状漆膜,对被涂物体具有保护、装饰或者其他特殊功能。对于漆膜的各种性能检测及质量评价,我国和国外都制定了许多标准。通常,各企业和研究单位是根据国家标准,采用专门仪器设备和方法进行检测评价。

【实验内容】

(1)漆膜厚度的测定

①仪器设备

磁性测厚仪:精确度为 2 μm。

②测定步骤

a.调零:取出探头,插入仪器的插座上。将已打磨未涂漆的底板(与被测漆膜底材相同)擦洗干净,把探头放在底板上,按下电钮,再按下磁芯。当磁芯跳开时,如指针不在零位,应旋转调零电位器,使指针回到零位,需重复数次,如无法调零,需更换新电池。

b.校正:取标准厚度片放在调零用的底板上,再将探头放在标准厚度片上,按下电钮,再按下磁芯。待磁芯跳开后旋转标准钮,使指针回到标准厚度片厚度值上,需重复数次。

c.测量:取距样板边缘不少于 1 cm 的上、中、下三个位置进行测量。将探头放在样板上,按下电钮,再按下磁芯,使之与被测漆膜完全接触。此时指针缓慢下降,待磁芯跳开时,即可读出漆膜厚度值。取各点厚度的算术平均值为漆膜的平均厚度值。

(2)铅笔硬度测试

①目的

测定漆膜抗擦划机械作用力的能力。

②方法

通过在漆膜表面用硬物划出痕迹或划伤漆膜的方法测定漆膜硬度。

③仪器

漆膜铅笔划痕硬度仪。

④测定步骤

a.实验用铅笔的制备：一组高级绘图铅笔（9H、8H、7H、6H、5H、4H、3H、2H、H、HB、B、2B、3B、4B、5B、6B），削去木杆部分，使铅芯呈圆柱状露出 3 mm，然后在平面上放置砂纸，将铅芯垂直靠在砂纸上，慢慢研磨，直至铅笔尖端磨成平面，边缘锐利为止。

b.将试板漆膜面向上，水平放置在坚硬的实验台平面上并固定。

c.将铅笔固定在划痕仪上，使铅笔芯恰好接触漆膜表面。

d.沿水平方向移动划痕仪，使笔芯刮划漆膜表面，移动速度为 0.5 mm/s。垂直移动试板，以变动位置，刮划五次。

e.漆膜刮破：在五道刮划实验中，如果有两道或两道以上被认为未刮破到试板的底材或底层漆膜时，则换用前一位硬度的铅笔进行同样实验，直至选出漆膜被刮破两道或两道以上的铅笔，记录该硬度后一位的硬度标号。

f.漆膜擦伤：在五道刮划实验中，如果有两道或两道以上认为漆膜未被擦伤时，则换用前一位硬度的铅笔进行同样实验，直至选出漆膜被擦伤两道或两道以上的铅笔，记录该硬度后一位的硬度标号。

⑤结果

a.漆膜刮破：对于硬度标号相互邻近的两支铅笔，找出漆膜被刮破两道以上（包括两道）及未满两道的铅笔后，将未满两道的铅笔硬度标号作为漆膜的铅笔硬度；

b.漆膜擦伤：对于硬度标号相互邻近的两支铅笔，找出漆膜被擦伤两道以上（包括两道）及未满两道的铅笔后，将未满两道的铅笔硬度标号作为漆膜的铅笔硬度。

（3）漆膜光泽度的测定

①目的

a.测定漆膜的光学特性，以其反射光的能力来表示。

b.学会光电光泽计的使用方法。

②方法

使用光电光泽计，测定漆膜表面将照射其上的光线向一定方向反射出去的能力，即镜面光泽度，反射的光量越大，则其光泽度越高。

③仪器

光电光泽计。

④测定步骤

a.在玻璃板上制备漆膜。清漆需涂在预先涂有同类型的黑色无光漆的底板上；

b.测定时，接通电源，预热 10 min 后，用黑色标准板进行校对。标准板宜用擦镜纸或绒布擦拭，以免损伤镜面；

c.将光电光泽计放在试板上最少三个不同位置进行测量，待显示屏数字稳定后，此读数即为该测试点的光泽度。

d.结果

各测试点读数与平均值之差应不大于平均值的 5%，否则重新测量。结果取各点的算术平均值。

（4）漆膜冲击实验

①目的

a.测定漆膜在重锤冲击下发生快速形变而不出现开裂或从金属底材上脱落的能力,表现了被测试漆膜的柔韧性和对底材的附着力。

b.学会落锤式冲击试验仪的使用方法。

②方法

以一定质量的重锤落在试板上,记录使漆膜经受变形而不引起破坏的最大高度。

③仪器

落锤式冲击试验仪。

④测定步骤

a.将试板漆膜向上平放在铁砧上,试板受冲击部分距边缘不少于 15 mm,每个冲击点的边缘相距不得少于 15 mm。

b.重锤借控制装置固定在滑筒的某一高度(其高度由产品标准规定或商定),按压控制钮,重锤即自由落于冲头上。提起重锤,取出试板。

c.记录重锤落于试板之前的高度。同一试板进行 3 次冲击实验。

⑤结果

用 4 倍放大镜观察,判断漆膜有无裂纹、皱纹及剥落等现象。

（5）漆膜附着力的测定

①目的

a.测定漆膜与底材之间(通过物理和化学作用)结合的牢固程度。

b.学会划圈法附着力测定仪、划格法附着力测定仪的使用方法。

②方法

按一定图形切割漆膜,观察漆膜对底材黏合的牢固程度及涂层之间或涂层与底材之间抗分离的能力。

③仪器

划圈法附着力测定仪和划格法附着力测定仪。

④测定步骤

除另有规定外,实验应在恒温恒湿(温度为(23 ± 2) ℃,相对湿度为$50\%\pm5\%$)条件下进行。

a.划圈法

Ⅰ.将试板正放在附着力测定仪的平台上,拧紧固定试板的调整螺栓,向后移动升降棒,使转针的尖端接触到漆膜;

Ⅱ.按顺时针方向匀速摇动摇柄,转速以 $80\sim100$ r/min 为宜,圆滚线划痕标准图长为(7.5 ± 0.5) cm;

Ⅲ.向前移动升降棒,使卡针盘提起,松开固定试板的螺栓,取出试板,用漆刷除去划痕上的漆屑,以 4 倍放大镜检查划痕并评级。

b.划格法

Ⅰ.握住切割刀具,使刀垂直于试板表面,均匀用力,划透至底材表面,再与原先切割线垂直切割,形成网格图形。用漆刷除去划痕上的漆屑;

Ⅱ. 把一段胶带(75 mm)放在网格上,方向与一组切割线平行,用手指把胶带在网格区部分用力压平至透过胶带可清晰看到漆膜颜色;

Ⅲ. 在贴上胶带 5 min 之内,拿住胶带悬空一端,在尽可能接近 60°的角度,在 0.5～1 s 内平稳地撕开胶带,以 4 倍放大镜检查划痕并评级。

⑤结果

a.划圈法

以试板上划痕的上侧为检查目标,如图 68-1 所示,图中标出的 7 个部位,相应分为 7 个等级。按顺序检查各部分漆膜的完整程度,如某一部分的格子有 70% 以上完好,则定为该部分是完好的,否则认为损坏。例如,部位 1 漆膜完好,附着力最佳,定为一级;部位 1 漆膜损坏而部位 2 完好,附着力次之,定为二级。以此类推,七级附着力最差。

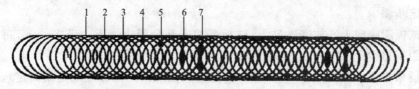

图 68-1 划圈法检查等级示意图

b.划格法

实验结果分级见表 68-1。

表 68-1 划格法实验结果分级

级别	说明	发生脱落的十字交叉切割区的表面外观
0	切割边缘完全平滑,无一格脱落	—
1	在切口交叉处有少许涂层脱落,但交叉切割面积受影响不能明显大于 5%	
2	在切口交叉处和(或)沿切口边缘有涂层脱落,受影响的交叉切割面积明显大于 5%,但不能明显大于 15%	
3	涂层沿切割边缘部分或全部以大碎片脱落,和(或)在格子不同部位上部分或全部脱落,受影响的交叉切割面积明显大于 15%,但不能明显大于 35%	
4	涂层沿切割边缘大碎片脱落,和(或)一些方格部分或全部出现脱落受影响的交叉切割面积明显大于 35%,但不能明显大于 65%	
5	脱落的程度超过 4 级	—

结果以至少有两块试板的级别一致为准。

（6）漆膜柔韧性的测定

①目的

测定漆膜随其底材一起变形而不发生损坏的能力。

②方法

通过漆膜与底材共同受力弯曲，检查其破裂伸长情况，其中也包括了漆膜与底材的界面作用。

③仪器

柔韧性测定器；圆柱轴弯曲试验仪；4 倍放大镜；马口铁板。

④测定步骤

除另有规定外，实验应在恒温恒湿（温度为（23±2）℃，相对湿度为 50%±5%）条件下进行：

a.柔韧性测定器：用双手将试板漆膜向上，紧压于规定直径的轴棒上，利用两拇指的力量在 2～3 s 内，绕轴棒弯曲试板，弯曲后两拇指应对称于轴棒中心线。

b.圆柱轴弯曲试验仪：将仪器全部打开，插入试板，使漆膜面向上，弯曲仪器。操作应在 1～2 s 内完成，平稳而不是突然地合上仪器，使试板 180°弯曲。重复实验两次，若结果不一致，则需再取一块试板做补充实验。

⑤结果

用 4 倍放大镜观察，判断漆膜有无裂纹、皱纹及脱落等破坏现象。

【参考标准】

（1）GB/T 1730—2007《色漆和清漆　摆杆阻尼试验》

（2）GB/T 1732—1993《漆膜耐冲击测定法》

（3）GB/T 1720—1979（1989）《漆膜附着力测定法》

（4）GB/T 1731—1993《漆膜柔韧性测定法》

实验六十九　超滤膜的分离性能表征

【实验目的】

（1）了解超滤膜的性能测试原理。

（2）掌握超滤膜分离性能的表征方法。

【实验原理】

超滤是在压差推动力作用下的筛分分离过程，其典型应用是从溶液中分离出大分子物质和胶体。超滤膜具有极薄的皮层和多孔亚层，是典型的非对称膜，其平均孔径在 1 nm～0.5 μm，通常采用纯水通量和截留分子量表征其分离性能。

纯水通量是指在一定的跨膜压力下，单位面积的膜在单位时间内所透过的纯水量，由下式表示：

$$J_w = \frac{V}{A \cdot \Delta t} \tag{1}$$

式中,J_w 是纯水通量,L/(m² · h);V 是透过的纯水体积,L;A 是有效膜面积,m²;Δt 是操作时间,h。超滤膜的纯水通量与测试温度有关,通常测试温度越高,纯水通量越大;反之,纯水通量越小。

截留率是指被截留的特定溶质的量和溶液中该特定溶质的总量的比值,可由下式表示:

$$R = \left(1 - \frac{c_p}{c_f}\right) \times 100\% \tag{2}$$

式中,R 为截留率,%;c_f、c_p 分别为原料液和渗透液中特定溶质的浓度。

截留分子量表示 90% 能被膜截留的溶质分子量。膜的截留分子量为 60 000,则意味着分子量大于 60 000 的溶质有 90% 以上被截留。可用作表征超滤膜截留性能的特定溶质主要有牛血清白蛋白(BSA)、葡聚糖(Dextran)、聚乙二醇等。同一超滤膜,使用不同溶质测定其截留分子量,所得到的数值可能并不一致。此外,截留分子量的测定值还会受到压力、错流速度(搅拌速度)等测试条件的影响。因此,选择评价超滤膜时,需要认真了解所用的溶质种类和测试条件。一般认为,选择较宽的分子量分布且吸附性能较弱的溶质,如葡聚糖,得到的超滤膜的截留性能更接近真实。采用葡聚糖水溶液表征超滤膜时,可由凝胶渗透色谱仪(GPC)分析原料液和渗透液的分子量分布,得到以葡聚糖分子量为横坐标、截留率为纵坐标绘制的截留曲线。从截留曲线上读出截留率 90% 所对应的葡聚糖的分子量,作为超滤膜的截留分子量。

【主要仪器和试样】

(1)仪器

杯式超滤系统(图 69-1);配备水溶性超级水凝胶色谱柱 120、250、500 和 RI 检测器的凝胶渗透色谱仪;超滤膜。

(2)试样

由分子量分别为 1 500、6 000、20 000、40 000、66 000、200 000 的葡聚糖组成的总浓度为 1 500×10⁻⁶ 的葡聚糖水溶液;超纯水。

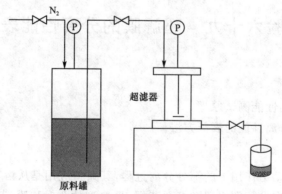

图 69-1 杯式超滤系统示意图

【实验步骤】

(1)纯水通量的测定

①将超滤膜用去离子水清洗后,放入杯式超滤器中,固定好。

②原料罐中加入 500 mL 超纯水,调节 N₂ 阀,控制压力为 0.3 MPa,预压 30 min。

③在 0.1 MPa 下测量透过 10 L 水所用的时间,测量 3 次,取平均值。

(2)截留曲线测定

①将原料罐中的超纯水换为总浓度为 $1\,500 \times 10^{-6}$ 的葡聚糖水溶液。

②开启磁力搅拌器,调整转速为 400 r/min,调节 N₂ 阀,控制压力为 0.1 MPa,连续取样 3 次,分别进行凝胶渗透色谱分析。

【实验结果】

(1)将实验现象和相关数据记入表 69-1。

表 69-1　　　　　　　　　　　　　　　　　　　**实验记录表**

压力/MPa	渗透液体积/mL	所用时间/s	现象	备注

(2)计算超滤膜的纯水通量,绘制截留曲线,给出超滤膜样品的截留分子量。

【思考题】

磁力搅拌器转速对测试结果有何影响?

实验七十　高分子膜的气体分离性能表征

【实验目的】

(1)了解高分子气体分离膜的分离机理。

(2)掌握恒压变容法表征高分子气体分离膜分离性能的方法。

【实验原理】

气体膜分离技术是以膜两侧气体分压差为推动力,利用气体组分在膜中渗透速率的差异来实现分离的过程。对不同结构的膜,气体通过膜的传递扩散方式不同,分离机理也有差异。如多孔膜的努森扩散机理、分子筛分机理,以及致密膜(非多孔膜)的溶解-扩散机理等。目前,工业化气体膜分离过程大都采用致密膜(如具有致密分离皮层的非对称膜),其分离机理可由溶解-扩散模型来描述。溶解-扩散模型认为气体渗透是气体分子在膜中溶解、扩散和解析的复合过程,由以下三步组成:(1)原料侧膜表面气体分子的溶解和吸附;(2)气体在浓度差推动下在膜内的扩散过程;(3)渗透侧膜表面的气体解析。根据溶解-扩散模型,气体透过膜的体积通量为

$$F_i = \frac{D_i S_i (p_{i,\mathrm{f}} - p_{i,\mathrm{p}})}{l} \tag{1}$$

式中,F_i 为渗透气体 i 的体积通量,cm^3 (STP)/(cm² · s);D_i 和 S_i 分别为渗透气体 i 的扩散系数和 Henry 溶解度系数;$p_{i,\mathrm{f}}$ 和 $p_{i,\mathrm{p}}$ 分别为渗透气体 i 在原料侧和渗透侧的分压,kPa;

l 为膜厚,cm。

定义扩散系数和溶解度系数的乘积为气体 i 透过膜的渗透系数 P_i,即

$$P_i = D_i \cdot S_i \tag{2}$$

两种气体的渗透系数的比值可用来表征气体分离膜的分离能力,将其定义为理想分离系数 $\alpha_{ij,\text{理想}}$,代表膜材料的本征选择性。

$$\alpha_{ij,\text{理想}} = \frac{P_i}{P_j} \tag{3}$$

气体渗透系数可通过变压恒容法和恒压变容法测得,后者设备简单,适合渗透系数较大的分离膜的表征,如硅橡胶类分离膜的表征。图 70-1 是恒压变容法测定气体渗透性能的评价装置示意图。

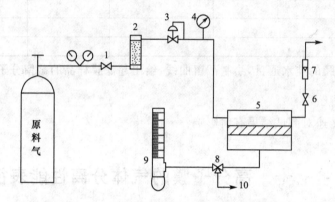

图 70-1　恒压变容法测定气体渗透性能评价装置示意图

1—进气阀;2—干燥器;3—稳压阀;4—压力表;5—渗透池;6—放空阀;

7—转子流量计;8—三通阀;9—皂泡流量计;10—去气相色谱仪

纯气的渗透速率:

$$J_i = \frac{V_i}{t_i \cdot A \cdot \Delta p} \cdot \frac{273}{273 + T} \tag{4}$$

式中,J_i 为气体 i 的渗透速率,即压力归一化体积通量(pressure normalized flux),常用单位为 GPU[1 GPU=7.5×10^{-3} m³(STP)/(m² · s · kPa)];V_i 为测试时间 t_i 内气体 i 透过膜的体积,cm³;Δp 为膜两侧压差,kPa,渗透侧为常压;A 为样品膜的有效面积,cm²;T 为渗透池温度,℃。

纯气的渗透系数 P_i 为

$$P_i = J_i \cdot l \tag{5}$$

式中,P_i 的常用单位为 Barrer[1 Barrer=7.5×10^{-15} m³(STP) · m/(m² · s · kPa)]。

膜的理想分离系数为

$$\alpha_{ij,\text{理想}} = \frac{P_i}{P_j} = \frac{J_i}{J_j} \tag{6}$$

对于许多气体混合物,膜的真实分离系数并不等于理想分离系数,尤其是渗透气体和聚合物之间存在较强的相互作用时,由混合气测得的分离系数通常会远小于纯气测得的理想分离系数,且随着压比(pressure ratio)和切割比(stage-cut ratio)等参数的改变而变化。对于由气体 A 和气体 B 组成的混合气,气体 A 和气体 B 的渗透速率分别为

$$J_A = \frac{V \cdot y_A}{t \cdot A} \cdot \frac{273}{273 + T} \cdot \frac{1}{p_f y_A - p_p y_A} \tag{7}$$

$$J_B = \frac{V \cdot y_B}{t \cdot A} \cdot \frac{273}{273 + T} \cdot \frac{1}{p_f y_B - p_p y_B} \tag{8}$$

式中，V 为测试时间 t 内气体透过膜的总体积，cm^3；y_A 和 y_B 分别为渗透侧气体 A 和气体 B 的物质的量分数，p_f 和 p_p 分别为原料侧和渗透侧的总压(绝压)，kPa。

混合气的分离系数为

$$\alpha_{A/B} = \frac{J_A}{J_B} \tag{9}$$

【主要仪器和试样】

(1)仪器

气体渗透性能评价装置；气相色谱仪。

(2)试样

气体分离膜；高纯氮；高纯氧；高纯氢；空气等。

【实验步骤】

(1)检查操作面板上所有阀门，使之处于关闭状态。

(2)将待测气体分离膜小心置入渗透池中，紧固渗透池。

(3)打开进气阀缓慢进气，气体达到一定压力后，关闭进气阀，打开放空阀缓慢排气，观察表压至 0 时，再关闭放空阀。如此过程循环三次，完成气体置换，使测试池内充满测试气体。

(4)打开进气阀，调节稳压阀，直至达到 0.5 MPa，保持 30 min 后开始测试。用秒表测量流过皂泡流量计一定体积气体所消耗的时间，重复多次，记录最后三次比较接近的数值，取平均值。

(5)关闭进气阀，打开放空阀，缓慢放气，直至表压为 0，关闭放空阀。

(6)改变测试气体种类，重复步骤(3)～(5)。

(7)对于混合气(如 H_2/N_2、O_2/N_2 等)，设定切割比为 1：100，重复步骤(3)～(5)，采用气相色谱仪分析渗透气的组成。

(8)测试完毕后，关闭面板上所有阀门及原料气源阀门。

(9)实验过程中保持房间通风良好。

【实验结果】

(1)实验条件：气压_____，室温_____，湿度_____。

(2)将纯气测试结果记入表 70-1 中。

表 70-1				纯气测试结果					
待测气体	A	l	Δp	T	t	V	J	P	α_{ij},理想

(3)将混合气测试结果记入表 70-2 中。

表 70-2　　　　　　　　　　　　混合气测试结果

待测气体	A	Δp	T	t	V	x_A	y_A	J_A	J_B	$\alpha_{A/B}$

【思考题】

改变压比,保持其他条件不变,混合气的分离系数会如何变化? 为什么?

第四章　聚合物加工及应用实验

实验七十一　毛细管流变仪测定聚合物熔体的流变性能

【实验目的】

(1)了解毛细管流变仪的实验原理。

(2)掌握毛细管流变仪测量聚合物流变性能的方法。

(3)测定聚合物的流动曲线和表观黏度与剪切速率的依赖关系。

【实验原理】

毛细管流变仪是目前应用最广泛的流变测量仪器,其主要优点在于操作简单、测量准确、测量范围宽。毛细管中熔体的流动与某些加工成型过程中熔体的流动行为相仿,能够直接反映材料加工过程中的流动和形变行为,可提供剪切应力、剪切黏度与剪切速率的关系,是研究聚合物加工成型过程中流变行为的重要手段。

毛细管流变仪测试的基本原理是:设定在一个无限长的圆形毛细管中,聚合物熔体在管中的流动为一种不可压缩的黏性流体的稳定层流流动;毛细管两端的压力差为 ΔP,由于流体具有黏性,它必然受到来自管壁与流动方向相反的作用力,通过黏滞阻力应与推动力相平衡等流体力学过程原理的推导,可得到管壁处的剪切应力(τ_w)和剪切速率($\dot{\gamma}_w$)与压力、熔体流率的关系。

管壁处的表观剪切应力:

$$\tau_w = \frac{\Delta P \cdot R}{2L}$$

式中,R 为毛细管的半径(cm);L 为毛细管的长度(cm);ΔP 为毛细管两端的压差(Pa)。

管壁处的表观剪切速率:

$$\dot{\gamma}_w = \frac{4Q}{R^3}$$

式中,Q 为熔体体积流率(cm³/s)。

由此,在温度和毛细管长径比(L/D)一定的条件下,测定在不同的压力下聚合物熔体通过毛细管的流动速率(Q),由流动速率和毛细管两端的压力差 ΔP,可计算出相应的 τ_w 和 $\dot{\gamma}_w$ 值,将一组对应的 τ_w 和 $\dot{\gamma}_w$ 在双对数坐标系中绘制流动曲线图,即可求得非牛顿指数(n)和熔体表观黏度(η_a)。

但是,聚合物熔体大多数属于非牛顿流体,而且实验中毛细管长度有限。因此,必须进行"非牛顿校正"和"入口校正",才可得到毛细管壁处的真实剪切速率和剪切应力。

(1)毛细管壁处的剪切应力

当毛细管的长径比较小时($L/D<40$),考虑到毛细管的入口处由于黏弹效应所产生的非理想情况的影响,存在入口压力损失,故须进行入口校正。设毛细管长度为 L,按照 Baglay 方法,虚拟延长长度记为

$$\Delta L = n_B \cdot R$$

式中,n_B 为 Bagley 校正因子。压力降 ΔP 均匀分布在 $L+\Delta L$ 上,则管壁处的真实剪切应力按下式计算:

$$\tau'_w = \frac{\Delta P \cdot R}{2(L+n_B \cdot R)} = \frac{\Delta P \cdot R}{2(L+\Delta L)}$$

在给定剪切速率下,测得不同长径比毛细管的压力降 ΔP,以 ΔP-L/D 作图得一直线,从直线与横坐标轴的交点可导出虚拟延长长度 ΔL,从而计算得到校正后的剪切应力。

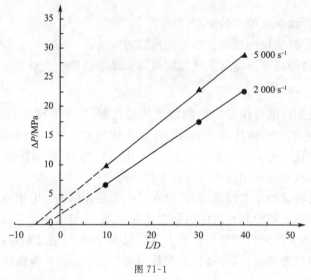

图 71-1

(1)毛细管壁处的剪切速率

通常采用 Rabinowich-Mooney 公式进行非牛顿校正,以获得毛细管壁处的真实剪切速率即:

$$\dot{\gamma}'_w = \frac{\dot{\gamma}_w}{4}\left(\frac{d\lg\dot{\gamma}_w}{d\lg\tau_w}+3\right)$$

聚合物熔体在加工过程的剪切速率范围内多为幂律流体,则:

$$\dot{\gamma}'_w = \dot{\gamma}_w \cdot \frac{3n+1}{4n}$$

式中,n 为非牛顿指数。

$$n = \frac{d\lg\tau_w}{d\lg\dot{\gamma}_w}$$

(3)表观黏流活化能

在温度远高于玻璃化温度时,聚合物熔体在同一剪切速率或同一剪切应力下的表观黏度与温度的关系可用 Arrhenius 方程来描述:

$$\eta_a = A \cdot e^{\Delta E/RT}$$

式中 A 是依赖于剪切速率、剪切应力和分子结构的频率因子，ΔE 是恒定剪切速率或恒定剪切应力下的表观粘流活化能，R 是气体常数，8.314 J/(mol·K)，T 是绝对温度，K。以 lg η_a 对 1/T 作图可得一直线，从直线的斜率可求得表观黏流活化能 ΔE。在给定剪切速率或剪切应力的条件下，表观粘流活化能的值越大，表明该聚合物的黏度对温度变化的敏感度越大。对这样的聚合物材料在加工时应严格控制挤出温度。反之，也可以通过改变挤出时的温度来调节流动性。

【主要仪器和试样】

CR-6000-10 毛细管流变仪。

聚乙烯、聚丙烯等。

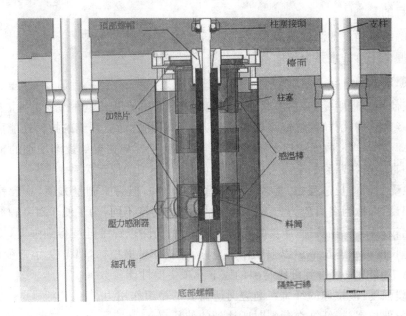

图 71-1　测试腔内部构造

【实验步骤】

(1)选择合适的料筒尺寸内径以及细孔模(长径比)，根据试样选择合适的测定温度。

(2)插上总电源，打开机台电源开关，打开紧急停止按钮。

(3)执行 CR-6000 专用软件，点击"预热"将料筒升温至试验所需温度，点击"项目记录"，选择新增项目或已有项目，建立实验参数：按照实验需求，设定活塞速度或剪切力，设定完毕，点击确认。

(4)将物料倒入料筒内约 9 分满高度，装上测试柱塞，按"测试"执行试验。依据实验设定，先执行"预压"程序，之后进入"融料进度"，最后执行测试。

(5)实验结束，点击"下降"将剩余物料挤出，点击"上升"回复原位。

(6)拆下柱塞，清洁柱塞及料筒继续下一个试验(若为相同塑料则可以不清洁料筒，若为橡胶试样则必须清理料筒、压力转换器和贯通孔)。

(7)结束试验，清洁料筒。

【实验结果】

(1)以剪切率为横坐标,剪切应力为纵坐标,绘制不同条件下流动曲线并分析。

(2)根据不同温度下的测试数据,计算聚合物的表观粘流活化能。

【思考题】

(1)为什么要进行"非牛顿校正"和"入口校正"?

(2)如何使用高分子材料的流变曲线指导拟定成型加工工艺?

实验七十二　纤维拉伸性能的测定

【实验目的】

(1)了解纤维强度的测试原理和测试方法。

(2)掌握电子单纤维强力仪的基本操作。

【实验原理】

纤维在使用过程中受到拉伸、弯曲、压缩和扭转作用,产生不同的变形,但主要受到的外力是拉伸。纤维材料的拉伸性能主要包括强力和伸长两方面。纤维的拉伸性能可用拉伸曲线来表示,即负荷-伸长曲线或应力-应变曲线,它反映了纤维在受到逐渐增加的轴向作用力而产生延伸直至最终断裂的全过程中,张力(负荷)与伸长的依赖关系。

纤维在受力而伸长过程中,其截面积是逐渐缩小的,但为了测量方便,一般就以纤维的初始截面积计算,称为名义应力。又因为各种纤维的密度不同,为了便于对各种纤维的拉伸性能进行比较,通常根据负荷-伸长曲线的数据,把负荷除以纤维纤度得到强度,把伸长除以试样的夹持长度得到伸长率。以强度作纵坐标,伸长率做横坐标,即得应力-应变曲线。

从应力-应变曲线可得到纤维材料的以下几项主要性能参数:

(1)断裂强度:被拉伸的纤维在断裂时所需要的稳恒作用力。

(2)断裂伸长率:指纤维在断裂时所达到的伸长率。

(3)初始模量:伸长1%时,单位纤度的纤维所需要负荷的cN(或gf)数。

(4)屈服点:在典型的应力-应变曲线上自原点出发,最初的线段近似直线,斜率较大,随后进入延伸性能突然变得较大的一个区域,斜率急剧变小,在这两个区域之间往往有一个转折点,即为屈服点。由屈服点的位置可以得到屈服强度和屈服伸长率。纤维在屈服点以前的形变主要是可以恢复的弹性形变,在屈服点以后的形变中有不可恢复的塑形形变。所以在其他指标一定的情况下,屈服点高的纤维不易产生塑性变形。特别是屈服伸长率高的纤维,拉伸弹性比较好,其织物的尺寸稳定性较好。

(5)断裂功:外力对纤维所做的总功,即纤维受拉伸至断裂时所吸收的总能量。用负荷-伸长曲线下面所包含的面积表示,单位为N·cm(或gf·cm)。为了对各种纤度和原始长度不同的纤维做比较,又常采用断裂比功来表示:

$$断裂比功＝断裂功/(试样纤度·试样长度)$$

断裂比功是纤维韧性的量度。断裂比功大,表明纤维断裂时所需要的能量大。它可以用来衡量纤维及其织物承受冲击的能力。

【主要仪器和试样】

LLY-06EDC 电子单纤维强力仪。

各种天然纤维、化学纤维、特种纤维及金属纤维。

【实验步骤】

(1)试样准备

①取约 10 mg 纤维样品,用手扯法整理成一端整齐的纤维束。整理时用力不宜过大,以免使纤维伸长。然后先用稀梳,再用密梳,梳去其中短纤维,并扯去过长纤维,最后把整理平直的纤维束放在黑绒板上。

②如样品是长丝,用剪刀剪一段约 5 cm 长的长丝置于黑绒板上,并将一束丝分散成单根丝以备测试。

(2)仪器操作

①打开空压机,开启仪器电源开关。

②打开仪器操作软件,进入"参数设置"设置实验参数:拉伸速度、测量次数隔距等。

③进入工作主界面,点击"拉伸断裂试验"键,进入断裂试验状态界面,显示器下方显示"返回至隔距 请等待……"字样,同时下夹持器运动找设定隔距长度停止,仪器进入等待操作者准备夹持试样进行试验状态,如果强力值显示不是"0.00"点击"清零"键清零。

④将准备好的单纤维样品用镊子夹起,放到仪器上夹持器钳口内,按"夹紧"钮使夹持器钳口夹紧试样,再次按"夹紧"钮使下夹持器钳口夹紧试样,按"拉伸"钮下夹持器开始缓速拉伸,显示器右上部显示"拉伸中……"。试样按照设定速度拉伸,拉伸试样至一定长度后断裂,下夹持器自动返回。

⑤按"释放"钮松开上下夹持器,清除试样,必要时用洗耳球吹扫清理,更换试样,再次夹持试样进行拉伸实验。

⑥试样测试完成后,界面进入查询和删除状态,点"打印平均值",打印机打印统计值,在"打印平均值"键右侧空白处增加"复制"键,点击该键,打印机复制打印本组全部测试数据。

【数据处理】

测试纤维的断裂强度,绘制纤维应力-应变曲线。

【思考题】

(1)影响纤维强度的因素有哪些?

(2)拉伸速度影响纤维强度吗? 为什么?

实验七十三　热塑性塑料挤出造粒实验

【实验目的】

(1)了解挤出机的基本结构及作用。

(2)掌握挤出成型的操作和注意事项。

(3)测定物料在挤出机内的停留时间、背混时间以及机头的熔体压力。

【实验原理】

塑料的挤出成型就是塑料在挤出机中利用旋转的螺杆所具有的输送物料的能力,在螺筒中进行熔融、混合、均化,形成密实的熔体,在压力作用下通过口模冷却成型。挤出机按其螺杆数量可以分为单螺杆、双螺杆和多螺杆挤出机。挤出机主要由加料系统、驱动系统、温控系统、螺杆螺筒系统、机头系统、冷却系统、切粒机组成。图 73-1 为螺杆结构示意图,螺杆可分为加料段、压缩段和均化段。目前以单螺杆挤出机应用最为广泛,适用于一般材料的挤出加工。双螺杆挤出机具有物料停留时间短、剪切混炼强烈、混合均匀、挤出量比较稳定等特点。在同向双螺杆挤出机中,两个螺杆以相同的方向转动;在异向双螺杆挤出机中,两个螺杆在两个筒体中反向转动并相互交叉。

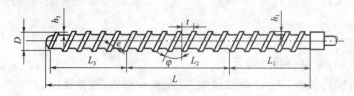

图 73-1　螺杆结构示意图

L_1—加料段;L_2—压缩段;L_3—均化段;D—螺杆长度;L/D—长径比;t—螺距压缩比

($t=[(D-h_1)h_1]/[(D-h_3)h_3]$。其中,$h_1$ 为加料段深,h_3 为均化段深)

【主要仪器和试样】

(1)仪器

CTE-35 双螺杆挤出机;切粒机。

(2)试样

聚乙烯树脂(或聚丙烯树脂)。

【实验步骤】

(1)检查设备,确认正常,接通电源加热,根据物料设定挤出机各段和机头的温度,开始加热。

(2)待各段达到要求温度后,保温 10 min 以上,开启主机,调整螺杆转数。待熔料挤出后,用手(戴上手套)和镊子慢慢牵引冷却。

(3)清膛:先使用价格较低的废料将挤出机螺筒内的存料顶出,再用待挤出料顶出废料,使挤出机螺纹齿内为待用料状态。

(4)挤出和采集数据:在加料机中加入足够的原料,调节电机转速,使挤出机平稳运行后向螺杆物料入口处加 6 粒标识用蓝色色母粒,秒表计时,记录机头处物料变色所用的时间,即为物料的停留时间。继续计时,直到机头处蓝色全部消失。蓝色出现到消失的时间为背混时间。

(5)挤出造粒:配制 300 g 含 1‰色母粒的待挤出物料,简单混合后置入加料系统,记录物料从进入挤出机料膛到走完物料所用时间,从而换算挤出机的产量。机头处挤出的料条在水槽中冷却、风冷除去表面水滴后进入切粒机切粒。

(6)关机:待挤出机机头处不出料时,关闭主电机、加料机电源,关闭各段加热温控器,开启风机,挤出机筒冷却后关闭风机和加料口冷却水。

【注意事项】

(1)物料未熔融前严禁启动螺杆的驱动电机,以免损坏螺杆或齿轮箱。

(2)挤出机运行时、任何人不得处于机头的正前方。

(3)清理设备时,只能使用铜棒等铜制工具。

(4)如果发现不正常现象,应立即停车,检查处理。

【数据记录和处理】

(1)列出实验用挤出机的技术参数。

(2)实验用原料和操作工艺条件,计算停留时间、背混时间和挤出机产量。

实验七十四 热塑性塑料注塑成型实验

【实验目的】

(1)了解注塑成型过程和成型工艺条件对制品力学性能的影响。

(2)掌握注塑成型工艺参数的确定以及制作标准测试样条的方法。

【实验原理】

注塑成型是热塑性塑料成型制品的一种重要方法。塑料从注塑机料斗送进加热的料筒,经加热及螺杆对物料和物料之间的摩擦生热使塑料熔化呈流动状后,在螺杆的高压、高速推动作用下,塑料熔体通过喷嘴注入温度较低的封闭模具型腔中,经冷却定型成所需制品。

注塑成型可以得到尺寸精确、形状复杂的各种各样的塑料制品。通过注塑标准样条的过程,可以对注塑成型有初步的了解,并且能够掌握塑料注塑成型的工艺条件。

(1)注塑成型工艺条件

注塑成型工艺条件包括:注塑成型温度、注射压力、注射速度以及与之有关的时间。

(2)工艺条件及其对成型的影响

①温度

注塑成型要控制的温度有料筒温度、喷嘴温度和模具温度。前两种温度主要影响塑料的塑化和流动性;后一种温度主要影响塑料熔体在模具中的流动和冷却。

a.料筒温度

料筒温度是保证塑料塑化质量的关键工艺参数之一。料筒温度的高低与所加工的塑料特性有关。在选择料筒温度时,主要考虑的因素有塑料的品种、塑料的加工温度范围、塑料制件的结构、模具浇注系统的结构、注塑机的型式等。

由于塑料的品种不同,塑料对温度的敏感程度不同。有的塑料熔体在温度上升时,黏度下降的较大,有的塑料熔体受温度影响黏度变化比较小。对于黏度受温度影响较大的材料,调整温度的变化比调整其他工艺条件更重要。

在复合材料中,由于塑料中有玻璃纤维填充,熔融塑料的黏度比纯塑料黏度大,并且在熔体充模过程中容易发生纤维取向,使制品呈各向异性。

为理解聚合物充模时的取向机理,在此分析一下非等温流动的特点。充模时,聚合物熔体是在模壁之间流动的,壁温一般都低于聚合物的玻璃化温度。聚合物从进入模腔便开始冷却,形成壳层时产生取向。新料是沿着贴于注模型腔壁上的一层不移动并已凝结的料层连续推进的,并因此而使物料前缘得以向前移动,引起聚合物在型腔中流动的压力,以在型腔入口处为最大,并在物料流前缘降低至零。在任意一点上引起大分子取向的剪切应力既然与此压力成正比,那么可以得到:取向的可能性也应从型腔入口处的最大值逐渐降低到物料流前缘的零值。充模时可以发生两种取向过程。第一种是单轴取向,出现在以聚合物熔体流动发生单轴运动为主而形成的注塑制品中。如果制品横截面的尺寸沿流动方向不变,而浇口的宽度又相当于制品的宽度,则在充模时由于熔体呈单向运动,热塑性塑料即进行单轴取向。小长条和哑铃形标准试样可作为这种例子。第二种是双轴取向,它是熔体在与流向成垂直的方向上扩大时产生的。

料筒温度的配置,一般是靠近料斗一端的温度偏低(便于螺杆加料输送),从后端到喷嘴方向温度逐渐升高,使物料在料筒中逐渐熔融塑化。对于对剪切敏感的塑料,采用螺杆式注塑机。由于螺杆的剪切摩擦热有助于物料的塑化,料筒前端的温度也可以略低于中段温度,以防止塑料的过热分解。

b. 喷嘴温度

料筒前端喷嘴处的温度要单独控制,为防止塑料熔体的流涎作用,并估计到塑料熔体在快速通过喷嘴注射时,有一定的摩擦热产生,所以,喷嘴的温度应稍低于料筒的最高温度。

c. 模具温度

注塑模具是成型制件的关键部件之一。熔融的物料进入模具后,需要在短时间内将其冷却至常温,模具温度的高低以及温度的均匀性直接影响熔融物料的冷却历程,对制品冷却速度以及制品的内在性能和外观质量影响极大。制品冷却时间的长短受到模具温度高低的制约,将模具温度保持在允许温度范围的低温状态,显然能缩短注塑周期,提高生产效率。如果模具温度发生波动,制品的收缩也将发生变化。特别是结晶性塑料,模具温度的变化对结晶度影响很大,模具温度恒定,也就稳定了成型制品的尺寸精度。制品在冷却过程中,模具各处的温度保持均匀,冷却速度一致,制件的各部分收缩率能保持一致,从而防止了制品的变形。制品在成型过程中,外观受模具温度影响出现的缺陷如溢边、缺料等,可以通过调节模具温度得到解决。塑料在适宜的模具温度下成型,其物理机械性能是最佳状态。

模具温度的高低主要取决于塑料的特性(结晶与否)、塑料玻璃化温度的高低、制品的结构与尺寸以及其他工艺条件(熔料温度、注射速度、注射压力及成型周期)。对模具温度的控制通常有两种方式,模具加热或通入冷却水。

无定形塑料熔体注入模腔后,随着温度的不断降低而冷却定型硬化,但并不大量产生结晶相的变化。结晶性塑料注入模腔后,当温度降低至熔点以下时,即开始结晶。结晶的速率受冷却速率的控制,而冷却速率又取决于模具温度。因此模具温度直接影响制品的结晶速率和结晶构型。

模具温度对制品的性能影响很大。一般的规律是随着模具温度的升高,塑料熔体的充模长度增加,塑料大分子的取向程度下降,塑料制品的内应力降低,熔体的冷却时间延长,生产效率降低,制品的后收缩增加,制品的密度以及结晶度略有增加。

模具温度不但要保证塑料熔体的有效冷却,而且要使模具的各部分温度均匀一致,如果模具温度不均匀,塑料熔体在冷却过程中冷却速率不均匀,使制品产生翘曲、变形、凹痕、裂纹和内应力。塑料品种的不同、制品的复杂性使模具温度的要求多样化,最佳的料筒温度、喷嘴温度、模具温度要通过具体制品进行实验确定。

②压力

注射过程中的压力包括塑化压力和注射压力,他们直接影响塑料的塑化和制品的质量。

a. 塑化压力(背压)

塑化压力的作用是明显的,由于塑化压力的存在,螺杆在塑化过程中,后退的速度降低,物料需要较长的时间才能够到达螺杆的顶部,物料的塑化质量得到提高,尤其是带色母粒的物料,其颜色的分布更加均匀。由于塑化压力的存在,迫使物料中的微量水分从螺杆的根部溢出,使制件减少了银纹和气泡。一般操作中,塑化压力的大小应在保证塑化质量的前提下越小越好。

b. 注射压力

注射机的注射压力是以螺杆顶部对塑料熔体施加的压力为准的。注塑过程中,随注射压力增大,塑料熔体流动性改善,流动长度增加,充模速度提高;制品熔接强度提高,密度增加,收缩率下降。制品中的内应力随注射压力的增加而增大,故采用较高注射压力进行注射的制品应进行退火处理。随着注射压力的增加,一般制品的大多数物理机械性能均有所提高。保压压力是对收缩部分进行补充的重要参数。

③时间(成型周期)

完成一次注塑过程所需的时间称为成型周期,也称模速周期。它包括以下几段时间:

注射时间:充模时间——螺杆前进的时间;保压时间——螺杆留在前进位置的时间。

闭模冷却时间:螺杆转动预塑的时间。

其他时间:开模、顶出制品、涂饰脱模剂、安放嵌件和闭模时间。

成型周期直接影响劳动生产率和设备利用率。在生产中,应在保证质量的前提下,尽量缩短成型周期的有关时间。

在整个成型周期中,以注射时间和冷却时间最重要。注射时间中的保压时间就是对模腔内熔融料的压实时间。冷却时间主要取决于制品的厚度、塑料的热性能和结晶性能以及模具温度等。

在选择注射工艺条件时,主要从以下几个方面考虑:

a. 塑料的品种,各种塑料的加工温度范围。

b. 树脂是否需要干燥,采用什么方法干燥。

c. 成型制品的外观、性能及收缩率。

(3)注射机的基本技术参数:注射容积、注射压力、注射速率、塑炼能力、移动模板的行程、模板间的最大距离、锁模部分拉杆之间距离、锁模力。

【主要仪器和原料】

(1)仪器

YIZUMI UN60A2 塑料注射成型机。

(2)原料

低密度聚乙烯;高密度聚乙烯;聚苯乙烯;聚丙烯;聚甲醛;ABS 等(哑铃形、长条形、圆形)。

【实验步骤】

(1)注射机开车前的准备工作

为了顺利做好实验,开车前必须做好下列检查:

①检查电源电压是否与电器设备的额定电压相符。

②检查各按钮、电气线路、操作手柄、滚轮等有无损坏或失灵现象,各开关手柄应在"断"的位置。

③检查安全门在轨道上滑动是否灵活,开关能否触动限位开关。

④检查各冷却水管接头是否可靠,杜绝渗漏现象。

⑤检查料斗有无异物,对机筒进行加热,达到塑化温度后,恒温 30 min,使各点温度均匀一致。

⑥检查喷嘴是否堵塞,并调整模具和喷嘴位置。

(2)注塑机开车

①接通电源,启动电机,油泵开始工作,打开液压油冷却器水阀,对回油进行冷却。

②油泵进行短时间空车运转,正常后关闭安全门,采用手动方法,调整开、闭模。

③检查限位开关是否灵敏。

(3)注塑机的动作程序控制

注塑成型是一个按照预定的顺序作周期性动作的过程,注塑机动作过程的程序是指机器在程序周期中各个动作的先后次序。普通螺杆式注塑机的动作程序如下:

合模→注射座前进→注射→保压→冷却→开模→顶出制品→合模……

注塑机在加工结晶性塑料时,喷嘴不易长时间同温度较低的模具接触。因此,注射机除了上述合模、注射、保压等动作外,注射座还应在每一次循环中移动一次。

①加料方式

根据注射座是否移动,分为三种加料方式:固定加料、前加料和后加料。

②操作方式

注射机常用的操作方式有手动、半自动和全自动三种。

(4)注塑成型制品

在不同熔体温度、模具温度、注射压力下模制制品。

(5)测定制品收缩率。

【注意事项】

(1)未经实验室工作人员的同意,不得操作注塑机。

(2)未经实验室工作人员的同意,不得任意改动注塑机的参数。

(3)不得用金属工具接触模腔。

【数据记录和处理】

(1)原料规格及产地。

(2)注塑机的注塑条件:

①料筒(或熔体)温度_____ ℃;_____ ℃;_____ ℃;

②注射压力_____ MPa;

③模温_____ ℃;

④注射时间_____ s;保压时间_____ s;冷却时间_____ s;

⑤加料量_____ g。

(3)所用注塑机型号,螺杆、喷嘴和模具型式。

(4)测定收缩率:测量模腔长度 L_1 及样品在室温下放置 24 h 后的长度 L_2。

$$收缩率=(L_1-L_2)/L_1\times100\%$$

【思考题】

(1)注塑成型工艺条件如何确定?

(2)制品形状与制品性能之间有何关系?

(3)用注射充模流动过程讨论制品结构形态的形成。

(4)注塑成型制品常见缺陷如何解决?

实验七十五　橡胶混炼实验

【实验目的】

(1)熟悉并掌握橡胶开炼机混炼的操作方法、加料顺序。

(2)了解开炼机混炼的工艺条件及影响因素。

(3)培养学生独立进行混炼操作的能力。

【实验原理】

混炼就是将各种配合剂借助开炼机机械力的作用均匀分散于橡胶中的工艺过程。混炼过程就是将各种配合剂均匀地分散在橡胶中,形成一个以橡胶或者橡胶与某些能和它相容的配合组分(配合剂、其他聚合物)的混合物为介质,以与橡胶不相容的配合剂(如粉体填料、氧化锌、颜料等)为分散相的多相胶体分散体系的过程。对混炼工艺的具体技术要求是:配合剂分散均匀,使配合剂特别是炭黑等补强性配合剂达到最好的分散度,以保证胶料性能一致。混炼后得到的胶料称为"混炼胶"。

开炼机混炼的工作原理是:利用两个平行排列的中空辊筒以不同的线速度相对回转,加胶包辊后,在辊距上方留有一定量的堆积胶。堆积胶拥挤、绉塞产生许多缝隙,配合剂颗粒进入到缝隙中,被橡胶包住,形成配合剂团块。配合剂团块随胶料一起通过辊距时,由于辊筒线速度不同产生速度梯度,形成剪切力,橡胶分子链在剪切力的作用下被拉伸,产生弹性变形,同时配合剂团块也会受到剪切力作用而破碎成小团块。胶料通过辊距后,由于流道变宽,被拉伸的橡胶分子链恢复卷曲状态,将破碎的配合剂团块包住,使配合剂团块稳定在破碎的状态,配合剂团块变小。胶料再次通过辊距时,配合剂团块进一步减小。胶料多次通过辊距后,配合剂在胶料中逐渐分散开来。采取左右割刀、薄通、打三角包等翻炼操作,配合剂在胶料中进一步分布均匀,从而制得配合剂分散均匀并达一定分散度的混炼胶。

【主要设备及原料】

(1)设备

混炼常用的设备是开炼机,主要由机座、温控系统、前后辊筒、紧急刹车装置、挡胶板、调节辊距大小的手轮等部件组成。开炼机的结构如图 75-1 所示。

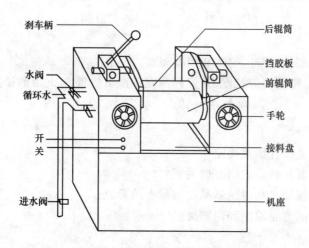

图 75-1　开炼机结构示意图

（2）原料及用量（份）

顺丁橡胶 100；炭黑 60；硬脂酸 2.0；氧化锌 3.0；超速级促进剂 1.0；硫磺 1.5。

【实验步骤】

（1）根据实验配方，准确称量生胶和除液体软化剂以外的各种配合剂，观察生胶和各种配合剂的颜色与形态。

（2）检查开炼机辊筒及接料盘上有无杂物，如有需先清除杂物。

（3）开动机器，检查设备运转是否正常，通热水预热辊筒至规定的温度（由胶种确定）。

（4）将辊距调至规定大小（根据炼胶量确定），调整并固定挡胶板的位置。

（5）将塑炼好的生胶沿辊筒的一侧放入开炼机辊缝中，采取左右割刀、薄通、打三角包等方法使生胶均匀连续的包于前辊，在辊距上方留适量的堆积胶，经过 2~3 min 的滚压、翻炼，形成光滑无隙的包辊胶。

（6）按加料顺序依次沿辊筒轴线方向均匀加入各种配合剂，每次加料后，待其全部吃进去后，在左右 1/4 处割刀各两次，两次割刀间隔 20 s。

加料顺序：小料（固体软化剂、活化剂、促进剂、防老剂、防焦剂等）→大料（炭黑、填充剂等）→液体软化剂→硫磺和超速级促进剂

（7）割断并取下胶料，将辊距调整到 0.5 mm，加入胶料薄通，并打三角包，薄通 5 遍。

（8）按试样要求，将胶料压成所需厚度，下片称量质量并放置于平整、干燥的存胶板上（记好压延方向、配方编号）待用。

（9）关机，清洗机台。

【数据记录和处理】

（1）列出实验用开炼机的技术参数。

（2）报告实验用原料及操作工艺条件。

【思考题】

影响开炼机混炼效果的因素主要有哪些？

实验七十六　橡胶密炼实验

【实验目的】

(1)了解密炼机的结构和使用方法。

(2)熟练掌握密炼机混炼的操作方法和加料顺序。

(3)熟悉密炼机混炼的工艺条件。

(4)了解影响密炼机混炼效果的因素。

【实验原理】

密炼机一般由密炼腔室、两个相对回转的转子、上顶栓、下顶栓、测温系统、加热和冷却系统、排气系统、安全装置、记录装置组成。转子的表面有螺旋状凸棱,凸棱的数目有二棱、四棱、六棱等;转子的断面几何形状有三角形、圆筒形和椭圆形三种,有切向式和啮合式两类。测温系统是由热电偶组成,主要用来测定混炼过程中密炼室内温度的变化。加热和冷却系统主要是为了控制转子和密炼室内腔壁表面的温度。密炼机密炼室结构如图 76-1 所示。

图 76-1　密炼机密炼室结构示意图

密炼机工作时,两转子相对回转,将来自加料口的胶料夹住带入辊缝挤压和剪切,胶料穿过辊缝后碰到下顶拴尖棱被分成两部分,分别沿前、后室壁与转子之间缝隙再回到辊隙上方。在绕转子流动的一周中,胶料处处受到剪切力和摩擦力作用,使胶料的温度急剧上升,黏度降低,增加了胶料在配合剂表面的润湿性,使胶料与配合剂表面充分接触。配合剂团块随胶料一起通过转子与转子的间隙以及转子与上顶栓、下顶栓、密炼室内壁的间隙,因受到剪切而破碎,被拉伸变形的胶料以及包围,稳定在破碎状态。同时,转子上的凸棱使胶料沿转子的轴向运动,起到搅拌混合作用,使配合剂在胶料中混合均匀。配合剂如此反复剪切破碎,胶料反复产生变形和恢复变形。转子凸棱的不断搅拌,使配合剂在胶料中分散均匀,并达到一定的分散度。由于密炼机混炼时胶料受到的剪切作用比开炼机大得多,炼胶温度高,使得密炼机炼胶的效率大大高于开炼机。

【主要仪器和原料】

(1)仪器

HAAKE 转矩流变仪。

(2)原料

100 g 顺丁橡胶;60 g 炭黑 N330;5 g 芳烃油;2 g 硬脂酸;1.7 g 硫磺;1 g 防老剂 D;5 g 氧化锌;1.5 g 促进剂 CZ。

【实验步骤】

(1)按照密炼机密炼室的容量和合适的填充系数(0.6~0.7)计算一次炼胶量和实际配方。

(2)根据实际配方,准确称量配方中各种原料的用量,将生胶、小料(促进剂、防老剂等)、补强剂或填充剂、液体软化剂、硫磺分别放置在置物架上按顺序排好。

(3)打开密炼机电源开关及加热开关,给密炼机预热,同时检查风压、水压、电压是否符合工艺要求,检查测温系统、计时装置、功率系统指示和记录是否正常。

(4)密炼机预热好后,稳定一段时间,准备炼胶。

(5)提起上顶栓,将已切成小块的生胶从加料口投入密炼机,落下上顶栓,混炼 1 min。

(6)提起上顶栓,加入小料,落下上顶栓,混炼 1.5 min。

(7)提起上顶栓,加入炭黑或填料,落下上顶栓,混炼 3 min。

(8)提起上顶栓,加入液体软化剂,落下上顶栓,混炼 1.5 min。

(9)排胶,用热电偶温度计测胶料的温度,记录密炼室初始温度、混炼结束时温度及排胶温度。

【数据记录与处理】

(1)列出实验用密炼机的技术参数。

(2)报告实验用原料及操作工艺条件。

【思考题】

影响密炼机混炼效果的因素主要有哪些?

实验七十七　橡胶硫化实验

【实验目的】

(1)了解橡胶硫化的反应原理。

(2)掌握橡胶硫化的实验技术。

(3)了解橡胶硫化配方的主要成分。

【实验原理】

$$\left[CH_2-\underset{\underset{CH_3}{|}}{C}=CH-CH_2\right]_n$$

橡胶是二烯烃(如丁二烯、异戊二烯等)的聚合产物,如聚异戊二烯。聚异戊二烯是线型高分子,具有弹性,电绝缘性和塑性等,其在高温会分解,即使温度不太高也会变黏稠,在低温下则会变硬变脆。橡胶的分子里含有双键,可以和氯化氢、卤素等发生加成反应而变质。如果长期受空气、日光的作用,橡胶就会渐渐被氧化而变硬、变脆,即老化。工业上采用硫化(硫化剂主要用硫)来改善橡胶的性能。硫化使橡胶的线型分子间通过单硫键(—S—)或双硫键(—S—S—)产生交联,形成网状结构。经过硫化的橡胶,称为硫化橡胶。硫化橡胶具有较高的强度和韧性以及良好的弹性、化学稳定性、耐蚀性等。

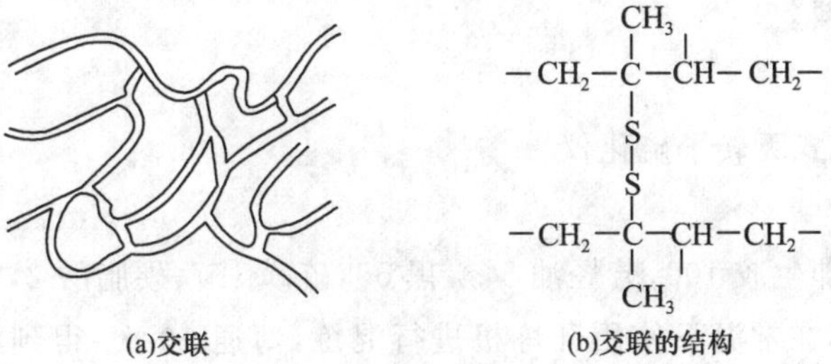

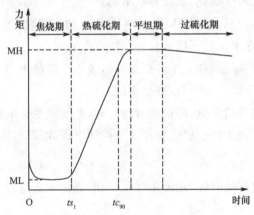

(a)交联 (b)交联的结构

图 77-1 硫化橡胶

无转子硫化仪是广泛应用的快速检验及基础研究仪器,可精确测量焦烧时间、正硫化时间、硫化指数及最大、最小力矩等参数,为优化橡胶硫化配方以及硫化工艺提供依据。无转子硫化仪的模腔由上、下模组成,橡胶试样放在闭合的模腔内并保持一定的温度压力,其中一个模腔以 1.7 Hz 的频率振动,振幅是 0.5°。该振动在试样上施加一个剪切力,同时试样对模腔产生一个反作用力或力矩,其值的大小取决于胶料的剪切强度。试样的剪切强度随着硫化过程不断增大,相应的力矩也随之增大,力矩值的大小反映胶料的硫化程度。力矩随时间的变化曲线即硫化曲线,如图 77-2 所示。

图 77-2 典型的硫化曲线

硫化曲线的形状取决于硫化温度、硫化配方、生胶特性等,通常分为焦烧期、热硫化期、平坦期和过硫化期四个阶段。从硫化曲线可获得各种硫化参数,如最小力矩 ML、最大力矩 MH、焦烧时间 ts_1、正硫化时间 tc_{90} 等。目前,焦烧时间和正硫化时间的确定还没有统一的标准。定义焦烧时间 ts_1 为从实验开始到曲线由最小力矩上升 0.1 N·m 时所对应的时间,正硫化时间 tc_{90} 为力矩达到 ML+(MH-ML)×90% 时所对应的时间。焦烧时间表征胶料的操作安全性,焦烧时间短表示胶料容易发生死料,生产中容易出现缺料现象;焦烧时间长则操作安全性高,但生产效率低,成本上升。正硫化时间长表示硫化速度偏慢,生产效率低。较为理想的橡胶硫化曲线应满足下列条件:

(1)焦烧时间(硫化诱导期)要足够长,充分保证生产加工的安全性。

(2)硫化速度要快,提高生产效率,降低能耗。

(3)硫化平坦期要长,以保证硫化加工中的安全性,减少过硫危险,以及保证制品各部位硫化均匀一致。

【主要仪器和原料】

(1)仪器

MD-3000A 直驱式无转子硫化仪。

(2)实验原料

采用基本配方,即生胶 100,芳烃油 5,炭黑 50,硫磺 1.7,硬脂酸 2,防老剂 BHT 1,氧化锌 5,促进剂 CZ 1.5,在常温下使用开炼机进行混炼,薄通 10 次,得到混炼胶,作为实验原料。

【实验步骤】

(1)准备试样

圆形试样,体积为 3～5 cm³,略大于模腔容积。每次测试的试样体积应该保持一致,以获得较好的重复性。

(2)硫化实验

①连接气压源:将气压管接入快速接口,调整气压为规定值(如 0.36 MPa)。

②连接电源:开启无转子硫化仪、计算机电源。

③测试参数设定:打开测试软件 MD-3000A,输入测试温度、测试时间等参数,点击"传送"按钮,将测试参数传送至无转子硫化仪。

④放置试样:用玻璃纸将试样上下表面覆盖后置入下模的中心,点击软件中的"测试"按钮,防护罩自动关闭,上下模自动闭合,开始测试。

⑤测试完成:上下模自动开启,防护罩自动打开,戴防烫手套取出试样。

⑥关闭测试软件,关闭无转子硫化仪和计算机的电源,断开气源。

【数据分析与处理】

分析硫化曲线,确定焦烧时间、正硫化时间,判断硫化方案是否合理。

【思考题】

(1)讨论橡胶硫化的实质。

(2)什么是焦烧时间、正硫化时间?测定硫化曲线的意义?

实验七十八 橡胶加工分析实验

【实验目的】

(1)了解橡胶加工分析仪(RPA)的基本结构及加工分析的原理。

(2)掌握橡胶加工分析仪的基本操作、测试方法及数据分析。

【实验原理】

在橡胶实际加工过程中,聚合物熔体的非牛顿性在很大程度上是由于弹性引起的,弹性和黏性一样是影响胶料加工性能的重要因素。采用动态力学流变仪测量聚合物黏弹性的优点就是可以同时测定聚合物的黏度及弹性模量。橡胶加工分析仪是一种新型的动态力学流变仪,它不仅可以在一定的频率、温度和应变范围内测定聚合物的动态性能,而且能像硫化仪那样在一次实验中对胶料硫化前、硫化过程中和硫化后的黏弹性进行测量。

橡胶加工分析仪的模腔包括两个锥形模(图 78-1)和两块金属密封板,其各自的密封件完全围住试样模腔并对试样模腔加压。上、下模可以分开,以便填装试样。将 $4\sim6\ cm^3$ 的试样装于下模,然后上模往下压在试样上,形成固定体积的压模,而多余的试样被挤入跑胶道。实验结束时,模型打开,取出试样。

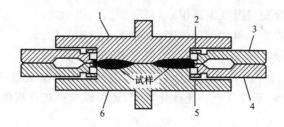

图 78-1　锥形模断面图
1—上口模;2—上密封件;3、4—密封板;5—下密封件;6—振荡式下口模

橡胶加工分析仪可以对橡胶或聚合物在硫化前、硫化中和硫化后全程做性能分析和测试。橡胶加工分析仪普遍采用电脑系统驱动高精度的直接驱动马达 DDR,具有独特的温度控制系统,采用离散傅立叶变换 DFT 处理技术,能够检测出生产过程中很细微的成分变化,并且可取代多种检测设备,降低测试的复杂性并且节省时间、提高效率。可以对橡胶原料、开炼胶及硫化胶等的流变加工性能进行测试,具体测试功能如下:

(1)橡胶原料分析

可对橡胶原料做应变分析,用以测量分子量的分布;

对橡胶原料做频率分析,可以分析老化性能;

进行应力松弛分析,可用于分析加工一致性。

(2)混炼工艺分析应用

可以采用应变分析功能,以分析填料的分散度,对混炼工艺进行优化,从而提高生产效率,减少废胶产生。

(3)挤出工艺分析

可以采用应变分析功能,用于尺寸控制和口型膨胀的控制。

(4)注射成型分析

可以采用应变分析功能和频率分析功能,分析模内的流动性、填充情况以及剪切力。

(5)硫化性能分析

可以采用变温硫化分析,真实模拟胶料的升温过程,从而优化硫化过程、节省硫化时间、提高生产效率。

(6)硫化胶性能分析

可做变温分析,分析老化阻尼等特性;还可进行应变分析、频率分析和应力松弛分析,了解胶料的阻尼和滚动阻力特征、生热特征等。

【主要仪器和试样以及测试方法】

(1)仪器

RPA-8000 橡胶加工分析仪(台湾高铁公司)。

(2)试样

生胶;混炼胶;硫化胶;热塑性弹性体等。

(3)测试方法

①频率扫描——应变和温度保持恒定,频率多点扫描变化。

②应变扫描——频率和温度保持恒定,应变多点扫描变化。

③温度扫描——频率和应变保持恒定,温度多点扫描变化。

④硫化/变温硫化——频率和应变保持恒定,温度可保持恒定或进行编程控制,可编程设定升温和降温的趋势;不仅具有普通硫化功能,还可以模拟硫化机的升温过程对试样硫化过程进行模拟。

⑤应力松弛——可通过快速震荡下模,对橡胶试样施加一个脉冲形变,以测量黏弹响应过程。

【实验步骤】

(1)试样准备

①试样应是均匀的,并在室温存放。

②使用硫化专用切试样机切取标准试样。试样应是圆形的且直径略小于模腔。

③建议试样的体积为 $3 \sim 5 \ cm^3$,试样的体积应略大于模腔的容积(通过预先实验,试样的体积应是模腔容积的 $130\% \sim 190\%$)。一旦确定了一个目标质量,试样的质量应控制在目标质量 $\pm 0.5 \ g$ 范围内,以得到最佳重复性。

(2)操作步骤

①连接气源,调整压力大小。

②连接电源,开启电源开关。

③放置试样:将试样以玻璃纸切片覆盖上、下表面,置入测试平台下模中心。

④开启电脑系统,在测试软件中设定测试所需条件。

⑤点击软件中"测试"键,开始测试,防护罩自动关闭。

⑥测试完成,上、下模开启,取出试样。

【数据记录和处理】

(1)打印测试报告,记录试样名称、测试方法、测试条件等。

(2)对应变、温度、频率等扫描后的试样测试数据进行分析。

(3)以应变、温度、频率为变量作图,并分析其形成原因。

【思考题】

如何避免测试过程中试样对测试模腔的污染?

实验七十九 挤出吹塑薄膜实验

【实验目的】

(1)掌握挤出吹塑制备薄膜的方法和原理,了解挤出吹膜操作要领。

(2)了解挤出吹膜所需设备,学习塑料颗粒的熔化、熔体塑性形变、双向拉伸、冷却固化、成型薄膜过程。

(3)了解吹塑薄膜生产技术关键和技术基础。

【实验原理】

挤出吹膜是一种较常见的聚合物成型加工方法,是利用聚乙烯颗粒进行成型加工,得到常见的塑料薄膜,它具有设备占地面积小、加工工艺较为简单、成型用料较少、易于操控等特点。它由单螺杆挤出机、吹膜机头、系列牵引膜装置、控制箱等零部件组成。

挤出吹膜过程中聚乙烯分子没有发生化学反应,只有外观形态发生了变化,从颗粒状熔化成为连续的熔体,熔体再经过吹膜机头后塑化成型为薄膜状筒体,再经过吹入空气进行二维拉伸,冷却定型即成。

挤出吹塑制备薄膜的原理是:将聚乙烯粒料加入挤出机料斗中,利用挤出机旋转螺杆形成的向前推力,将聚乙烯在高温的料膛中向前推进,使其完成颗粒料向前输送、熔融成为熔体、排出颗粒间存在的气体、混合均化为连续的熔体、通过过滤网滤除杂质、在模头处模塑成为筒体熔体膜、用高压风机吹入空气将其吹大并进行双向拉伸、模头外吹气冷却成型,然后经过定速牵引,卷绕成卷,即得普通使用的薄膜,具体工艺过程如图79-1所示。

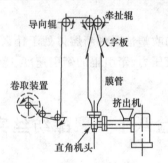

图 79-1 挤出吹塑薄膜的原理示意图

【主要仪器和试样】

FYC-28 小型吹膜机(最大吹膜宽 20 mm)。

聚乙烯树脂。

【实验步骤】

(1)开机操作:打开机箱右侧的总开关,上方三个指示灯亮;打开各区温控仪,设定各区的加热温度,一区 137 ℃,二区 140 ℃,三区 145 ℃,四区 145 ℃(适用于 LDPE、LLDPE),开始加热。

（2）等到所有区达到设定温度后,进行 5 分钟稳温,然后打开主电机变频器,逐步提高螺杆转速;再打开牵引机的变频器,使牵引辊运转起来,整机开始运行。

（3）在料斗中加入颗粒料,等模口出料后,带防热手套,将料慢慢拉起,放入牵引辊进行牵引拉出。

（4）开启模口附近的气阀,内部吹入一定压力的压缩气体,将熔体吹胀,泡管成型。

（5）开始试验,根据实际情况调整吹膜压力、牵引辊的牵引速度、螺杆挤出速度,收集吹出的产品膜,并注意观察挤出吹塑过程中变化情况,将收集样品膜时的工艺条件填在表79-1 中。

（6）停机操作:等到料斗中没有料后,把气泡刺破,螺杆运行到机头不出膜,关闭驱动螺杆电机的变频器,再停止牵引机、风机,关闭各区加热电源。

【实验结果处理】

将膜样用千分卡尺分别测量取样膜各点的厚度,填入表 79-1 中。

表 79-1　　　　　　　　吹膜机工艺条件对产品膜厚度的影响

试验编号	螺杆转速	吹气压差	牵引速度	实测膜筒对向四点的厚度/mm			
	r/min	kPa		测试点 1	测试点 2	测试点 3	测试点 4
1							
2							
3							

螺筒各区温度/℃:1 区　　　　　2 区　　　　　3 区　　　　　4 区

挤出吹膜使用的物料(品名及牌号):

【思考题】

（1）如何根据模口处熔体的吹塑情况判断熔体处于什么态?

（2）产品薄膜的厚度随吹膜压力、牵引辊的牵引速度、螺杆挤出速度的调整而如何变化。

实验八十　聚酯纺丝实验

【实验目的】

（1）了解熔融纺丝的工艺工程。

（2）掌握熔法纺丝的基本原理和主要工艺参数的控制。

（3）掌握聚酯熔法纺丝的基本操作技能。

【实验原理】

聚酯熔融纺丝的基本过程包括:纺丝熔体的制备,熔体自喷丝孔的挤出,熔体细流的拉长变细与冷却固化以及丝条的上油和卷绕。

在切片熔融阶段,切片受热后晶区破坏软化,由固体状态转变为均匀的黏流态,与此同时,由于热、氧和水分等条件的影响,聚合物会发生降解及凝胶反应,聚合物的分子量下降,纤维强度降低、颜色变黄,产生气泡丝,给纺丝成形和后拉伸带来困难。因此切片在纺丝前往往需要经过干燥处理,使其含水量达到工艺要求(小于 40 mg/kg)。

熔融后的聚合物在一定的压力下经计量泵计量后,均匀、连续地通过喷丝板,形成熔体细流。由于高聚物具有黏弹性,在喷丝孔的出口处常有出口胀大现象,当这一现象严重时,会造成熔体破裂,产生毛丝。熔体细流在卷绕张力的牵引下,直径急剧变细,丝条的运动速度也迅速加快;与来自侧吹风的空气发生换热后,丝条温度下降,黏度增高,当丝条温度低于 Tm 时,纤维固化,直径不再变化。在此固化阶段,往往伴随着发生取向、结晶等高聚物的聚集态的变化。

固化后的纤维干燥而松散,纤维与纤维之间、纤维与设备之间的摩擦会产生毛丝和静电,给后加工带来困难,因此需要对纤维给湿上油,增加纤维间的抱合力,以减小丝条与设备间的摩擦,提高丝条抗静电能力,使纤维变得柔软、平滑并具有良好的手感及弹性。经过上油的丝条由卷绕机卷绕成筒。

【主要仪器和原料】

HLSYJ-HFS-1000 熔融纺丝机:螺杆直径,ϕ25 mm;长径比,1∶25;喷丝板直径,ϕ64 mm。

干燥后的聚酯切片,聚酯常规纺丝油剂,纸筒,硅油。

【实验步骤】

纺丝前提前 1 小时升温,待温度达到设定温度后再平衡 1 小时后将原料加入密封料仓再盖好盖。在触摸屏上设定好工艺参数,启动螺杆前应先启动计量泵。触摸屏画面有螺杆温度画面、螺杆控制画面、牵伸卷绕画面等。

(1)螺杆控制画面的操作

①设定计量泵传速

②设定螺杆纺丝压力

③启动计量泵

④启动螺杆

⑤上升键手动到15~20 转后打开料闸开始下料,这时一区温度会有所下降,表明螺杆已进料了,然后螺杆压力开始升高,手动到压力接近设定值时点入压力闭环自动控制,螺杆操作完毕进入正常工作状态。

(2)牵伸卷绕画面

①设定 油剂泵传速

②设定 第一热辊速度

③设定 第二热辊速度

④设定 导丝盘速度

⑤设定 卷绕角(一般取 5°~7°)

(3)温度画面

①设定螺杆一区、二区、三区模头温度

②设定第一热辊温度

③设定第二热辊温度

④设定徐冷套温度

(4)吸枪是平牵式吸枪,采用吸枪生头。

实验结束时,关闭卷绕机电源。在侧吹风处用挡板盖住甬道口,让丝条排在挡板上。先关闭螺杆和油剂泵电动机电源,待计量泵内余料基本排空后关闭计量泵电机电源。组件要趁热拆卸并分解。关闭螺杆各区加热电源,关闭螺杆冷却水。

【实验结果与数据处理】

(1)纤维断面形貌的扫描电子显微镜观察。

(2)纤维断裂强度、断裂伸长率等力学性能指标测试。

(3)纤维取向度测试。

【思考题】

(1)纺丝温度对纤维成型有何影响?

(2)螺杆的各加热区的作用是什么?

实验八十一　白色内墙乳胶漆的制备及检测

【实验目的】

(1)掌握内墙乳胶漆的制备方法、过程及工艺。

(2)掌握内墙乳胶漆的部分质量检测评价及在水泥石棉板上的涂刷方法。

(3)掌握聚氨酯漆在马口铁片上的涂装。

【实验原理】

内墙涂料的主要功能是装饰及保护室内墙面,要求色泽丰富、细腻、柔和;有一定耐久性、耐水性,较好的透气性,其类型大致可分为制浆材料、油漆、乳胶漆、溶剂性及水溶性涂料,在建筑领域具有特殊地位。

乳胶漆作为内墙涂料的一种,主要由成膜物质、颜料及填料、溶剂及助剂组成。成膜是形成涂料的基础,是决定涂膜的主要性质,如附着力、光泽、硬度、柔韧性、耐候性等的基础;颜料及填料可使涂料呈现各种颜色,具有遮盖力,可增强涂膜的机械性能、耐候性、耐腐蚀性,调整流动性和光泽性,降低成本等;各种助剂,如乳化剂、分散剂、催干剂、增稠剂、防缩孔剂、消泡剂、增塑剂、固化剂、杀虫剂等可以提高涂料的干燥固化时间,提高涂膜的质量性能,如储存稳定性、特殊功能性、施工性、装饰性及保护性;溶剂及水等对涂装和干燥过程起着重要作用。

【主要仪器和原料】

(1)仪器

采用 SFJ-400 型砂磨分散搅拌多用机,根据涂料制备工艺和操作程序进行控制。

(2)原料(表 81-1)

表 81-1　　　　　　　　　　　　　　　　　原料信息表

名称	组成	质量/g	固体含量/%
乳液树脂 BC-01	苯乙烯,丙烯酸共聚	110	47
水	H_2O	85+69＝154	
消泡剂 NXZ	金属皂类	1.5	
分散剂 SN-5040	聚羧酸钠盐	3.5	42
钛白粉	TiO_2	90	
轻质碳酸钙	$CaCO_3$	100	
滑石粉	SiO_2,MgO,少量铁、钙氧化物及氯化物	25	98
成膜助剂	醇酯-12	5.5	
流变改性剂	621N	2.5	
增稠剂水溶剂液 636	改性聚丙烯酸	8	12.5

【实验方法】

(1)白色内墙乳胶漆的配方及加料顺序(表 81-2)

表 81-2　　　　　　　　　　　　　　　　　配方及加料顺序

序号	物料名称	规格型号	质量/g
1	水	—	85
2	消泡剂	NXZ	0.75
3	分散剂	SN-5040	3.5
4	钛白粉	—	90
5	轻质碳酸钙	—	100
6	滑石粉	—	25
7	消泡剂	NXZ	0.75
8	乳液树脂	BC-01	110
9	成膜助剂	醇酯-12	5.5
10	流变改性剂	621N	2.5
11	水		69
12	增稠剂水溶液	636	8(1:7)

(2)工艺

①使用调漆罐,在 200 r/min 搅拌状态下,依次按量加入第 1~6 项。然后提速至 400~500 r/min,保持 20 min 左右,直至助剂分散均匀。

②在 400 r/min 搅拌状态下,依次按量缓慢加入第 7、8 项。然后提速至 900~1 000 r/min,保持 20~30 min。

③继续在 200~300 r/min 搅拌状态下,加入第 9、10 项,搅拌 20 min 后加入第 11 项,搅拌均匀。

④在 300 r/min 搅拌状态下,缓慢加入第 12 项,以最终黏度为 300~700 cP 为准。

(3)乳液的基本技术要求

在容器中	均匀
施工性	刷两道无障碍
外观	正常
干燥性	≤2
动力黏度	300~700 cP

【实验步骤】

(1)乳液细度测定

测定步骤:测试前,用纱布蘸乙醇把刮板细度计洗净擦干,将搅拌均匀的试样滴入刮板细度计沟槽最深部位,以能充满沟槽而略有多余为宜。以双手持刮刀,横置在磨光平板上端,使刮刀与磨光平板表面垂直接触。在 3 s 内,将刮刀由沟槽深的部位向浅的部位拉过,使试样充满沟槽而磨光平板上不留余料。刮刀拉过后,立即使视线与沟槽平面成 15°~30°角,对光观察沟槽中颗粒均匀显露处,取两条刻度线之间约 3 mm 的条带内粒子数为 5~10 粒处的上限位置为细度读数。

(2)乳液黏度测定

方法一:涂-4 杯法。实验前须用软布将 4 号杯内部擦拭干净,在空气中干燥或用冷风吹干;对光观察黏度计,漏嘴应清洁。调整水平螺钉,使黏度计处于水平位置,在黏度计漏嘴下边放置 150 mL 烧杯,用手堵住漏嘴孔,将试样倒满烧杯,用玻璃棒将气泡和多余的试样刮掉,然后松开手指,使试样流出,同时立即按下秒表,当试样流完停止秒表,试样从烧杯流出的全部时间即为试样的条件黏度。重测一次,两次测定值之差应不大于平均值的 3%。测定时试样温度可按不同产品的标准规定,如(23±1) ℃,(25±1) ℃。

方法二:旋转黏度计法。选择合适的量筒,装一定的乳液,将转子完全浸入量筒的乳液中,开动电动搅拌带动转子,使转子在乳液中旋转 20~30 s,待指针趋于稳定后,按下指针控制杆,关闭电机,直接在读数窗读出数 a,从仪器的附表中读出选定的转子和对应剪切速率下的系数 K,即可计算乳液的动力黏度:$\eta = Ka$。实验中,试样温度控制在(23±1) ℃。平行实验两次,两次误差不大于 5%,结果取其算术平均值。

(3)乳胶漆涂刷水泥石棉板和聚氨酯漆涂刷马口铁片

实验提供的标准水泥石棉板规格为 150 mm×70 mm,马口铁片规格为 120 mm×50 mm。

标准水泥石棉板涂刷方法:在温度为(23±2) ℃、湿度为 60%~70%条件下用注射针筒将涂料试样按规定用量注射在水泥石棉板上,立即用 1.5 寸底纹笔将涂料涂刷均匀,需涂两次。

参考涂量:第一次涂刷量 1.0~1.2 mL/cm²,第二次涂刷量 0.6~0.8 mL/cm²,两次间隔时间 6 h 以上,护养时间 7 d 以上。

马口铁片涂刷方法:操作与水泥石棉板涂刷方法类似,刷前必须用丙酮棉球将铁片油污除去。

【思考题】

(1)内墙乳胶漆主要组成有哪些? 各组分的功能如何?

(2)内墙乳胶漆主要成膜物质,除苯丙树脂外,还有哪些?

实验八十二   高分子超滤膜的制备

【实验目的】

(1)了解高分子超滤膜的制备原理。

（2）掌握相转化法制备超滤膜的方法。

【实验原理】

膜分离是一种新型高效分离、浓缩、提纯、净化技术，其核心是分离膜。超滤膜是世界上开发应用最早的分离膜之一，常用的制备方法有烧结法、拉伸法、核径迹蚀刻法、相转化法、溶胶-凝胶法、蒸镀法和涂敷法等。相转化法是最常用的制膜方法，即配制一定组成的均相聚合物溶液，通过一定的物理方法改变其热力学状态，使均相的聚合物溶液发生相分离，最终转变成一个三维网络式大分子凝胶结构，这种三维网络状大分子凝胶即构成超滤膜。根据改变溶液热力学性质方法的不同，相转化法可分为溶剂蒸发相转化法、热致相转化法、气相沉积相转化法和浸入沉淀相转化法。其中，浸入沉淀相转化法制备工艺简单，能够更好地调控膜的结构和性能，是制备微滤膜和超滤膜最常用的方法。

相转化法成膜一般可以分为三个过程。

（1）溶解过程：这一阶段铸膜液仍然保持均相状态。在制膜过程中，铸膜液中形成浓度梯度，这一阶段刮制或流延成膜的铸膜液仍保持均相状态。这种浓度梯度形成的原因可能是由于溶剂向周围环境扩散以及非溶剂向铸膜液扩散引起的。

（2）分相过程：随着体系对聚合物溶解能力的持续下降，这一阶段铸膜液热力学性质变得不稳定，从而发生相分离。根据铸膜液组成不同，主要发生两种相分离过程：对于非晶态聚合物，主要发生液-液相分离；对于晶态聚合物，则可能发生液-液分相、固-液分相或者发生两种相分离的混合过程。这一过程是决定膜孔形成的关键步骤，是控制膜性能的重点。

（3）相转化过程：这一阶段包括膜孔的凝聚，相间流动及聚合物富相的固化。无定形聚合物发生玻璃化转变，结晶性聚合物也可发生结晶从而固化。

目前市售的商品超滤膜几乎都是采用浸入凝胶法（即浸入沉淀相转化法）制备的：

（1）配制铸膜液：将高分子膜材料溶入特定的溶剂中，并根据需要加入相应的添加剂，通过搅拌使大分子充分溶解，形成均匀的铸膜液。

（2）膜成型：将铸膜液过滤除去未溶解的杂质，脱气后制成平板、管式、中空纤维等型式；经过或不经过溶剂蒸发阶段后，浸入凝胶浴（膜材料的非溶剂，通常为水）中，液态膜凝胶固化形成固态的超滤膜；经后处理得到干态超滤膜。

对于浸入凝胶法，膜的最终结构及性能主要取决于铸膜液的热力学状态以及成膜过程中溶剂和非溶剂的传质交换动力学性能。平板超滤膜往往以织物、无纺布或耐水的滤纸为支撑，以提高其机械强度。

【主要仪器和试剂】

（1）仪器

小型刮刀；玻璃板。

（2）试剂

聚砜；N,N-二甲基乙酰胺；聚乙二醇 400；丙三醇；去离子水。

【实验步骤】

（1）膜制备

将 15 g 干燥的聚砜和 5 g 聚乙二醇 400 加入到 80 g N,N-二甲基乙酰胺中搅拌，完全溶解后，过滤除去未溶解的杂质，真空脱泡，得到透明的铸膜液。在一定温度、湿度下，将铸膜液倒在洁净的玻璃板上,用小型刮刀刮制成一定厚度的薄膜。在空气中停留一段时间后,将其转入凝胶水浴中。待白色聚砜超滤膜自动从玻璃板上剥离下来后,将超滤膜浸入去离子水中以除去残留溶剂。将超滤膜浸入丙三醇水溶液中 1 h 后,取出晾干,得到干态聚砜超滤膜。

(2)膜厚度的调节

调整刮刀与玻璃板之间的距离,控制膜的厚度,刮制不同厚度的超滤膜。

【实验结果】

(1)铸膜液配方:聚砜 _____ g;聚乙二醇 400 _____ g;N,N-二甲基乙酰胺 _____ g。

(2)制膜:室温 _____ ℃;湿度 _____;刮刀与玻璃板之间的距离 _____ mm;停留蒸发的时间 _____ h;凝胶水浴温度 _____ ℃;现象 _____;备注 _____。

【思考题】

哪些聚合物可采用相转化法制备超滤膜?

第五章　常用高聚物某些官能基团的检测方法

制备高聚物固然重要,但如何将其组成、结构和官能基团分析和表征清楚,在高分子研究中更为重要。本章主要介绍高聚物的一些主要官能基团的分析、检测方法,对于某些官能基团甚至讲述几种检测方法,供读者根据具体情况进行选用。

5.1　氨基的测定

氨基与酸作用可生成盐:

$$—R—NH_2 + HCl \longrightarrow —R\overset{+}{N}H_3Cl^-$$

称量 0.5～1 g 试样溶于 25 mL 苯酚-甲醇溶液中,微微加热至试样完全溶解(注意勿用明火)。以百里酚兰为指示剂,用 0.02 mol/L HCl 滴定,直到溶液变为玫瑰红色为止,并进行一个空白实验。氨值可由下式计算:

$$A = \frac{(V_1 - V_0) \times F \times 0.02 \times d}{W}$$

式中,A 为氨值;V_1 为试样消耗的 HCl 的体积,mL;V_0 为空白样消耗的 HCl 的体积,mL;F 为 0.02 mol/L HCl 浓度校正值;d 为相当于 1 mL 0.02 mol/L HCl 的氨基值;W 为试样质量,g。

5.2　羟值的测定

羟值是指 1 g 试样中所含的羟基相当于 KOH 的毫克数,从而确定高聚物中的羟基含量。

羟值通常都是用酰化法测定,其中以醋酐吡啶溶液为酰化剂较为多见;但这种方法在有醛或醚键存在时会有干扰。具体方法如下:

5.2.1　醋酐吡啶回流法

1.方法原理

取一定量的过量醋酐,在吡啶存在下于沸腾的水浴中与试样中的羟基发生乙酰化反应(吡啶既是反应的催化剂又是溶剂)。反应完成后剩余的醋酐用水分解,水解和乙酰化反应所生成的醋酸,以标准碱溶液滴定,从滴定空白和试样所消耗的碱溶液体积的差值来计算羟值。有关的反应方程式如下：

$$ROH+(CH_3CO)_2O \longrightarrow CH_3COOR+CH_3COOH$$

$$(CH_3CO)_2O+H_2O \longrightarrow 2CH_3COOH$$

$$CH_3COOH+NaOH \longrightarrow CH_3COONa+H_2O$$

2. 主要仪器和试剂

(1)仪器

250 mL 锥形瓶(具标准磨口);400 mm 球形冷凝器(下端的标准磨口与锥形瓶匹配)。

(2)试剂

醋酐;吡啶;乙酰化试剂(将 12.7 mL 醋酐与 100 mL 吡啶混合,摇匀配得);0.5 mol/L NaOH 标准溶液;含 1‰酚酞指示剂的乙醇溶液。

3. 测定步骤

称取适量的高聚物试样于一干燥、洁净的锥形瓶中,用移液管加入 20 mL 乙酰化试剂,盖好塞子,摇动锥形瓶,使试样完全溶解。连接锥形瓶和球形冷凝器,必要时在其磨口连接处滴加 1~2 滴吡啶密封,然后将锥形瓶放入沸腾的水浴中加热 2 h 左右,水浴中的水面应略高于锥形瓶内的液面。

反应结束后,将锥形瓶从水浴中取出,稍冷却后以 25 mL 蒸馏水淋洗球形冷凝器。取下球形冷凝器,再用适量蒸馏水冲洗它与锥形瓶的磨口连接处和锥形瓶内壁,洗液倒入锥形瓶中并冷却到室温。加入 3~5 滴含酚酞指示剂的乙醇溶液,以 0.5 mol/L NaOH 标准溶液滴定至出现淡粉红色并能保持 15 s 为终点(第一个 50 mL NaOH 标准溶液也可用移液管加入)。接近终点时,应该剧烈振摇锥形瓶中的溶液。同时做一个空白实验。

试样的羟值为

$$羟值 = \frac{56.1(V_0-V)}{m}$$

式中,V 为滴定试样所消耗 NaOH 标准溶液的体积,mL;V_0 为滴定空白所消耗 NaOH 标准溶液的体积,mL;m 为试样的质量,g;56.1 为 KOH 的分子量。

如试样含有其他酸性或碱性的物质时,需再单独测定试样的酸值或碱值,操作可按 5.6 节中测定酸值的方法进行测定。

溶剂使用 75 mL 吡啶和 75 mL 蒸馏水,此时试样校正后的羟值为

$$羟值(校正后) = 羟值 + 酸值$$

$$羟值(校正后) = 羟值 - 碱值$$

5.2.2 对甲苯磺酸催化二酰化法

1. 方法原理

在对甲苯磺酸催化剂存在下,以醋酐的醋酸乙酯溶液为酰化试剂,在 50 ℃时醋酐与试样中的羟基快速反应,剩余的醋酐用吡啶和水的混合液水解,然后以 KOH-甲醇标准溶液滴定,反应方程式同醋酐吡啶回流法。

2.主要仪器和试剂

(1)仪器

250 mL 具塞锥形瓶;磁力搅拌器(带搅拌棒);电位滴定仪(如果需要);水浴((50±1)℃)。

(2)试剂

乙酰化试剂(将 1.4 g 干燥的对甲苯磺酸溶于 111 mL 无水醋酸乙酯中,再缓慢加入 12 mL 醋酐,混合均匀,并在干燥处保存备用);吡啶和水的混合液(体积比 3∶2);正丁醇和甲苯的混合液(体积比 2∶1);混合指示剂溶液(将含 0.1％百里香酚蓝的乙醇溶液和含 0.1％甲酚红的乙醇溶液以体积比 3∶1 混合);0.5 mol/L KOH-甲醇标准溶液。

3.测定步骤

在 250 mL 锥形瓶中称取约含 5 mg 当量羟基的试样(或试样克数＝280/近似羟值),用移液管加入 10 mL 乙酰化试剂,再将搅拌棒放入瓶中,用被醋酸乙酯润湿过的瓶塞塞住瓶口,将锥形瓶置于磁力搅拌器上搅拌,使试样溶解。然后再放入(50±1)℃的水浴中(只浸入约 10 mm)温热 45 min 左右,取出,冷却。

将锥形瓶再次放到磁力搅拌器上,加入 2 mL 蒸馏水,搅拌均匀;再加入 10 mL 吡啶和水的混合液,搅拌 5 min。用 60 mL 正丁醇和甲苯的混合液冲洗瓶塞和瓶内壁。

在锥形瓶中加入 5 滴混合指示剂溶液,继续搅拌,并用 0.5 mol/L KOH-甲醇标准溶液滴定。当溶液变色时,再加 1～2 滴混合指示剂,如这时溶液从黄色变成无色,即记下所用 KOH-甲醇标准溶液体积 V。再加 1 滴 KOH 的标准溶液,瓶中溶液应该变蓝。

在相同条件下进行空白实验,记下所用 KOH-甲醇标准溶液的体积 V_0。羟值的计算方法同醋酐吡啶回流法。

4.方法说明

(1)本法适用于不饱和聚酯树脂、饱和聚酯树脂和某些醇酸树脂羟值的测定。

(2)计算时所用的体积是指在加 1 滴 KOH-甲醇标准溶液后能出现蓝色以前所记下的体积,如果不出现蓝色,则记下滴定管读数,再加 1 滴混合指示剂,如此反复直至出现蓝色为止。

(3)在分析终点变色不敏锐的试样时,可用电位滴定代替目视法,使用带氯化钾-甲醇饱和溶液盐桥的甘汞参比电极和与酸度计连接的玻璃电极进行测定。

5.3 环氧值的测定

环氧值是指 100 g 树脂中环氧基的当量数。环氧值的测定在环氧树脂的使用工艺中有着重要的意义。

环氧基的结构中含有醚键。一般醚键对许多化学试剂是惰性的,因而比较稳定。而环氧基则不然,它是一个三元环的结构,有张力,所以有较强的化学活性,能与许多试剂发生反应而导致环的破裂,生成加成产物。环氧值就是根据这一性质进行测定的。

测定环氧基最常用的方法是利用它和卤化氢的加成反应,主要是与氯化氢或溴化氢的反应。在以氯化氢为加成试剂的方法中，最经典的一种方法是盐酸吡啶法。通常反应是在加热回流的情况下进行，操作稍麻烦些，但适用范围较广。方法经过适当修正，可以用于一些难以开环的环氧树脂（如 300# 和 400#）的测定。此法的另一个缺点是使用了刺激味较大的吡啶。目前此法已广泛应用于二酚基丙烷型环氧树脂的测定。另一种方法是盐酸丙酮法。它具有许多优点，所用试剂价格便宜，避免了使用毒性大的吡啶，操作简单，终点敏锐，已被定为标准方法。但该法的反应时间较长，适用范围稍窄，难以测定高分子量的固体环氧树脂。

　　盐酸二氧六环法是测定环氧值较为理想的方法。它与环氧基反应只需 15 min 便可完成，反应也是在室温下进行，操作方便，特别是二氧六环是环氧树脂极好的溶剂，测定范围较宽。它的不足之处是商品二氧六环价格较高，有时质量不够稳定，需脱水处理后才能使用。

　　溴化氢醋酸溶液直接滴定法是一种快速而简便的测定环氧值方法，因为溴化氢是更强的环氧开环试剂；但是，由于溴化氢的挥发性很大，配制的标准溶液不太稳定，需逐日标定。

　　1964 年，由 R. R. 杰伊（R. R. Jay）创立的高氯酸-四乙基溴化铵非水滴定法是目前测定环氧值最理想的方法。它利用高氯酸滴定时和四乙基溴化铵反应产生的新生态溴化氢开环，所以反应在室温下可迅速进行，具有上述各法的优点，试剂也易于制备，价格虽稍贵但仍比二氧六环便宜，且分析时实际消耗量少。

　　除上述方法外，利用 α 环氧基（C——CH₂）在近红外区的特征吸收进行定量分析的方法也曾有报道，可用于高聚物或混合物中环氧值的测定。高聚物中微量的环氧基可用 2,4-二硝基苯磺酸作为加成试剂，用比色法进行测定。

5.3.1 盐酸丙酮法

1.方法原理

试样与一定量的过量盐酸丙酮溶液反应时，环氧基开环生成氯醇，剩余的盐酸以甲基红为指示剂，用 NaOH 标准溶液滴定，反应方程式为

$$-C-CH_2 + HCl \longrightarrow -C-C- $$

$$NaOH + HCl \Longrightarrow NaCl + H_2O$$

由滴定空白和试样时消耗的 NaOH 标准溶液体积的差值计算环氧值。

2.主要仪器和试剂

（1）仪器

250 mL 具塞锥形瓶；20 mL 移液管。

（2）试剂

盐酸丙酮溶液（将浓盐酸和丙酮以体积比为1∶40混合均匀）；0.1%甲基红指示剂溶液；0.1 mol/L NaOH 标准溶液。

3.测定步骤

按照试样环氧值的大小，称取适量试样于 250 mL 具塞锥形瓶中，用移液管加入 20 mL

盐酸丙酮溶液,盖上瓶盖,摇动。待试样完全溶解后,在阴凉处(15 ℃左右)放 1 h。然后加入 0.1%甲基红指示剂 2～3 滴,用 0.1 mol/L NaOH 标准溶液滴定到红色变成黄色为终点。同时做一空白实验。

试样的环氧值(当量/100 g)为

$$环氧值 = \frac{(V_0 - V)N}{10m}$$

式中,V 为滴定试样消耗的 NaOH 标准溶液的体积,mL;V_0 为滴定空白消耗的 NaOH 标准溶液的体积,mL;N 为 NaOH 标准溶液的当量浓度;m 为试样的质量,g。

4.方法说明

(1)本法为二酚基丙烷型(E 型)环氧树脂的环氧值测定方法,但对其中某些高分子量(2 000 以上)的固体环氧树脂(如 E-03 树脂,环氧值低达 0.03 左右)不适用。因为高分子量的固体环氧树脂在丙酮中的溶解性差,并且在滴定过程中有大量乳白色的氯代醇胶状物析出,部分盐酸被包在其中,致使终点不敏锐而产生较大的误差。

(2)所称的试样质量大致为

E-51,约 0.5 g；E-44,约 0.5 g；E-42,约 0.5 g；E-20,约 1.0 g；E-12,约 1.5 g。

(3)盐酸丙酮溶液要现用现配。

5.3.2 高氯酸滴定法

1.方法原理

在冰醋酸-氯仿溶液中,先将试样与四乙基溴化铵混合,然后逐滴滴加高氯酸标准溶液。高氯酸与四乙基溴化铵作用生成的新生态溴化氢立即与环氧基反应,待到等当量点时,过量的高氯酸使结晶紫指示剂由紫色变为绿色。有关的反应方程式如下:

$$(C_2H_5)_4\overset{+}{N}Br^- + HClO_4 \longrightarrow (C_2H_5)_4\overset{+}{N}ClO_4^- + HBr$$

$$\underset{O}{-\overset{|}{C}-\overset{|}{C}-} + HBr \longrightarrow \underset{OH\ Br}{-\overset{|}{C}-\overset{|}{C}-}$$

由滴定空白和试样时所消耗高氯酸体积的差值来计算环氧值或环氧当量。

2.主要仪器和试剂

(1)仪器

250 mL 具塞锥形瓶;10 mL 移液管;10 mL 滴定管;磁力搅拌器。

(2)试剂

四乙基溴化铵试剂(在 400 mL 冰醋酸中溶解 100 g 四乙基溴化铵,加入几滴结晶紫指示剂溶液,如果溶液变色,则用高氯酸标准溶液滴到原来的颜色);0.1 mol/L 高氯酸标准溶液;0.1%结晶紫指示剂溶液(将 0.1 g 结晶紫溶于 100 mL 冰醋酸中)。

3.测定步骤

称取含 0.6～0.9 mg 当量环氧基的试样于 250 mL 锥形瓶中,加 10 mL 氯仿,搅拌,使试样溶解。如试样难溶,可在水浴上温热一下。让锥形瓶冷却到室温,加入 20 mL 冰醋酸,再用移液管加入 10 mL 四乙基溴化铵试剂,并加入 2～3 滴 0.1%结晶紫指示剂溶液。立即用 0.1 mol/L 高氯酸标准溶液滴定,同时用磁力搅拌器搅拌。当溶液出现稳定的绿色时即为终点,记录此时高氯酸标准溶液的温度 T。同时进行空白实验。

试样的环氧值(当量/100 g)为

$$环氧值 = \frac{(V-V_0)N}{10m}$$

测定结果如以环氧当量表示(环氧当量是指含 1 g 当量环氧基的树脂克数),则为

$$环氧当量 = \frac{1\,000\,m}{(V-V_0)N}$$

以上两式中,V 为滴定试样时消耗高氯酸标准溶液的体积,mL;V_0 为滴定空白时消耗高氯酸标准溶液的体积,mL;N 为温度为 T 时高氯酸标准溶液的当量浓度(由标定时的高氯酸标准溶液当量浓度经校正得到);m 为试样的质量,g。

测定结果有时以环氧指数表示,环氧指数是指每千克物质中环氧化合物的物质的质量。此时,环氧指数与环氧当量有如下的关系:

$$环氧指数 = \frac{1\,000}{环氧当量}$$

4. 方法说明

(1)本法适用于除含氮环氧树脂外所有环氧树脂和环氧化合物的环氧值的测定。对活性较小的环氧化合物来说,宜用四丁基碘化铵,可用固体,也可用含 10% 四丁基碘化铵的氯仿溶液,但此时应注意尽可能避光。四丁基碘化铵的氯仿溶液不太稳定,必须现用现配。

在测定含氮环氧树脂时,本法经过修正后也能适用。修正的方法是再做第二个空白实验,此时不加四乙基溴化铵试剂,以高氯酸标准溶液滴定树脂试样中的氨基氮。修正后环氧值和环氧当量的计算公式为

$$环氧值 = \frac{\left(V-V_0-V_0'\times\frac{m}{m'}\right)N}{10m}$$

$$环氧当量 = \frac{1\,000m}{\left(V-V_0-V_0'\times\frac{m}{m'}\right)N}$$

以上两式中,V_0' 为第二个空白实验中消耗高氯酸标准溶液的体积,mL;m' 为第二个空白实验中所用的试样的质量,g。

(2)由于高氯酸标准溶液的膨胀系数较大(1.07×10^{-3}/ ℃),即每摄氏度的体积变化达 0.1%,故标定时的当量浓度必须经过校正才能进行结果的计算,校正公式为

$$N = N_s\left(1-\frac{T-T_s}{1\,000}\right)$$

式中,N_s 为标定时高氯酸标准溶液的当量浓度;T_s 为标定时高氯酸标准溶液的温度,℃;T 为滴定试样和空白时高氯酸标准溶液的温度,℃。

5.3.3 盐酸二氧六环法

1. 主要仪器和试剂

(1)仪器

250 mL 具塞锥形瓶;25 mL 移液管。

（2）试剂

0.2 mol/L 盐酸二氧六环溶液（将 1.6 mL 浓盐酸加入到 100 mL 纯化过的二氧六环中，小心混匀，现用现配；二氧六环的纯化——将二氧六环和相当于二氧六环质量 3% 的固体 KOH 一起回流 3 h，然后在常压下蒸馏，收集 98 ℃ 以后的馏分并储存在有氮气保护的棕色玻璃瓶中；甲酚红指示剂溶液（将 0.1 g 甲酚红的钠盐溶于 100 mL 50% 乙醇中作为储液；取 1 mL 该诸液注入 100 mL 95% 的乙醇中，然后以 0.1 mol/L NaOH-甲醇溶液中和至溶液变成紫色为止，此溶液应现用现配）；0.1 mol/L NaOH-甲醇标准溶液。

2.测定步骤

称取约 2～4 mg 当量环氧基的试样于一个盛有 25 mL 纯化过的二氧六环的 250 mL 锥形瓶中。将其温热至 40 ℃，并不时摇动，使试样完全溶解。然后使锥形瓶冷却至室温，用移液管加入 25 mL 0.2 mol/L 盐酸二氧六环溶液，盖好瓶塞，摇匀，在室温下静置 15 min。加入 25 mL 中和过的甲酚红指示剂溶液，用 0.1 mol/L NaOH-甲醇标准溶液滴定至出现紫色。同时做空白实验。

计算同盐酸丙酮法。

如果试样中还有酸性或碱性化合物时，称取相同克数的试样溶于 25 mL 中和过的甲酚红指示剂溶液中，然后以标准酸或碱的甲醇溶液滴定至溶液由黄色变紫色为终点。这时试样的环氧值（当量/100 g）为

$$环氧值 = \frac{(V_0 - V)N}{10m} + A$$

式中，V、V_0、N 和 m 的意义同盐酸丙酮法；A 为试样中的酸含量（正值）或碱含量（负值），当量/100 g。

3.方法说明

（1）本法和盐酸丙酮法比较具有反应迅速、适用于各种分子量的液体和固体环氧树脂的优点。在滴定过程中虽有白色胶状物产生，但并不影响终点的判断和测定的精度。

（2）二氧六环的纯化十分必要，因为商品二氧六环不稳定。有人做过实验，前后几批二氧六环的空白实验结果竟相差几毫升。试剂一经纯化，结果也就稳定了。

（3）如果试样易溶，事先可不加 25 mL 二氧六环，而直接用移液管加入 0.2 mol/L 盐酸二氧六环溶液。

（4）滴定近终点时，溶液先从粉红色变为黄色，然后由黄色很快变成紫色即为终点。

5.3.4　盐酸吡啶法

1.主要仪器和试剂

（1）仪器

250 mL 具标准磨口塞的锥形瓶；回流冷凝器（下端的标准磨口与锥形瓶相匹配）；25 mL 移液管；电热恒温水浴。

（2）试剂

0.2 mol/L 盐酸吡啶溶液（将 1.7 mL 浓盐酸缓慢加入 100 mL 吡啶中，混合均匀）；0.1 mol/L KOH-甲醇标准溶液；含 1% 酚酞指示剂的甲醇溶液。

2.测定步骤

在 250 mL 具磨口的锥形瓶中，称取含 2～3 mg 当量环氧基的试样。用移液管加入

25 mL 0.2 mol/L 盐酸吡啶溶液,然后装上回流冷凝器。在水浴中加热至 40 ℃左右,使试样溶解,再加热回流 20 min。冷却至室温,用 6 mL 蒸馏水冲洗回流冷凝器。向锥形瓶中加入4~5滴含 1‰酚酞指示剂的甲醇溶液,用 0.1 mol/L KOH-甲醇标准溶液滴定过剩的盐酸。同时做空白实验。

试样的环氧值(当量/100 g)为

$$环氧值 = \frac{(V_0 - V)N}{10m}$$

式中,V_0 为滴定空白消耗的 KOH-甲醇标准溶液的体积,mL;V 为滴定试样消耗的 KOH-甲醇标准溶液的体积,mL;N 为 KOH-甲醇标准溶液的当量浓度;m 为试样的质量,g。

3.方法说明

(1)用蒸馏水冲洗回流冷凝器时,如试样为固体环氧树脂,则试样遇水后立即产生大量白色胶状物。随着滴定的进行,胶状物不断增多,致使滴定终点不敏锐,影响结果的精度。同时由于部分盐酸被包在胶状物中,滴定不完全,使这类树脂的测定结果偏高。

(2)也可用丙酮或丁酮冲洗回流冷凝器,使试样不至于变为大量胶状物析出,但测定高分子量固体树脂时仍有溶液混浊现象,因而使终点不易判断。

5.4　羰值的测定

羰值是指肟化 1 g 试样所需的羟胺相当于 KOH 的毫克数。实质上表明了试样中羰基的含量。

测定羰基的方法很多。如利用羰基与羟胺之间发生缩合反应的羟胺法(或称肟化法),利用羰基与亚硫酸钠之间发生加成反应的加成法,利用氧化剂的氧化法以及利用费歇尔试剂测定肟化反应放出的水的测水法。其中使用较普遍的是羟胺法,该方法对醛和酮都适用,但不适用于测定羧基、酯基或酰氨基中的羰基。

羟胺法测定羰值的原理和操作要点介绍如下:

1.方法原理

羰基能与盐酸羟胺发生缩合反应生成肟。反应是在沸腾状态下进行的,从盐酸羟胺的消耗量可以计算出试样的羰值。测定盐酸羟胺消耗量的方法是在配制羟胺试剂时加入过量的 KOH-乙醇溶液,用以中和缩合反应所放出的盐酸,剩余的 KOH 再以 HCl 标准溶液滴定。

$$C{=}O + H_2NOH \cdot HCl \Longrightarrow C{=}NOH + H_2O + HCl$$

$$HCl + KOH \Longrightarrow KCl + H_2O$$

$$KOH(剩余) + HCl(标准溶液) \Longrightarrow KCl + H_2O$$

为了使反应向生成肟的方向进行,盐酸羟胺必须过量。由滴定试样与空白时消耗盐酸溶液体积的差值可以知道缩合反应生成盐酸的量,然后就知道与羰基反应的盐酸羟胺的量。

2.主要仪器和试剂

(1)仪器

250 mL 锥形瓶;50 mL 移液管水浴;酸度计(带甘汞电极和玻璃电极)。

（2）试剂

0.5 mol/L KOH-乙醇溶液；羟胺试剂（将 4.0 g 盐酸羟胺溶解在 8.0 mL 蒸馏水中，然后用 80 mL 乙醇稀释，并在搅拌下加入 60 mL 0.5 mol/L KOH-乙醇溶液）；0.2 mol/L HCl 标准溶液；0.4％溴酚蓝指示剂溶液（将 0.4 g 溴酚蓝与 12 mL 0.05 mol/L NaOH 溶液混合，并用蒸馏水稀释到 100 mL）。

3.测试步骤

按照近似的羰基含量，称取 0.200 0～2.000 0 g 试样（精确至 0.000 2 g）于 250 mL 锥形瓶中。如果需要，可用少量乙醇或其他与水互溶但不含羰基的试剂溶解试样。用移液管加入 50 mL 羟胺试剂和 1 mL 0.4％溴酚蓝指示剂溶液，摇匀。

将锥形瓶置于沸腾水浴中回流加热 1 h。待锥形瓶中溶液冷却后，以 0.2 mol/L HCl 标准溶液滴定剩余的 KOH，当指示剂由紫色变为黄色时即为终点，或者以电位滴定法滴定到 pH 为 4.5 时为终点。同时进行空白实验。如试样还含有酸性物质，则必须再单独测定酸值。

此时试样的羰值为

$$羰值 = \frac{56.1(V_0 - V)N}{m} - 酸值$$

式中，V 为滴定试样消耗的 HCl 标准溶液的体积，mL；V_0 为滴定空白消耗的 HCl 标准溶液的体积，mL；N 为 HCl 标准溶液的当量浓度；m 为试样的质量，g；56.1 为 KOH 的分子量。

5.5　腈基含量的测定

聚合物中腈基的测定是利用碱水溶液进行皂化，反应方程式如下：

$$\left[CH_2 - \underset{CN}{CH} \right]_n + nKOH + nH_2O \longrightarrow \left[CH_2 - \underset{COOK}{CH} \right]_n + nNH_3$$

称取两份 1～2 g 的试样放入两个 250 mL 烧瓶里。如图 1 所示，在作为接收器的锥形瓶中加入 50 mL 0.5 mol/L HCl 溶液；在滴液漏斗中加入 100 mL 10％NaOH 溶液，10 min 内均速滴入烧瓶中，并沸腾 2 h；放出的 NH₃ 被锥形瓶中的 HCl 溶液吸收。最后测定 HCl 溶液的浓度。

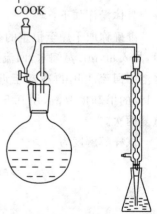

腈基含量为

$$X = \frac{(T_0 - T_1) \times 50 \times 0.071\,5}{W} \times 100$$

式中，T_0 为开始时 HCl 溶液的浓度，mol/L；T_1 为最后 HCl 溶液的浓度，mol/L；0.071 5 为腈基的换算系数；W 为试样质量，g。

图 1　腈基含量测定装置图

5.6　酸值的测定

酸值是指滴定 1 g 样品时所消耗的 KOH 的毫克数。测定方法是将聚合物溶于一些惰性溶剂中（如甲醇、乙醇、丙醇、苯和氯仿等），以酚酞为指示剂，用 0.01～0.2 mL/L 的 KOH 或 NaOH 的醇溶标准液滴定。

具体操作：准确称取适量样品，放入 100 mL 锥形瓶中，用移液管加入 20 mL 溶剂，轻轻摇动锥形瓶使样品全部溶解。然后加入 2～3 滴 0.1 mol/L 的酚酞溶液，用 KOH 或 NaOH 的醇标准溶液滴定至浅粉红色（颜色保持 15～30 s 不褪色）。用同样的方法进行空白滴定。重复两次。

试样酸值为

$$酸值 = \frac{(V-V_0)M \times 56.1}{W}$$

式中，V、V_0 分别为滴定试样和空白时消耗 KOH 或 NaOH 的醇标准溶液的体积，mL；M 为 KOH 或 NaOH 的醇标准溶液浓度，mol/L；W 为样品质量，g。

方法说明：

(1)所称试样应含有 0.2～0.4 mmol 酸；

(2)对颜色深的聚合物，目视很难测定，应用电位滴定法测定。

5.7　醇解度的测定

醇解度是指醇解后分子链上的羟基与醇解前分子链上乙酰基总数的比值。

由聚醋酸乙烯酯经醇解所制得的聚乙烯醇（PVA）的醇解度常不相同，分子链上还剩有数量不等的乙酰基。用 NaOH 溶液水解剩余的乙酰基，根据所消耗 NaOH 的量，可计算出醇解度。

具体操作如下：

准确称取干燥至恒重的聚乙烯醇样品 1.500 g（精确到 1 mg），置于 250 mL 的锥形瓶中，加入 80 mL 蒸馏水，回流至全部溶解。稍冷后加入 25 mL 0.5 mol/L 的 NaOH 溶液，在水浴中回流 1 h，再冷却至近室温，用 10 mL 蒸馏水冲洗冷凝管。卸下冷凝管，加入几滴 0.1% 的甲基橙溶液，用 0.5 mol/L 的 HCl 标准溶液滴定至出现黄色。同时做空白实验。重复两次。

试样醇解度为

$$乙酰基含量 = \frac{(V_0-V)M \times 0.043}{W} \times 100\%$$

$$醇解度 = \frac{W-(V_0-V)M \times 0.086}{W-(V_0-V)M \times 0.043} \times 100\%$$

式中，V、V_0 分别为滴定样品、空白时所消耗 HCl 标准溶液的体积，mL；M 为 HCl 标准溶液的浓度，mol/L；W 为样品的质量，g。

5.8　缩醛度的测定

缩醛度是指参加缩醛反应的羟基的百分含量。缩醛基和盐酸羟胺反应放出 HCl,用碱滴定所释放出来的 HCl,根据碱的用量可求得缩醛度。

反应方程式为

$$\left[CH-CH_2-CH-CH_2\right]_n + nNH_2OH \cdot HCl \longrightarrow \left[CH-CH_2-CH-CH_2\right]_n + nC_3H_7-\overset{H}{\underset{}{C}}=N-OH + nHCl$$

（式中左侧结构含 $O-CH-O$ 及 C_3H_7，右侧含 OH、OH）

$$HCl + NaOH = NaCl + H_2O$$

测定步骤:准确称取干燥至恒重的聚乙烯醇缩丁醛(PVB)样品 1.000 g(精确到 1 mg),置于 250 mL 磨口锥形瓶中,加入 50 mL 乙醇、25 g 17%的盐酸羟胺溶液,装上回流冷凝管在水浴上回流 3 h。冷却至近室温后将冷凝管用 20 mL 乙醇仔细冲洗后取下。加入几滴溴百里酚蓝指示剂[①],用 0.5 mol/L 的 NaOH 标准溶液[②]滴定,终点时溶液由黄变蓝。同样条件下进行空白滴定。重复两次[③]。

试样缩醛度为

$$P = \frac{(V-V_0)M \times 0.073}{W} \times 100\%$$

$$缩醛度 = \frac{(V-V_0)M[44A+86(1-A)]}{500AW}$$

式中,P 为聚乙烯醇缩丁醛分子链上 $CH_3CH_2CH_2CHO$ 的百分含量;V、V_0 分别为滴定样品、空白时所消耗的 NaOH 标准溶液的体积,mL;M 为 NaOH 标准溶液的浓度,mol/L;A 为醇解度;W 为样品的质量,g。

---

①溴百里酚蓝指示剂的配制:用 20%的乙醇将其配制成 0.05%的溶液,再在每 100 mL 溶液中加入 3.2 mL 0.05 mol/L 的 NaOH 溶液。

②NaOH 标准溶液所用溶剂为 50%的乙醇。

③这一方法只适合那些能溶于水-乙醇体系的缩醛。对于不溶者,如聚乙烯醇缩甲醛,则应先将其酸解,收集解离出来的醛,然后再用同样方法进行测定。

附 录

附录 1　一些常用聚合物的英文缩写

缩写	英文名称	中文名称
ABA	Acrylonitrile-butadiene-acrylate	丙烯腈-丁二烯-丙烯酸酯共聚物
ABS	Acrylonitrile-butadiene-styrene	丙烯腈-丁二烯-苯乙烯共聚物
AES	Acrylonitrile-ethylene-styrene	丙烯腈-乙烯-苯乙烯共聚物
AMMA	Acrylonitrile-methyl methacrylate	丙烯腈-甲基丙烯酸甲酯共聚物
ARP	Aromatic polyester	聚芳香酯
AS	Acrylonitrile-styrene resin	丙烯腈苯乙烯树脂
ASA	Acrylonitrile-styrene-acrylate	丙烯腈-苯乙烯-丙烯酸酯共聚物
CA	Cellulose acetate	醋酸纤维塑料
CAB	Cellulose acetate butyrate	醋酸丁酸纤维素塑料
CAP	Cellulose acetate propionate	醋酸丙酸纤维素
CE	Cellulose plastics, general	通用纤维素塑料
CF	Cresol-formaldehyde	甲酚甲醛树脂
CPE	Chlorinated polyethylene	氯化聚乙烯
CPVC	Chlorinated poly(vinyl chloride)	氯化聚氯乙烯
CTA	Cellulose triacetate	三醋酸纤维素
EC	Ethyl cellulose	乙烷纤维素
EMA	Ethylene-methacrylic acid	乙烯-甲基丙烯酸共聚物
EP	Epoxy, epoxide	环氧树脂
EPD	Ethylene-propylene-diene	乙烯-丙烯-二烯三元共聚物
EPS	Expanded polystyrene	发泡聚苯乙烯
ETFE	Ethylene-tetrafluoroethylene	乙烯-四氟乙烯共聚物
EVA	Ethylene-vinyl acetate	乙烯-醋酸乙烯共聚物
EVAL	Ethylene-vinyl alcohol	乙烯-乙烯醇共聚物
FEP	Perfluoro(ethylene-propylene)	全氟(乙烯丙烯)塑料
FF	Furan formaldehyde	呋喃甲醛
HDPE	High-density polyethylene plastics	高密度聚乙烯塑料
HIPS	High impact polystyrene	高冲聚苯乙烯
IPS	Impact-resistant polystyrene	耐冲击聚苯乙烯
LCP	Liquid crystal polymer	液晶聚合物

（续表）

缩写	英文名称	中文名称
LDPE	Low-density polyethylene plastics	低密度聚乙烯塑料
LLDPE	Linear low-density polyethylene	线性低密聚乙烯
LMDPE	Linear medium-density polyethylene	线性中密聚乙烯
MBS	Methacrylate-butadiene-styrene	甲基丙烯酸-丁二烯-苯乙烯共聚物
MDPE	Medium-density polyethylene	中密聚乙烯
MF	Melamine-formaldehyde resin	蜜胺-甲醛树脂
MPF	Melamine/phenol-formaldehyde	蜜胺/酚醛树脂
PA	Polyamide（nylon）	聚酰胺（尼龙）
PAA	Poly(acrylic acid)	聚丙烯酸
PAE	Polyarylether	聚芳醚
PAEK	Polyaryletherketone	聚芳醚酮
PAI	Polyamide-imide	聚酰胺酰亚胺
PAK	Polyester alkyd	聚酯树脂
PAN	Polyacrylonitrile	聚丙烯腈
PARA	Polyaryl amide	聚芳酰胺
PASU	Polyarylsulfone	聚芳砜
PAT	Polyarylate	聚芳酯
PAUR	Poly(ester urethane)	聚酯型聚氨酯
PB	Polybutene-1	聚-1-丁烯
PBA	Poly(butyl acrylate)	聚丙烯酸丁酯
PBAN	Polybutadiene-acrylonitrile	聚丁二烯丙烯腈
PBS	Polybutadiene-styrene	聚丁二烯苯乙烯
PBT	Poly(butylene terephthalate)	聚对苯二酸丁二酯
PC	Polycarbonate	聚碳酸酯
PCTFE	Polychlorotrifluoroethylene	聚氯三氟乙烯
PDAP	Poly(diallyl phthalate)	聚对苯二甲酸二烯丙酯
PE	Polyethylene	聚乙烯
PEBA	Polyether block amide	聚醚嵌段酰胺
PEBA	Thermoplastic elastomer polyether	聚酯热塑弹性体
PEEK	Polyetheretherketone	聚醚醚酮
PEI	Poly(etherimide)	聚醚酰亚胺
PEK	Polyether ketone	聚醚酮
PEO	Poly(ethylene oxide)	聚环氧乙烷
PES	Poly(ether sulfone)	聚醚砜
PET	Poly(ethylene terephthalate)	聚对苯二甲酸乙二酯
PETG	Poly(ethylene terephthalate) glycol	二醇类改性
PEUR	Poly(ether urethane)	聚醚型聚氨酯
PF	Phenol-formaldehyde resin	酚醛树脂
PFA	Perfluoro(alkoxy alkane)	全氟烷氧基树脂
PFF	Phenol-furfural resin	酚呋喃树脂
PI	Polyimide	聚酰亚胺

（续表）

缩写	英文名称	中文名称
PIB	Polyisobutylene	聚异丁烯
PISU	Polyimidesulfone	聚酰亚胺砜
PMCA	Poly(methyl-alpha-chloroacrylate)	聚 α-氯代丙烯酸甲酯
PMMA	Poly(methyl methacrylate)	聚甲基丙烯酸甲酯
PMP	Poly(4-methylpentene-1)	聚 4-甲基-1-戊烯
PMS	Poly(alpha-methylstyrene)	聚 α-甲基苯乙烯
POM	Polyoxymethylene, polyacetal	聚甲醛
PP	Polypropylene	聚丙烯
PPA	Polyphthalamide	聚邻苯二甲酰胺
PPE	Poly(phenylene ether)	聚苯醚
PPO	Poly(phenylene oxide) deprecated	聚苯醚
PPOX	Poly(propylene oxide)	聚环氧(丙)烷
PPS	Poly(phenylene sulfide)	聚苯硫醚
PPSU	Poly(phenylene sulfone)	聚苯砜
PS	Polystyrene	聚苯乙烯
PSU	Polysulfone	聚砜
PTFE	Polytetrafluoroethylene	聚四氟乙烯
PUR	Polyurethane	聚氨酯
PVAC	Poly(vinyl acetate)	聚醋酸乙烯
PVAL	Poly(vinyl alcohol)	聚乙烯醇
PVB	Poly(vinyl butyral)	聚乙烯醇缩丁醛
PVC	Poly(vinyl chloride)	聚氯乙烯
PVCA	Poly(vinyl chloride-acetate)	聚氯乙烯醋酸乙烯酯
PVDC	Poly(vinylidene chloride)	聚(偏二氯乙烯)
PVDF	Poly(vinylidene fluoride)	聚(偏二氟乙烯)
PVF	Poly(vinyl fluoride)	聚氟乙烯
PVFM	Poly(vinyl formal)	聚乙烯醇缩甲醛
PVK	Polyvinylcarbazole	聚乙烯咔唑
PVP	Polyvinylpyrrolidone	聚乙烯吡咯烷酮
S/MA	Styrene-maleic anhydride plastic	苯乙烯马来酐塑料
SAN	Styrene-acrylonitrile plastic	苯乙烯丙烯腈塑料
SB	Styrene-butadiene	苯乙烯丁二烯塑料
SMS	Styrene/alpha-methylstyrene plastic	苯乙烯-α-甲基苯乙烯塑料
SP	Saturated polyester plastic	饱和聚酯塑料
SRP	Styrene-rubber plastics	聚苯乙烯橡胶改性塑料
TEEE	Thermoplastic Elastomer, Ether-Ester	醚酯型热塑弹性体
TEO	Thermoplastic Elastomer, Olefinic	聚烯烃热塑弹性体
TES	Thermoplastic Elastomer, Styrenic	苯乙烯热塑性弹性体
TPEL	Thermoplastic elastomer	热塑性弹性体
TPES	Thermoplastic polyester	热塑性聚酯
TPUR	Thermoplastic polyurethane	热塑性聚氨酯

（续表）

缩写	英文名称	中文名称
TSUR	Thermoset polyurethane	热固聚氨酯
UF	Urea-formaldehyde resin	脲甲醛树脂
UHMWPE	Ultra-high molecular weight PE	超高分子量聚乙烯
UP	Unsaturated polyester	不饱和聚酯
VCE	Vinyl chloride-ethylene resin	氯乙烯-乙烯树脂
VCEV	Vinyl chloride-ethylene-vinyl	氯乙烯-乙烯-醋酸乙烯共聚物
VCMA	Vinyl chloride-methyl acrylate	氯乙烯-丙烯酸甲酯共聚物
VCMMA	Vinyl chloride-methylmethacrylate	氯乙烯-甲基丙烯酸甲酯共聚物
VCOA	Vinyl chloride-octyl acrylate resin	氯乙烯-丙烯酸辛酯树脂
VCVAC	Vinyl chloride-vinyl acetate resin	氯乙烯-醋酸乙烯树脂
VCVDC	Vinyl chloride-vinylidene chloride	氯乙烯-偏氯乙烯共聚物

附录 2　重要单体的物理常数

单体	分子式	分子量	熔点/℃	沸点/℃	密度 d_4^{20}	折光指数
乙烯	$CH_2=CH_2$	28.1	-169.2	-103.5	0.624	—
丙烯	$CH_2CH=CH_2$	42.1	-184.9	-47.7	0.609	—
丁烯-1	$CH_3CH_2CH=CH_2$	56.1	-185.4	-6.3	0.669	1.396 2
顺丁烯-2	$CH_3CH=CHCH_2$	56.1	-138.9	3.7	0.621 3	1.393 1
反丁烯-2	$CH_3CH=CHCH_2$	56.1	-105.6	0.9	0.604 1	1.384 8
异丁烯	$(CH_3)_2C=CH_2$	56.1	-141	-7	0.629 9	1.381 4
丁二烯	$CH_2=CHCH=CH_2$	54.1	-108.1	-4.4	0.627 4	1.429 3
异戊二烯	$CH_2=CH(CH_3)C=CH_2$	68.1	-146.8	34.0	0.680 8	1.421 6
氯丁二烯	$CH_2=CHClC=CH_2$	88.5	-1	59.4	0.958 3	1.458 3
氯乙烯	$CH_2=CHCl$	62.5	-159.7	-13.9	0.947	1.38
溴乙烯	$CH_2=CHBr$	107	137.8	15.8	1.516 7	1.446
偏二氯乙烯	$CH_2=CCl_2$	97.0	-122.5	81.7	1.218 1	1.427 1
丙烯腈	$CH_2=CHCN$	53.1	-83.6	77.3	0.806 0	1.391 5
甲基丙烯腈	$CH_2=C(CH_3)CN$	67.1	-35.8	90.3	0.800 1	1.400 7
醋酸乙烯酯	$CH_2=CHOCOCH_2$	86.1	-84	73	0.934 2	1.395 8
甲基丙烯酸甲酯	$CH_2=C(CH_3)COOCH_3$	100	-48.2	100~101	0.940	1.411 8
丙烯酸甲酯	$CH_2=CHCOOCH_3$	86.1	-75	80.3	0.953 5	1.404 0
丙烯酸	$CH_2=CHCOOH$	72	14	141.6	1.051 1	1.422 4
甲基丙烯酸	$CH=C(CH_3)COOH$	86.1	15	162	1.015 3	1.431 4
苯乙烯	$C_6H_5CH=CH_2$	104.1	-30.6	145.2	0.901 9	1.543 9
间二乙烯基苯	$C_6H_4(CH=CH_2)_2$	130	-67	199.5	0.926	1.574 5
α-甲基苯乙烯	$C_6H_5C(CH_3)CH_2$	118.2	-23.2	161	0.913	1.538 4
丙烯酰胺	$CH_2=CHCONH_2$	71.1	84.5	87/0.26 kPa	1.122	—
甲基乙烯基酮	$CH_3COCH=CH_2$	70.1	—	79	0.963 6	1.408 6

（续表）

单体	分子式	分子量	熔点/℃	沸点/℃	密度 d_4^{20}	折光指数
苯基乙烯基酮	$C_6H_5COCH=CH_2$	132	—	115/2.4 kPa	—	—
甲基乙烯基醚	$CH_3OCH=CH_2$	8.1	−122	5	0.769 4	1.394 7
苯基乙烯基醚	$C_6H_5OCH=CH_2$	120.1	—	155	0.977 0	1.522 4
苯基乙烯基硫	$C_6H_5SCH=CH_2$	136.2	—	60/0.5 kPa	1.043 1	1.587 8
4-乙烯基吡啶	$CH_2=CHC_5H_4N$	105.1	—	65/2.0 kPa		1.549 9
N-乙烯基吡咯酮	(结构式)	111	13.5	94/1.7 kPa	1.04	1.51
N-乙烯基咔唑	$C_{12}H_8NCH=CH_2$	193	67	175/2.0 kPa	1.094	—
四氟乙烯	$CF_2=CF_2$	100	−142.5	−76.3	1.519	—
苯酚	C_6H_5OH	94.1	40.9	182	1.070 8	—
对甲基苯酚	$CH_3C_6H_4OH$	108	34.8	201.9	1.034 1	1.539 5
己内酰胺	(结构式)	113	68	138/1.6 kPa	—	—
甲醛	CH_2O	30	−92	21	—	—
乙醛	CH_3CHO	44.1	−121	21	0.795 1	1.331 6
丙烯醛	$CH_2=CHCHO$	56.1	−87	52	0.841 0	1.399 8
丙烯醇	$CH_2=CHCH_2OH$	58.1	−129	97	0.855	1.413 5
乙烯基乙炔	$CH_2=CHC\equiv CH$	52.1	—	5	1.3	
顺丁烯酸酐	(结构式)	98.06	53	202	0.934	
邻苯二甲酸酐	(结构式)	148.1	130.8	284.5	1.527 4	
己二酸	$HO_2C(CH_2)_4CO_2H$	145.14	152	265	1.366	—
丁二酸	$HO_2C(CH_2)_2CO_2H$	108.1	185	235	1.564	—
尿素	$CO(NH_2)_2$	60.1	132	—		
三聚氰胺	(结构式)	126	347			
乙烯基异氰酸酯	$CH_2=CHNCO$	69.1	—	39	0.945 8	−1.418 8
对苯二甲酸	(结构式)	166.13		300	1.510	—
乙二胺	$H_2N(CH_2)_2NH_2$	60.11	8.5	116.5	0.899 4	1.454 0
己二胺	$H_2N(CH_2)_6NH_2$	116	40	204	—	—

（续表）

单体	分子式	分子量	熔点/℃	沸点/℃	密度 d_4^{20}	折光指数
苯胺	(苯环-NH₂)	93.12	−6.2	184.4	1.022	1.586 3
对苯二胺	(苯环-NH₂,NH₂)	108	147	267	—	—
六次甲基四胺	$(CH_2)_6N4$	140.19	263	—	—	—
乙二醇	CH_2OH CH_2OH	62.07	−12.4	197.2	1.115 5	1.427 4
1,4-丁二醇	$HO(CH_2)_4OH$	90	16	230	1.020	—
1,6-己二醇	$HO(CH_2)_6OH$	118	42	250	—	—
邻苯二酚	(苯环-OH,OH)	110.11	105	240	1.371 5	
对苯二酚	(苯环-OH,OH)	110.11	170.5	286.2	1.358	—
环氧氯丙烷	(环氧-Cl)	92.5	−25.6	117	1.180 1	1.442 0
甲苯二异氰酸酯	(苯环-CH₃,NCO,NCO)	174.2	218	118~120	1.22	—
二苯基甲烷二异氰酸酯	NCO-苯环-CH₂-苯环-NCO	250	37.5 (29.42 Pa)	175~177	1.197	—
1,2-丙二醇	$CH_3CH(OH)CH_2OH$	76.09	—	186~188	1.035 5	—

附录 3　重要溶剂的物理常数

1. 烃类溶剂

溶剂	分子式	分子量	熔点/℃	沸点/℃	密度 d_4^{20}	折光指数	备注
正戊烷	C_5H_{12}	72.15	−130	36	0.626	1.357 7	
正己烷	C_6H_{14}	86.17	−95.3	68.7	0.660	1.374 9	
正庚烷	C_7H_{16}	100.20	−90.5	98.4	0.684	1.387 7	
正辛烷	C_8H_{18}	114.23	−56.8	125.6	0.703 0	1.397 4	
正壬烷	C_9H_{20}	128.25	−54	150.7	0.718	1.416 5	
正癸烷	$C_{10}H_{22}$	142.28	−32	174	0.730	1.412 0	
环己烷	C_6H_{12}	84.16	6.6	81	0.779 0	1.426 2	
苯	C_6H_6	78.11	5.5	80.2	0.878 6	1.501 7	
甲苯	$C_6H_5CH_3$	92.13	−95	110.8	0.866	1.496 1	
邻二甲苯	$C_6H_4(CH_3)_2$	106.16	−29	144.4	0.880 2	1.504 5	

（续表）

溶剂	分子式	分子量	熔点/℃	沸点/℃	密度 d_4^{20}	折光指数	备注
对二甲苯	$C_6H_4(CH_3)_2$	106.16	13.8	138.4	0.861 1	1.495 8	
四氢化萘	$C_{10}H_{12}$	132.20	−35.8	207.6	0.971	1.546 1	
十氢化萘	$C_{10}H_{18}$	138.25	−51	191.7	0.888	1.481 1	
松节油	—	—	—	155～190	0.85～0.88	1.46～1.48	
汽油	—	—	—	70～120	0.69～0.74	—	
二氯甲烷	CH_2Cl_2	84.9	−96.7	40.0	1.336	1.124 6	毒
三氯甲烷	$CHCl_3$	119	−63.5	61.2	1.489 3	1.445 5	毒
四氯化碳	CCl_4	154	−23	76.8	1.595 0	1.460 3	毒
1,2−二氯乙烷	CH_2ClCH_2Cl	98.97	−35.3	83.7	1.257	1.444 3	毒
氯苯	C_6H_5Cl	112.56	−45	132	1.103 6	1.524 8	毒
邻二氯化苯	$C_6N_4Cl_2$	147.06	−17.5	180	1.304 8	1.561 6	毒

2. 醇类溶剂

溶剂	分子式	分子量	熔点℃	沸点/℃	密度 d_4^{20}	折光指数	备注
甲醇	CH_3OH	32.0	−97.5	64.5	0.792 8	1.328 6	+,毒
乙醇	C_2H_5OH	46.1	−114.5	78.3	0.789 2	1.361 4	+
正丙醇	C_3H_7OH	60.1	−126.2	97.15	0.789 3	1.385 6	+
正丁醇	C_4H_9OH	74.1	−89.5	117.7	0.809 8	1.399 2	
异丙醇	$H_3C-\underset{\underset{CH_3}{\vert}}{C}HOH$	60.1	−89.5	82.4	0.787 6	1.377 6	+
异丁醇	$H_3C-\underset{\underset{CH_3}{\vert}}{C}HCH_2OH$	74.12	−108	108.0	0.805 1	1.396 8	
叔丁醇	$(CH_3)_3COH$	74.12	25.5	82.6	0.781	1.387 8	
异戊醇	$i\text{-}C_5H_{11}OH$	88.15	−117.2	132	0.814	1.409 6	
环己醇	$C_6H_{11}OH$	100.16	20	161.5	0.962 4	1.146 6	
乙二醇	$\underset{\underset{CH_2OH}{\vert}}{CH_2OH}$	62.07	−11.5	197.2	1.115	1.431 8	+
二缩乙二醇	$O\underset{CH_2CH_2OH}{\overset{CH_2CH_2OH}{<}}$	106.1	—	244.2	1.117 7	1.447 2	
甘油	$C_3H_5(OH)_3$	92.06	18	290	1.261	1.472 9	+

3. 醚、酯类溶剂

溶剂	分子式	分子量	熔点/℃	沸点/℃	密度 d_4^{20}	折光指数	备注
乙醚	$(C_2H_5)_2O$	74.12	−116.2	34.5	0.714 0	1.352 7	过
甲基醇醚	CH_3OCHCH_2OH	76.09		124.3	0.965	1.402 4	+
醋酸乙酯	$CH_3COOC_2H_5$	88.1	−84.0	77.1	0.900 6	1.372 4	
醋酸丁酯	$CH_3COOC_4H_9$	116.1	−73.6	126.1	0.881 3	1.394 1	
醋酸戊酯	$CH_3COOC_5H_{11}$	130.18	−70.8	148.4	0.867	1.401 7	

4. 酸、酮类溶剂

溶剂	分子式	分子量	熔点/℃	沸点/℃	密度 d_4^{20}	折光指数	备注
甲酸	$HCOOH$	46.3	8.6	100.7	1.220	1.371 4	
乙酸	CH_3COOH	60.1	16.1	117.7	1.049	1.371 8	+

（续表）

溶剂	分子式	分子量	熔点/℃	沸点/℃	密度 d_4^{20}	折光指数	备注
丙酮	CH_3COCH_3	58.0	−95.4	56.2	0.796 0	1.359 1	+
甲基乙基酮	$CH_3COC_2H_5$	72.10	−87.3	79.5	0.804 8	1.378 5	过

5. 其他溶剂

溶剂	分子式	分子量	熔点/℃	沸点/℃	密度 d_4^{20}	折光指数	备注
二硫化碳	CS_2	76.1	−111.6	46.3	1.263 0	1.627	毒
乙腈	CH_3CN	41.0	−45.72	81.5	0.783	1.344 1	+,毒
吡啶	C_6H_5N	79.10	−42	115.5	0.982	1.509 2	毒
硝基苯	$C_6H_5NO_2$	123.11	5.7	210	1.198 6	1.552 9	毒
四氢呋喃	(环醚结构) O	72.1	−65	65.4	0.888	1.407 0	+,毒,过
二氧六环	$H_3C-O-CH_2$ / $H_3C-O-CH_2$	88.1	11.8	101.3	1.038 8	1.422 4	
二甲基亚砜	CH_3SOCH_3	78.1	18.5	—	1.101 4	1.478 2	+,毒
二甲基甲酰胺	H_3C N—CHO H_3C	73.1	−61	153.0	0.944 5	1.426 9	+,毒
二甲基乙酰胺	H_3C N—NCOCH$_3$ H_3C	87.1	−20	165	0.943 4	1.437 1	+,毒
二氧杂环己烷	$(CH_2)_3$ O O $(CH_2)_3$	140.1	11.8	101.3	1.033 8	1.422 4	+,过
间甲基苯酚	OH CH_3	108.1	11.9	202.7	1.034 1	1.538	

+：可与水任意混合；毒：毒性较强之物；过：易形成过氧化物。

附录 4　重要的聚合用引发剂（催化剂）的物理常数

化合物	分子式	分子量	MP/℃	备注
过氧化苯甲酰	$C_6H_5COOOOCC_6H_5$	242.2	103.3	
过氧化叔丁基	$(CH_3)_3COOOC(CH_3)_3$	146.2	−18	
过氧化二月桂酰	$C_{12}H_{23}COOOOCC_{11}H_{23}$	399	48~50	
过氧化叔丁醇	$(CH_3)_3COOH$	90.1	3~4	
过氧化氢异丙苯	$C_6H_5C(CH_3)_2OOH$	152		
过硫酸钾	$K_2S_2O_8$	270.3		
过硫酸铵	$(NH_4)_2S_2O_8$	228.2		
过氧化二乙酰	$CH_3COOOCOCH_3$	118	30	
TMTD	$(CH_3)_2NCSSSCSN(CH_3)_2$	240	146	
偶氮二异丁腈	$C_6H_{10}CNN=NCCN(CH_3)_2$	136.2	103	

化合物	分子式	分子量	MP/℃	备注
偶氮环己烷腈	$NCC_6H_{10}N—NC_6H_{10}CN$	244	114	
苯基偶氮三苯基甲烷	$(C_6H_5)_3CN—NC_7H_5$	344.4	110	
三乙基铝	$Al(C_2H_5)_3$	114	−52.5	
三甲基铝	$Al(CH_3)_3$	72	15	
二氯乙基铝	$Al(C_2H_5)Cl_2$	127.0	32	
一氯二乙基铝	$Al(C_2H_5)_2Cl$	120.6	<−50	
四乙基铅	$Pb(C_2H_5)_4$	32.3	−135	
二乙基锌	$Zn(C_2H_5)_2$	124	−28	
二乙基镉	$Cd(C_2H_5)_2$	171	−21	
四乙基锡	$Sn(C_2H_5)_4$	235		
四氯化钛	$TiCl_4$	189.7	−24.8	
三氯化钛	$TiCl_3$	154.3		
三氯化铝	$AlCl_3$	133.4	190.2	
三溴化铝	$AlBr_3$	266.7	97.5	
四氯化锡	$SnCl_4$	260.5	−30.2	
三氟化硼乙醚络合物	$BF_3 \cdot O(C_2H_5)_2$	141.9	−60.4	
三氟化硼	BF_3	67.8	−127	
氯化锌	$ZnCl_2$	136.3	313	
五氯化磷	PCl_5	126.0	−83	

附录 5　主要聚合物的溶剂和沉淀剂

聚合物	溶剂	沉淀剂
聚乙烯（高压）	十氢萘(70 ℃)、甲苯、对二甲苯(75 ℃)	正丙醇、丙酮、甲醇
聚乙烯（低压）	十氢萘(135 ℃)、四氢萘(120 ℃)、对二甲苯(100 ℃)	同上
聚丙烯（无规）	环己烷、十氢萘(135 ℃)、苯、甲苯、二甲苯、四氢萘	丙酮、甲醇、邻苯二甲酸二甲酯
聚丙烯（全规）	十氢萘(135 ℃)、四氢萘(135 ℃)、二甲苯(85 ℃)	
聚异丁烯	饱和脂肪烃、苯、THF、CS_2	低级醇、醚
聚丁二烯	氯化烃、高级酮、脂肪烃、芳烃(甲苯、二甲苯)、THF	烃、醇、水、酮、硝基甲烷
聚异戊二烯	氯化烃、烃、芳烃(甲苯、二甲苯)、THF	醇、丙酮、酮、硝基甲烷
聚环戊二烯	苯、甲苯、CCl_4、醚、CS_2	己烷、石油醚、甲醇
聚苯二甲酸二丙烯酯(预聚物)	苯、氯仿、醚、丙酮	
聚乙炔	异丙胺、苯胺、DMF	苯、甲醇、环己烷
聚乙烯醇	水、DMF、乙二醇、热 DMSO、丙三醇	烃、低级醇、THF、酮、丙醇
乙酰化度 12%	水	烃、酮、热水
乙酰化度 35%	水-醇	水
聚醋酸乙烯	苯、甲苯、氯仿、甲醇、CCl_4、二氧杂环己烷丙酮	脂肪烃、乙醇、醚、CS_2、环己烷
聚氯乙烯	THF、甲乙酮、丙酮、CS_2、环己酮	脂肪烃、醇、己烷、氯乙烷、水
聚偏二氯乙烯	热 THF	烃、醇
聚乙基乙烯基醚	石油醚、苯、甲苯、丙酮、二氯甲烷、氯仿、乙醇	脂肪烃

（续表）

聚合物	溶剂	沉淀剂
聚甲基乙烯基酮	丙酮、THF、氯仿、DMF	醇、石油醚、醚
聚苯乙烯	苯、甲苯、THF、甲乙酮、二氧杂环己烷、CS_2	醇、醚、酚
聚 α-甲基苯乙烯	苯、甲苯	
聚 4-乙烯基吡啶	甲醇、乙醇、THF、吡啶	石油醚丙酮、二氧杂环己烷
聚丙烯酸	醇、水	大部分有机溶液
聚甲基苯烯酸	水	大部分有机溶液
聚甲基丙烯酸甲酯	苯、甲苯、氯仿、丙酮、二氧杂环己烷、二氯甲烷、丁酮、THF	脂肪烃、醚、甲醇、乙醇
聚丙烯腈	DMF、二甲基丙胺、$DMSO^+$ 的 NaCNS 浓水溶液、乙酸酐	醚、酮
聚丙烯酰胺	水、C_4H_8NHO	有机溶剂
聚甲醛	苯甲醇、酚、DMF	低级醇、醚
聚环氧乙烷	苯、氯仿、醇、水、CCl_4	脂肪烃、醚
聚四氢呋喃	苯、THF、二氯甲烷、醚、丙酮、酯类	石油醚、甲醇、水
三聚氰胺甲醛树脂	水、醇、吡啶、甲酸、甲醛水	烃
尿醛树脂	醇、水、吡啶、甲酸、甲醛水	烃
聚四氟乙烯	全氟煤油（350 ℃）	大多数溶剂
聚对苯二甲酸乙二酯	酚、氯苯酚、硝基苯、酚-四氯乙烷、浓 H_2SO_4	烃、醇、醚、酮、卤代烷
尼龙-1、尼龙-6	吡啶、DMF、DMSO、间二甲酚、氯酚、甲酸	烃、氯仿、醇、醚
尼龙-66	酚、二甲酚、甲酸、苯甲醇（120 ℃）	同上
聚氨酯	酚、间二甲酚、甲酰、硫酸、甲酸	饱和烃、醇、醚
天然橡胶	苯、甲苯	醇、丙酮
纤维素	乙烯二胺酮水液、黄原酸钠水液	水、醇
酚醛树脂	烃、酮、醇、酯、醚	水
聚 2,6-二甲苯醚	苯、甲苯、丁酮、CCl_4	甲醇、石油醚

注　THF：四氢呋喃；DMF：二甲基甲酰胺；DMSO：二甲基亚砜

附录6　常用溶剂的溶度参数

溶剂	溶度参数	溶剂	溶度参数	溶剂	溶度参数
正丁烷	6.8	环戊烷	8.7	氯仿	9.3
戊烷	6.3	氯乙烷	8.5	1,2-二溴乙烯	10.1
正癸烷	6.6	二氯乙烷	9.8	戊烯	6.9
正辛烷	7.6	二氯甲烷	9.7	1,3-丁二烯	7.1
环丁烷	11.0	四氯化碳	8.6	异丁烯	6.7
环己烷	8.2	正庚烷	7.45	苯乙烯	8.66
甲醇	14.5	顺 1,2-二氯乙烯	9.1	己腈	9.4
乙醇	12.7	反 1,2-二氯乙烯	9.0	氯乙烯	12.6
正丙醇	11.9	二乙基醚	7.4	苄腈	8.4
正丁醇	11.4	甲苯	8.9	丙酮	9.9
异丁醇	11.7	邻二甲苯	9.0	乙双吗啉	11.6
正戊醇	10.9	异丙苯	8.86	苯	9.2

（续表）

溶剂	溶度参数	溶剂	溶度参数	溶剂	溶度参数
异戊醇	10.0	乙苯	8.8	苯胺	10.3
乙二醇	15.7	间二甲苯	8.8	蒽	9.9
丙三醇	16.5	对二甲苯	8.75	溴萘	10.6
二甘醇	12.1	二乙基酮	8.8	氯苯	9.5
1,3-丁二醇	11.6	1,2-二溴乙烷	10.4	氯甲苯	8.8
2,3-丁二醇	11.1	1,2-二氯丙烷	9.0	环己酮	9.9
烯丙醇	10.5	2,2-二氯丙烷	8.2	环戊酮	10.4
甲酸	13.5	溴丁烷	8.7	二乙基酮	8.8
醋酸	10.1	异溴丁烷	8.7	N,N-二甲基甲酰胺	10.6
醋酸酐	10.3	异氯丁烷	8.1	N,N-二乙基乙酰胺	9.9
正丁酸	10.5	对异丙基苯甲烷	8.2	丁酮	9.3
异丁酸	10.3	碘戊烷	8.4	苯甲酸乙酯	9.7
醋酸异戊酯	7.8	甲酸丁酯	8.9	四氢呋喃	9.9
醋酸正戊酯	8.5	甲酸异丁酯	8.2	二氧杂环己烷	10.1
甲酸异戊酯	8.0	丙酸正丁酯	8.8	硝基苯	10.1
甲酸正戊酯	8.5	乳酸正丁酯	9.4	吡啶	10.7
醋酸异丁酯	8.3	甲基丙烯酸丁酯	8.25	二甲基甲酰胺	12.1
醋酸正丁酯	8.5	癸二酸二丁酯	9.2	二甲基乙酰胺	11.1
二乙基胺	8.0	酞酸二丁酯	9.3	丙烯腈	10.45
二氯醋酸	11.0	酞酸二丁酯	9.1	碳酸二乙酯	8.8
邻二氯苯	10.0	碳酸二丁酯	8.8	碳酸乙烯酯	14.5
二氯乙醚	8.8	丙烯酸	12.0	二甲基砜	14.6
ζ-乙丙酰胺	12.7	硬脂酸丁酯	7.5	二甲基亚砜	13.4
己丙酯	10.1	乙醛	10.3	水	23.2
二硫化碳	10.1	苯甲醛	9.4	硝基甲烷	12.6
丁内酯	12.6	乙腈	11.9	硝基乙烷	11.1
对丙烯基茴香醚	8.4	丙腈	10.7	甲基丙烯腈	9.1
苯甲醇	12.1	乙酰氯	9.5	四氢萘	9.5
对异丙基苯甲烷	8.2	乙酰哌啶	11.6	苯酚	14.5
二氯醋酸	11.0	乙酰吡咯啶	11.4	甲酚	13.3
松节油	8.1	丁腈	10.5		

附录7　常规聚合物的溶度参数[①]

聚合物	$\delta/(cal/cm^3)^{\frac{1}{2}}$ [②]	温度/℃	方法
聚乙烯	7.70		
	8.1		计算
聚丙烯	9.2		
	9.4	25	计算

（续表）

聚合物	$\delta/(cal/cm^3)^{\frac{1}{2}}$	温度/℃	方法
聚异丁烯	7.1		计算
	7.85	35	特性黏数
	7.8		膨胀法
	8.3		计算
聚异戊二烯 1,4-顺式	7.42	25	计算
	8.10		膨胀
	8.15	25	计算
	10.00	35	膨胀
聚异戊二烯（天然橡胶）	7.9		
	8.35		
聚异戊二烯,古塔波胶	8.1		计算
聚异戊二烯（氯化的）	9.4		
聚丁二烯	7.16		计算
	8.38		计算
（乳胶）	8.4		
（氢化）	8.1		膨胀
聚苯乙烯	8.56		
	9.10		膨胀
	9.85		计算
	9.33	25	
	10.3		计算
聚丙烯酸甲酯	9.8		计算
	10.15		膨胀
聚丙烯酸乙酯	9.4		膨胀
	9.7		计算
聚丙烯酸丙酯	9.0		计算
聚丙烯酸丁酯	8.5		计算
	9.1		膨胀
聚甲基丙烯酸甲酯	9.08	25	
	9.5		膨胀
	9.25		计算
聚甲基丙烯酸乙酯	8.95		膨胀
	9.1		计算
聚积极丙烯酸丙酯	8.8		计算
聚甲基丙烯酸丁酯	8.75		膨胀
	8.3		计算
聚甲基丙烯酸正己基酯	8.6		计算
基甲基丙烯酸辛酯	8.4		计算
聚甲基丙烯酸异冰片基酯	8.1		
基甲基丙烯酯十二烷基酯	8.2		计算
聚甲基丙烯酸十八醇酯	7.8		

（续表）

聚合物	$\delta/(cal/cm^3)^{\frac{1}{2}}$	温度/℃	方法
聚甲基丙烯酸乙氧基乙醇酯	9.0		膨胀
聚 α-氯代丙烯酸甲酯	10.1		计算
聚 α-氰基丙烯酸甲酯	14.0		
聚氨基甲酸酯	10.0		膨胀
聚醋酸乙烯酯	9.59	25	计算
	9.40		
聚乙烯醇	12.6		
聚四氟乙烯	6.2		计算
	6.2		
聚氯丁二烯	9.00		
	8.11		计算
	9.38		计算
	8.19		膨胀
聚氯乙烯	9.42		计算
	10.10		
	9.55		计算
聚偏二氯乙烯	12.2		
聚乙烯丙酸酯	8.8	35	
	9.05		
聚溴乙烯	9.49		
氯化橡胶	9.6		计算
氯丁橡胶	9.4		膨胀
	8.6		计算
聚丙烯腈	12.5		
	12.75		计算
	15.4		
聚甲基丙烯腈	10.7		计算
纤维素	15.65		
	14.85		
硝酸纤维素　（11%N）	10.48		计算
	10.6		
	11.5		
（11.4%N）	10.72		
醋酸纤维素	13.60		
	13.29		
二醋酸纤维素	11.35		计算
	10.9		

（续表）

聚合物	$\delta/(cal/cm^3)^{\frac{1}{2}}$	温度/℃	方法
乙基纤维素	10.3		
醇酸树脂（中等分子量的）	9.4		
环氧树脂	10.9		
聚己二酸己二胺	13.6		
聚对苯二甲酸乙二醇酯	10.7		
尼龙 8	12.7		
聚氨基甲酸酯	10.0		膨胀
聚硫橡胶次乙基硫醚	9.40		膨胀
聚碳酸酯	9.5		
聚二甲基硅氧烷	7.35		
	7.55		膨胀
	7.62		膨胀
聚苯基甲基硅氧烷	9.0		
96/4	8.13~8.04		
90/10	8.37		
87.5/12.5	8.10		
	8.6		
85/15	3.43		计算
	8.51		计算
聚（丁二烯-苯乙烯）75/25	8.45		计算
	8.45		计算
	8.1		
	8.6		
71.5/28.5	8.17		
	8.56		
70/30	8.48		
60/40	8.65		计算
	8.70		
82/18	8.75~8.66		
80/20	9.0		计算
75/25	9.25	25	计算
聚（丁二烯-丙烯腈）70/30	9.90~9.83		
	9.38		
60/40	10.3		
聚（丁二烯-乙烯基吡啶）75/25	9.35		
聚（异丁烯-异戊二烯）	7.85~7.7		
丁基橡胶	8.05		
	7.70		
聚（苯乙烯-二乙烯基苯）	9.1		
	8.5		

（续表）

聚合物	$\delta/(cal/cm^3)^{\frac{1}{2}}$	温度/℃	方法
聚（氯乙烯-醋酸乙烯酯）87/13	10.6		计算
	10.4		
聚（乙烯-丙烯）乙丙橡胶	7.9		
聚偏二氰基乙类-醋酸乙烯酯	11.08		计算

注　①本表引自 J. Brandrup. E. H. Immergut Editors："Polymer Handbook" Ⅳ-362-367(1996) Ⅳ-354-358(1975).

②$1(cal/cm^3)^{\frac{1}{2}}=4.19(焦/厘米^3)^{\frac{1}{2}}$

附录 8　某些聚合物 θ 溶剂表

聚合物	溶剂名称	组成比例	θ温度/℃	方法
聚乙烯	正戊烷	—	~85	PE
	正己烷	—	133	PE
	二苯基甲烷	—	142.2	PE
	正辛烷	—	180.1	PE
	硝基苯	—	>200	PE
	联苯	—	125	PE
聚丙烯	四氯化碳/正丙醇	74/26	25	CT
	四氯化碳/正丁醇	67/33	25	CT
	正己烷/正丁醇	68/32	25	CT
	正己烷/正丙醇	78/22	25	CT
	甲基环己烷/正丙醇	69/31	25	CT
	甲基环己烷/正丁醇	66/34	25	CT
聚甲基丙烯酸甲酯	苯/正己烷	70/30	20	CT
	苯/异丙醇	62/38	20	CT
	丁酮/异丙醇	50/50	22.8	A2(LS)
	丙酮/甲醇	78.1/21.9	25	CT
	丁酮/环己烷	59.5/40.5	25	CT, A2(LS)
	四氯化碳/正己烷	99.4/0.6	25	CT
	四氯化碳/甲醇	53.3/46.7	25	CT
	甲苯/正己烷	81.2/18.8	25	CT
	甲苯/甲醇	35.7/64.3	26.2	PE, A_2(LS)
聚苯乙烯	环己烷/甲苯	86.9/13.1	15	PE
	反式-十氢化萘/顺式	79.6/23.1	19.3	PE
	苯/正己烷	36/61	20	CT
	苯/异丙醇	66/34	20	CT
	丁酮/异丙醇	85.7/14.3	23	A2(LS,OP)
	苯/环己烷	38.4/61.6	25	CT, A_2(LS)
	苯/正己烷	34.7/65.3	25	CT, A_2(LS)
	苯/甲醇	77.8/22.2	25	CT, A_2(LS)
	苯/异丙醇	64.2/35.8	25	CT, A_2(LS)
	丁酮/甲醇	88.7/11.3	25	CT, A_2(LS)

（续表）

聚合物	溶剂名称	组成比例	θ 温度/℃	方法
聚苯乙烯	四氯化碳/甲醇	81.7/18.3	25	CT，A_2(LS)
	氯仿/甲醇	75.2/24.8	25	CT，A_2(LS)
	四氢呋喃/甲醇	71.3/28.7	25	CT，A_2(LS)
	甲苯/甲醇	80/20	25	A2(OP)，VM
	丁酮/甲醇	88.9/11.1	30	PE
	甲苯/正庚烷	47.6/52.4	30	PE
	苯/甲醇	74.0/26.0	34	VM
	丁酮/异丙醇	82.6/17.4	34	VM
	甲苯/甲醇	75.2/24.8	34	VM
	苯/甲醇	74.7/25.3	35	A_2(LS)
	苯/异丙醇	61/39	35	A_2(LS)
	四氯化碳/正丁醇	65/35	35	A_2(LS)
	四氯化碳/庚烷	53/47	35	A_2(LS)
聚醋酸乙烯	乙醇/甲醇	80/20	17	PE
	丁酮/异丙醇	73.2/26.8	25	PE，A_2(LS)
	3-甲基丁酮/正庚烷	73.2/26.8	25	PE，A_2(LS)
	3-甲基丁酮/正庚烷	72.7/27.3	30	PE，A_2(LS)
	丙酮/异丙醇	23/77	30	PE
聚氯乙烯	四氢呋喃/水	100/11.9	30	CT
		100/9.5	30	CT

方法中符号注释：PE—相平衡（Phase Equilibrium）；A_2—第二维利系数（Second Virial Coefficient）；VM—黏度-分子量关系（Viscodity-Molecular Veight Relationship）；CT—浊度滴定（Cloud Point Titration）

附录 9　常用引发剂分解速率常数、活化能及半衰期

常用引发剂及分子式	反应温度/℃	溶剂	分解速率常数	半衰期	分解活化能	贮存温度/℃	一般使用温度/℃
过氧化苯甲酰	49.4	苯乙烯	5.28×10^{-7}	364.5	124.3(60 ℃)	25	60～100
	61.0		2.58×10^{-6}	74.6			
	74.8		1.83×10^{-5}	10.5			
	100.9		4.58×10^{-4}	0.42	124.3		
	60.0	苯	2.0×10^{-6}	96.0			
	80.0		2.5×10^{-5}	7.7			
	85		8.5×10^{-5}	2.2			
过氧化二(2-甲基苯甲酰)	50	苯乙烯	6.0×10^{-5}	3.2	113.8	5	
	70		6.02×10^{-5}	2.1	126.4		
	80		2.15×10^{-3}	0.09			

（续表）

常用引发剂及分子式	反应温度/℃	溶剂	分解速率常数	半衰期	分解活化能	贮存温度/℃	一般使用温度/℃
过氧化二(2,4-二氯苯甲酰)	34.8		3.88×10^{-6}	49.6	117.6(50℃)	20	
	49.4		2.39×10^{-5}	8.1			
	61.0	苯乙烯	7.78×10^{-5}	2.5			
	74.0		2.78×10^{-4}	0.69			
	100		4.17×10^{-3}	0.046			
过氧化二月桂酰	50		2.19×10^{-6}	88	127.2	25	
	60	苯	9.17×10^{-6}	21			
	70		2.86×10^{-5}	6.7			
过氧化二碳酸二环己酯	50	苯	5.4×10^{-5}	3.6		5	
过氧化二碳酸二异丙酯	40		6.39×10^{-6}	30.1	117.6	-10	
		苯					
	54		5.0×10^{-5}	3.85			
过氧化特戊酸叔丁酯	50		9.77×10^{-6}	19.7	119.7	0	
	70	苯	1.24×10^{-4}	1.6			
	85		7.64×10^{-4}	0.25			
过氧化苯甲酸叔丁酯	110		1.07×10^{-5}	18	145.2	20	
	115	苯	6.22×10^{-5}	3.1			
	130		3.50×10^{-4}	0.6			
叔丁基过氧化氢	154.5		4.29×10^{-6}	44.8	170.7	25	
	172.3	苯	1.09×10^{-5}	17.7			
	182.6		3.1×10^{-5}	6.2			
异丙苯过氧化氢	125		9.0×10^{-6}	21	101.3	25	
	139	甲苯	3.0×10^{-5}	6.4			
	182		6.5×10^{-5}	3.0			
过氧化二异丙苯	115		1.56×10^{-5}	12.3	170.3	25	
	130	苯	1.05×10^{-4}	1.8			
	145		6.86×10^{-4}	0.3			
偶氮二异丁腈	70		4.9×10^{-5}	4.8	121.3	10	
	80		1.55×10^{-4}	1.2			
	90	甲苯	4.86×10^{-4}	0.4			
	100		1.60×10^{-3}	0.1			

（续表）

常用引发剂及分子式	反应温度/℃	溶剂	分解速率常数	半衰期	分解活化能	贮存温度/℃	一般使用温度/℃
偶氮二异庚腈 $\begin{matrix}CH_3 & CH_3\\ (CH_3-C-CH_2-C-N\!=\!)_2\\ H & CN\end{matrix}$	60.8	甲苯	1.98×10^{-4}	0.97	121.3	0	
	80.2		7.1×10^{-4}	0.27			
过硫酸钾 $\begin{matrix}O & O\\ KO-S-O-O-S-OK\\ O & O\end{matrix}$	50	0.1	9.1×10^{-7}	212	140	25	
	60	mol/L	3.16×10^{-6}	61			
	70	KOH	2.33×10^{-5}	8.3			

附录 10　一些常见聚合物的密度

聚合物	Pc(完全结晶)/ g/cm³	Pa(完全无定形)/ g/cm³	Pc/Pa	折光指数	单体
聚乙烯	1.00	0.85	1.18	1.51～1.544	
聚丙烯	0.95	0.85	1.12	1.503	
聚异丁烯	0.94	0.86	1.09	1.51	
聚丁二烯	(1,4-反)1.01(1,4-顺)1.02	0.89	1.14		1.4293
顺-聚异戊二烯	1.00	0.91	1.10	1.52	
反-聚异戊二烯	1.05	0.90	1.16	1.52	
聚苯乙烯	1.13	1.05	1.08	1.59	1.544
聚氯乙烯	1.52	1.39	1.10	1.54～1.55	1.380
聚偏氯乙烯	2.00	1.74	1.15		
聚三氟氯乙烯	2.19	1.92	1.14		
聚四氟乙烯	2.35(>20 ℃) 2.40(<20 ℃)	2.00	1.17	1.35	
尼龙 6	1.23	1.08	1.14	1.53	
尼龙 66	1.24	1.07	1.16	1.53	
聚甲醛	1.54	1.23	1.25		
聚环氧乙烷	1.33	1.12	1.19		
聚环氧丙烷	1.15	1.00	1.15		
聚对苯二甲酸乙二醇酯	1.46	1.33	1.10		
聚碳酸酯	1.31	1.20	1.09		
再生纤维素	1.58	1.46	1.15		
聚乙烯醇	1.35	1.25	1.07	1.49～1.53	
聚甲基丙烯酸甲酯	1.23	1.17	1.05	1.492	1.415
聚醋酸乙烯酯				1.4665	1.397
聚甲基丙烯酸				1.47～1.48	

（续表）

高聚物	Pc(完全结晶) g/cm³	Pa(完全无定形) g/cm³	Pc/Pa	折光指数	单体
聚丙烯腈				1.52	1.389
聚二甲基硅烷				1.43	
硬橡胶(32%S)				1.6	
蛋白质				1.54	
SBS	S/B=4/6	0.954			
	S/B=3/7	0.938			

附录 11　某些聚合物的结晶参数

聚合物	构象	晶系	晶胞参数				单体单元数晶胞	晶体密度 g/cm³
			a	b	c	交角		
聚氯乙烯	Z	正交	10.6	5.4	5.1		4	1.44
聚乙烯醇	Z	单斜	7.81	2.54	5.51	$\beta=91°42'$	2	1.35
等规聚甲基丙烯酸甲酯	H,5_5	正交	21.08	12.17	10.55		20	1.23
聚丙烯酸异丁酯	H,3_1		17.92	17.92	6.42			1.24
聚丙烯酸仲丁酯	H,3_1		17.92	10.34	6.49			1.06
聚丙烯酸叔丁酯	H,3_1		17.92	10.50	6.49			1.04
聚甲醛	H,5_1	六方	4.66	4.46	17.30		9	1.506
聚氧化乙烯	H,7_2	单斜	8.03	13.09	19.52	$\beta=126°5'$	4	
聚氧化丙烯	Z	正交	10.40	4.64	6.92		6	1.096
聚甲基乙烯基酮	H,7_2	六方	14.52	14.52	14.41			1.216
聚对苯二甲酸乙二酯	Z	三斜	4.56	5.94	10.75	$\alpha=98.5°$, $\beta=118°$, $\gamma=112°$	1	1.455
聚碳酸酯(由双酚 A 制得)	Z	正交	11.9	10.1	21.5		8	1.30
聚乙烯	Z	正交	7.36	4.92	2.534		2	1.014
等规聚丙烯	H,3_1	单斜	6.666	20.87	6.488	$\beta=98°12'$	12	0.937
间规聚丙烯	H,2_1	正交	14.5	5.8	7.4		48	0.91
聚丁烯-1	H,3_1	四方	17.7	17.7	6.5		18	0.95
等规 1,2 聚丁二烯	H,3_1	四方	17.3	17.3	6.5		18	0.96
间规 1,2 聚丁二烯	Z	正交	10.98	6.60	5.14		4	0.963
1,4 顺式聚丁二烯	Z	六方	4.54	4.54	4.9		1	1.02
1,4 反式聚丁二烯	Z	单斜	4.60	9.50	8.60	$\beta=109°$	4	1.01
聚 3 甲基-1-丁烯	H,4_1	单斜	9.55	8.54	6.84	$\gamma=116°3'$	4	0.93
聚 4 甲基-1-戊烯	H,7_2	四方	18.66	18.66	13.80		28	0.812
聚 5 甲基-1-己烯	H,3_1	六方	10.2	10.2	6.5		3.5	0.84
聚苯乙烯	H,3_1	四方	22.08	22.08	6.628		18	1.11
聚 α-甲基苯乙烯	H,4_1	四方	21.2	21.2	8.10		16	1.12

注:Z—锯齿形;H—螺旋形

附录 12　重要聚合物特性黏数 $[\eta]=KM^{\alpha}$ 中的参数

聚合物	溶剂	温度/℃	$K/(10^{-3}\,\text{mL}\cdot\text{g}^{-1})$	α	分子量/10^4	测试方法
聚乙烯(低压)	联苯	125	323	0.50	2～30	LV
聚乙烯(低压)	十氢化萘	135	62	0.70	2～105	LS
聚乙烯(低压)	十氢化萘	135	67.7	0.67	3～100	LS
聚乙烯(低压)	四氢萘	105	16.2	0.83	13～57	LS
聚乙烯(高压)	十氢萘	70	38.73	0.738	0.20～3.5	OS
聚乙烯(高压)	十氢萘	135	46	0.73	2.0～64	LS
聚乙烯(高压)	邻二氯苯	135	47.7	0.70	6～700	GPC
聚乙烯(高压)	邻二氯苯	135	50.46	0.63	10～1 000	GPC
聚乙烯(高压)	邻二氯苯	138	50.6	0.70	0.2～200	GPC
聚丙烯(高压)	邻二氯苯	135	13	0.78	28～460	GPC
聚丙烯(无规)	苯	25	27	0.71	6～31	OS
聚丙烯(无规)	甲苯	30	21.8	0.725	2～34	OS
聚丙烯(无规)	十氢萘	135	15.8	0.77	2～40	OS
聚丙烯(无规)	十氢萘	135	11.0	0.80	2～62	LS
聚丙烯(等规)	十氢萘	135	10	0.8	10～100	LS
聚丙烯(间规)	庚烷	30	31.2	0.71	9～45	LS
聚氯乙烯	环己酮	25	204	0.56	1.9～15	OS
聚氯乙烯	THF	25	49.8	0.69	4～40	LS
聚氯乙烯	THF	30	63.8	0.65	3～32	LS
聚氯乙烯	环己酮	20	11.6	0.85	2～10	OS
聚氯乙烯	氯苯	30	71.2	0.59	3～19	SA
聚氯乙烯	THF	23	16.13	0.766	2.0～17.0	GPC
聚苯乙烯(无规)	苯	20	6.3	0.78	1～300	SL
聚苯乙烯(无规)	苯	25	9.52	0.744	3～61	OS
聚苯乙烯(无规)	丁酮	25	39	0.58	1～180	LS
聚苯乙烯(无规)	氯仿	25	7.16	0.76	12～280	LS
聚苯乙烯(无规)	环己烷	34	82	0.50	1～70	LS
聚苯乙烯(无规)	环己烷	35	80	0.50	8～84	LS
聚苯乙烯(无规)	甲苯	20	4.16	0.788	4～137	LS
聚苯乙烯(无规)	甲苯	25	7.5	0.75	12～280	LS
聚苯乙烯(等规)	苯	30	9.5	0.77	4～75	OS
聚苯乙烯(等规)	氯仿	30	25.9	0.734	9～32	OS
聚苯乙烯(等规)	甲苯	30	11.0	0.725	3～37	OS
聚苯乙烯(阴离子)	苯	30	11.5	0.73	25～300	LS
聚苯乙烯(聚离子)	甲苯	30	8.81	0.75	25～300	LS
聚苯乙烯	THF	25	16.0	0.706	70.3	GPC
聚苯乙烯	THF	23	680	0.766	5.0～110	GPC

（续表）

聚合物	溶剂	温度/℃	$K/(10^{-3}\text{mL} \cdot \text{g}^{-1})$	α	分子量/10^4	测试方法
聚苯乙烯（梳状）	THF	23	22	0.56	15～1 120	GPC
聚苯乙烯（星状）	THF	23	3.5	0.74	15～60	GPC
聚苯乙烯	氯仿	25	11.2	0.73	7～150	OS
聚苯乙烯	氯仿	30	4.9	0.794	19～273	OS
聚苯乙烯	甲苯	30	9.2	0.72	4～146	LS
聚异丁烯	苯	24	107	0.50	18～188	LV
聚异丁烯	CCl₄	30	29	0.68	0.05～126	OS
聚异丁烯	甲苯	15	24	0.65	1～146	LV
聚异丁烯	苯	24	83	0.50		
聚异丁烯	甲苯	20	26	0.64		
聚异丁烯	环己烷	30	26	0.70		
1,4 聚丁二烯	THF	40	57.8	0.67	1～10	GPC
1,4 聚丁二烯（1,2 结构＝8%）	THF	25	45.7	0.693	8～110	GPC
1,4 聚丁二烯（1,2 结构＝8%）	甲苯	25	26.7	0.725	2～200	GPC
1,4 聚丁二烯（1,2 结构＝28%）	THF	25	45.1	0.693	2～20	GPC
1,4 聚丁二烯（1,2 结构＝52%）	THF	25	42.8	0.693	2～20	GPC
1,4 聚丁二烯（1,2 结构＝73%）	THF	25	40.3	0.693	2～20	GPC
1,4 聚丁二烯	THF	25	760	0.44	27～55	GPC
聚丁二烯（顺式结构＝20%;1,2 结构＝20%）	THF	25	23.6	0.75	0.3～0.6	
聚丁二烯（1,2 结构＝8%,阴离子聚合）	甲苯	25	21.7	0.75	1～50	OS
1,4-聚丁二烯（顺式结构＝95%）	甲苯	30	11.0	0.62	7～40	OS
氢化聚丁二烯	邻二氯苯	135	27	0.746	1～50	GPC
聚丁二烯（c-1,4 结构＝98%）	苯	30	33.7	0.715	5～50	OS
聚丁二烯（c-1,4 结构＝98%）	甲苯	30	30.5	0.725	5～50	OS
聚丁二烯（c-1,4 结构＝95%;t-1,4 结构＝1%;1,2 结构＝4%）	苯	30	8.5	0.78	15～50	LS
	环己烷	30	11.2	0.75	15～50	LS
聚丁二烯（c-1,4 结构＝92%;t-1,4 结构＝3%;1,2 结构＝5%）	苯	32	10	0.77	10～160	LS
聚丁二烯（c-1,4 结构＝10%;t-1,4 结构＝25%;1,2 结构＝65%）	甲苯	25	110	0.62	7～70	DS
聚丁二烯（c-1,4＝4%;t-1,4 结构＝71%;1,2 结构＝25%）	环己烷	25	12	0.77	230～280	LS
聚丁二烯（c-1,4 结构＝21%;t-1,4 结构＝79%）	环己烷	20	36	0.7	230～130	LS
聚丁二烯（c-1,4 结构＝3%;t-1,4 结构＝97%）	环己烷	40	28.2	0.7	4～17	LS
聚丁二烯（c-1,4 结构＝100%;5℃乳胶）	苯	32	14.5	0.76	18～50	LS
丁苯橡胶	苯	25	52.5	0.66	1～160	OS
丁苯橡胶	甲苯	25	52.5	0.667	2.5～50	OS
丁苯橡胶	甲苯	30	16.5	0.78	3～35	OS
丁苯橡胶（25%苯乙烯）	THF	40	31.8	0.70	7～100	GPC
丁苯橡胶（25%苯乙烯）	THF	25	41	0.693	2.4～4	GPC

（续表）

聚合物	溶剂	温度/℃	$K/(10^{-3}\text{mL}\cdot\text{g}^{-1})$	α	分子量/10^4	测试方法
丁苯橡胶 1507	THF	30	30	0.70	1~100	GPC
丁苯橡胶 1808	THF	30	54	0.65	1~100	GPC
天然橡胶	THF	25	10.9	0.79	1~100	GPC
天然橡胶	苯	30	18.5	0.74	8~28	OS
天然橡胶	甲苯	25	50.2	0.667	7~100	OS
聚异戊二烯	THF	25	17.7	0.735	4~50	GPC
聚异戊二烯	甲苯	30	20	0.728	4~30	GPC
聚异戊二烯	异辛烷	30	22.2	0.683	2~50	GPC
聚甲基丙烯酸	丙酮	25	5.5	0.77	28~160	LS
聚甲基丙烯酸	丙酮	30	28.2	0.52	40~45	OS
聚甲基丙烯酸	苯	25	2.58	0.85	20~130	OS
聚甲基丙烯酸	苯	35	12.8	0.71	5~30	OS
聚甲基丙烯酸	甲苯	30	7.79	0.697	25~190	LS
聚甲基丙烯酸	甲苯	35	21	0.60	12~69	LS
聚甲基丙烯酸酯（无规）	丙酮	20	5.5	0.73	7~700	SD
聚甲基丙烯酸甲酯（无规）	丙酮	25	7.5	0.70	3~98	LS
聚甲基丙烯酸甲酯（无规）	苯	20	8.35	0.73	7~700	SD
聚甲基丙烯酸甲酯（无规）	丁酮	25	7.1	0.72	41~330	LS
聚甲基丙烯酸甲酯（无规）	氯仿	20	9.6	0.78	1.4~60	OS
聚甲基丙烯酸甲酯（等规）	丙酮	30	23	0.63	5~128	LS
聚甲基丙烯酸甲酯（等规）	乙腈	20	130	0.448	3~19	LV
聚甲基丙烯酸甲酯（等规）	苯	30	5.2	0.76	5~128	LS
聚甲基丙烯酸甲酯	氯仿	25	4.8	0.8	8~140	LS
聚甲基丙烯酸甲酯	苯	25	4.68	0.77	7~630	LS
聚甲基丙烯酸甲酯	丁酮	25	7.1	0.72	41~340	LS
聚甲基丙烯酸甲酯	丙酮	20	5.5	0.73	4~800	SD
聚甲基丙烯酸甲酯	丙酮	25	7.5	0.70	2~740	SD
聚甲基丙烯酸甲酯	丙酮	30	7.7	0.70	6~263	LS
聚甲基丙烯酸甲酯	THF	23	9.30	0.72	170~1 300	GPC
聚甲基丙烯酸甲酯	氯仿	20	4.85	0.8		
聚甲基丙烯酸甲酯	丙酮	20	3.90	0.73		
聚丙烯腈	二甲基甲酰胺	25	24.3	0.75	3~26	LS
聚丙烯腈	γ-丁内酯	20	34.3	0.73	4~40	LV
聚丙烯腈	二甲基砜	20	32.1	0.75	9~40	LV
聚丙烯腈	二甲基甲酰胺	25	16.6	0.81		
聚丙烯酸	1M NaCl 水溶液	25	15.47	0.90	4~50	OS
聚丙烯酸	2M NaOH 水溶液	25	42.2	0.64	4~50	OS
聚乙烯醇	水	25	59.5	0.63	1.2~19.5	黏度
聚乙烯醇	水	30	66.6	0.64	312	OS
聚乙烯醇	水	25	20	0.76	0.6~2.1	OS
聚乙烯醇	水	25	300	0.50	0.9~17	SD
聚乙烯醇	水	30	42.8	0.64	1~80	LS

（续表）

聚合物	溶剂	温度/℃	$K/(10^{-3}\text{mL} \cdot \text{g}^{-1})$	α	分子量/10^4	测试方法
聚乙酸乙烯	丙酮	25	21.4	0.68	3～34	OS
聚乙酸乙烯	丙酮	30	17.6	0.68	3～34	OS
聚乙酸乙烯	丁酮	25	13.4	0.71	25～346	LS
聚乙酸乙烯	丁酮	30	10.7	0.71	3～120	LS
聚乙酸乙烯	氯仿	25	20.3	0.72	4～34	OS
聚乙酸乙烯	THF	25	3.5	0.693	1～100	GPC
聚乙酸乙烯	丙酮	25	19.0	0.66	4～139	LS
聚乙酸乙烯	丁酮	30	56.3	0.62	2.5～86	OS
聚乙酸乙烯	苯	25	42	0.62	1.7～120	SD
聚丙烯酸胺	水	30	6.31	0.8	2～50	SD
聚碳酸酯	THF	25	39.9	0.77		
聚碳酸酯	氯仿	25	12.0	0.82	1～7	LS
聚碳酸酯	二氯甲烷	25	11.1	0.82	1～27	SD
聚碳酸酯	THF	25	39.9	0.77		
聚碳酸酯	THF	25	49	0.67	7.7	
聚碳酸酯	THF	20	39.9	0.70		
尼龙 6	间甲酚,40%H_2SO_4	25	59.2	0.69		
尼龙 66	90%甲酸	25	110	0.72		
尼龙 6	间甲酚	25	320	0.62	0.05～0.5	
尼龙 6	o-氯苯酚	90	0.62	0.64	1～100	
尼龙 6	85%甲酸	25	22.6	0.82	0.7～12	
尼龙 66	间甲酚	130	0.4	1.0	0.8～24	
尼龙 66	间甲酚	25	240	0.61	1.4～5	LS
尼龙 66	o-氯苯酚	25	168	0.62	1.4～5	LS
尼龙 66	90%甲酸	25	35.3	0.786	0.6～6.5	LS
尼龙 610	间甲酚	25	13.5	0.96	0.8～2.4	SD
涤纶	苯酚	50	55.2	0.71		
涤纶	间甲酚	135	17.5	0.81	0.27～3.2	
涤纶	间甲酚	135	20	0.90	0.045～0.8	
涤纶	间甲酚	25	0.77	0.95		
聚甲醛	二甲基甲酰胺	150	44	0.66	8.9～28.5	LS
聚溴乙烯	THF	20	15.9	0.64		GPC
硝化纤维素	THF	25	250	1.00	9.5～230	GPC
硝化纤维素	丙酮	25	25.3	0.795	6.8～22.4	OS
硝化纤维素	环己酮	32	24.5	0.80	6.8～22.4	OS
聚环氧乙烷	甲苯	35	14.5	0.70	0.04～0.4	
聚环氧乙烷	水	30	12.5	0.78	10～100	
聚环氧乙烷	水	35	16.6	0.82	0.04～0.4	
聚二甲基硅氧烷	邻二氯苯	138	38.3	0.57	2.5～30	GPC
聚二甲基硅氧烷	邻二氯苯	37	81.9	0.50	2～80	GPC
聚二甲氧基硅氧烷	甲苯	25	21.5	0.65	2～130	OS

（续表）

聚合物	溶剂	温度/℃	$K/(10^{-3}\text{mL}\cdot\text{g}^{-1})$	α	分子量/10^4	测试方法
聚二甲氧基硅氧烷	丁酮	30	48	0.55	5～66	OS
糖淀粉乙酸酯	THF	25	1080	0.70	2～50	GPC
糖淀粉丙酸酯	THF	25	2480	0.61	2～50	GPC
糖淀粉丁酸酯	THF	25	1110	0.70	2～50	GPC
三硝酸酯纤维素	THF	25	32.1	0.83	6～600	GPC
丁腈橡胶	甲苯	25	49	0.64	2.5～100	OS
丁腈橡胶	丙酮	25	50	0.64	2.5～100	OS
丁腈橡胶	苯	25	13	0.50	2.5～100	OS
丁基橡胶	苯	25	690	0.50	0.11～50	OS
丁基橡胶	苯	37	134	0.63	0.11～50	OS
丁基橡胶	CCl$_4$	25	103	0.70	0.11～50	OS
丁基橡胶	CCl$_4$	37	297	0.63	0.11～50	OS
氯丁橡胶 GN	苯	25	14.6	0.73	2.1～96	OS
氯丁橡胶 CG	苯	25	2.02	0.89	6.1～145	OS
氯丁橡胶 W	苯	25	15.5	0.71	5～100	OS
苯乙烯-甲基丙烯酸甲酯						
共聚物(1/1 无规)	丁酮	25	15.4	0.675	4.9～227	OS
共聚物(6/94 无规)	1-氯丁烷	40.8	27.4	0.617	20～100	LS
共聚物(90/10 无规)	1-氯丁烷	40.8	16.6	0.609	20～82	LS
丙烯腈-氯乙烯共聚物	丙酮	20	38	0.68	4.47～12.7	OS
丙烯腈-氯乙烯共聚物(40/60)	丙酮	55	10	0.83	3.3.～7.92	OS
丙烯腈-醋酸乙烯酯	二甲基甲酰胺	25	15.36	0.78	0.70～53.5	OS
丙烯腈-丙烯酸甲酯	二甲基甲酰胺	20	17.9	0.79	2～21	LS
聚环氧丙烷	甲苯	25	11.9	0.75	3070	LS
聚环氧丙烷	正己烷	46	19.7	0.67	3.4～367	LS
聚四氢呋喃	醋酸乙酯	30	42.2	0.65	2.6～113	LS
聚丁二酸己二酯	苯	20	43.1	0.7	<5	

注　OS—渗透压；LS—光散射；E—端基滴定；SD—超离心沉淀。

参考文献

[1] 潘祖仁. 高分子化学 [M]. 5 版. 北京：化学工业出版社, 2011.

[2] 何曼君. 高分子物理[M]. 3 版. 上海：复旦大学出版社, 2007.

[3] 邱建辉. 高分子合成化学实验[M]. 北京：国防工业出版社, 2008.

[4] 杜奕. 高分子化学实验与技术[M]. 北京：清华大学出版社, 2008.

[5] 刘承美, 邱进俊. 现代高分子化学实验与技术[M]. 武汉：华中科技大学出版社, 2008.

[6] 何卫东, 金邦坤, 郭丽萍. 高分子化学实验 [M]. 2 版. 合肥：中国科学技术大学出版社, 2012.

[7] 梁晖, 卢江. 高分子化学实验 [M]. 2 版. 北京：化学工业出版社, 2014.

[8] 周智敏, 米远祝. 高分子化学与物理实验[M]. 北京：化学工业出版社, 2011.

[9] 杨海洋, 朱平平, 何平笙. 高分子物理实验[M]. 2 版. 合肥：中国科学技术大学出版社, 2008.

[10] 李谷, 符若文. 高分子物理实验[M]. 2 版. 北京：化学工业出版社, 2015.

[11] 张兴英, 李齐方. 高分子科学实验[M]. 2 版. 北京：化学工业出版社, 2007.

[12] 汪建新, 娄春华, 王雅珍. 高分子科学实验教程[M]. 哈尔滨：哈尔滨工业大学出版社, 2009.

[13] 张爱清. 高分子科学实验教程[M]. 北京：化学工业出版社, 2011.

[14] 汪存东, 谢龙, 张丽华, 杜拴丽. 高分子科学实验[M]. 北京：化学工业出版社, 2018.

[15] 逄艳, 陈彦涛, 何传新. 高分子科学实验教程[M]. 北京：清华大学出版社, 2018.

[16] 卿大咏, 何毅, 冯茹森. 高分子实验教程[M]. 北京：化学工业出版社, 2011.

[17] 涂克华, 杜滨阳, 杨红梅, 蒋宏亮. 高分子专业实验教程[M]. 杭州：浙江大学出版社, 2011.

[18] 吴智华. 高分子材料加工工程实验教程[M]. 北京：化学工业出版社, 2004.

[19] 沈新元. 高分子材料与工程专业实验教程[M]. 2 版. 北京：中国纺织出版社, 2016.

[20] 刘建平, 宋霞, 郑玉斌. 高分子科学与材料工程实验 [M]. 2 版. 北京：化学工业出版社, 2017.

[21] 周春华. 高分子材料与工程专业实验[M]. 北京：化学工业出版社, 2018.

[22] 陈泉水, 罗太安, 刘晓东. 高分子材料实验技术[M]. 北京：化学工业出版社, 2006.

[23] 张俐娜,薛奇,莫志深,金熹高. 高分子物理近代研究方法 [M]. 2 版.武汉:武汉大学出版社,2006.

[24] 曾幸荣. 高分子近代测试分析技术[M]. 广州:华南理工大学出版社,2007.

[25] 张美珍. 聚合物研究方法[M]. 北京:中国轻工业出版社,2006.

[26] 施良和. 凝胶渗透色谱[M]. 北京:化学工业出版社,1980.

[27] 时钧,袁权,高从堦. 膜技术手册[M]. 北京:化学工业出版社,2001.

[28] 应圣康,郭少华. 离子型聚合[M]. 北京:化学工业出版社,1988.

[29] 薛联宝,金关泰. 阴离子聚合的理论和应用[M]. 北京:中国友谊出版公司. 1990.

[30] 程子圣,陈伟洁,应圣康. 正丁基锂、四氢呋喃引发的丁苯共聚合(Ⅰ)-合成及分子设计[J]. 高等学校化学学报,1984,(5):727-731.

[31] 王玉荣,李光辉,顾明初. 立构嵌段聚丁二烯的研制:Ⅴ.立构三嵌段聚丁二烯的合成及动力学行为[J]. 合成橡胶工业,1995,18(5):290-293.

[32] 罗宁,应圣康. 原子转移自由基聚合的原理和特点[J]. 合成橡胶工业,1996,19(5):299-302.